JIANZHU ZHINENGHUA XITONG
JICHENG JISHU

建筑智能化系统集成技术

王丽　刘剑　编著

中国电力出版社
CHINA ELECTRIC POWER PRESS

内 容 提 要

本书详细阐述了建筑智能化系统的三维建筑信息模型集成技术,包括建筑智能化系统集成及三维建筑信息模型构建方法、建筑智能化系统集成技术和 BIM 信息存储与表达方式等相关内容,将建筑智能化信息汇聚到 BIM 中,在三维环境下实现资源共享、协同运行及优化管理,为建筑智能化落地提供有力支撑。

本书共 11 章,具体内容包括:智能建筑内信息传输网络、智能建筑内的综合布线系统、楼宇基本控制系统、安防消防控制系统、基于 BACnet 的系统集成技术、基于 OPC 的系统集成技术、OPC Systems.NET、基于 ODBC 的系统集成技术、基于 BIM 的系统集成、智能化建筑集成系统。

本书可供电气工程及其自动化、建筑电气与智能化、通信工程、人工智能等专业学生作为教材使用,也可供从事系统集成、人工智能、建筑智能化、建筑电气等工作的相关技术人员阅读。

图书在版编目(CIP)数据

建筑智能化系统集成技术/王丽,刘剑编著.—北京:中国电力出版社,2022.6
ISBN 978-7-5198-6665-5

Ⅰ.①建… Ⅱ.①王…②刘… Ⅲ.①智能化建筑-自动化系统-系统集成技术 Ⅳ.①TU855

中国版本图书馆 CIP 数据核字(2022)第 057655 号

出版发行:中国电力出版社
地   址:北京市东城区北京站西街 19 号(邮政编码 100005)
网   址:http://www.cepp.sgcc.com.cn
责任编辑:马淑范(010-63412397)
责任校对:黄　蓓　王海南
装帧设计:赵丽媛
责任印制:杨晓东

印   刷:三河市百盛印装有限公司
版   次:2022 年 6 月第一版
印   次:2022 年 6 月北京第一次印刷
开   本:710 毫米×1000 毫米　16 开本
印   张:20.75
字   数:346 千字
定   价:68.00 元

前　言

　　"建筑智能化系统集成技术"是电气工程及其自动化、建筑电气与智能化、通信工程专业的专业课，智能建筑的系统集成技术是交叉性的、多学科性的应用技术，是近年来建筑业和信息技术产业飞速发展的综合性产物，代表着建筑智能化学科的最新发展方向。"建筑智能化系统集成技术"作为电类专业的专业课程，将着重介绍国内外在发展智能建筑和建筑智能化集成系统最新的成熟技术成果，以及当前在这一领域的研究动向。

　　本教材共分 11 章。第 1 章概述，介绍了智能建筑和建筑智能化集成技术基本概念；第 2 章和第 3 章对智能建筑内的通信系统进行了介绍；第 4 章和第 5 章比较系统地阐述了智能建筑内的控制系统；第 6 章详细阐述了 BACnet 标准和基于 BACnet 的集成技术；第 7 章在介绍 OPC 技术的基础上给出 OPC 客户端的设计和实现；第 8 章对基于 OPC 技术的开发平台 OPC Systems. NET 进行了详细的介绍；第 9 章介绍了 ODBC 技术以及基于数据库的集成方法；第 10 章介绍基于 BIM 的技术；第 11 章介绍了两个典型智能建筑集成系统。本课程开设历史不长，又是一门多学科交叉性的综合应用技术，涉及多个学科的最新成果应用，而且发展迅速，教材集合多种系统集成技术，希望通过学习激发学生进一步思考集成问题，培养学生的学习兴趣和创新能力。

　　本教材在编写过程中，得到王慧丽、李孟欣老师的大力支持和帮助，在此表示衷心的感谢。此外由于编者水平有限，难免会有疏漏和不当之处，恳请读者批评指正。

编者

2022 年 4 月

目　录

第1章

概　述

建筑凝聚着人类发展过程中的巨大精神财富，在信息化的今天我们要利用先进的科学技术挖掘和发展这份财富，使建筑具有"智能"，充分发挥建筑的功能，实现人与建筑的和谐，最优化地利用各种自然资源，达到"可持续发展"的境界。因此新的信息技术赋予建筑以"灵魂"，实现具有高效能和生态平衡能力的智能建筑。目前，智能建筑已是一个迅速成长的新兴产业，兴建智能建筑已成为当今经济发展的热点。美国最早开展智能建筑建设，随后智能建筑便蓬勃发展，以美国和日本兴建的最多。此外在法国、瑞典、英国等欧洲国家和中国香港、新加坡、马来西亚等国家和地区的智能建筑也方兴未艾。我国智能建筑的起步较晚，直到20世纪90年代末才有较大发展，近几年在北京、上海、广州等大城市，相继建成了若干具有相当水平的智能建筑。智能建筑的科技含量呈逐年上升之势，并起到越来越重要的作用。

建筑的智能化离不开集成，建筑智能化系统集成是建筑智能化的核心，是实现"智能"的关键途径。建筑智能化系统集成是指将各智能化子系统有机地连接起来，使它们互相间可以进行通信和协作，为人们提供更好的服务。建筑智能化系统集成技术的核心是建立在系统集成、功能集成、网络集成以及软件界面集成等多种集成技术基础之上的，其最重要、最基本的功能是解决各个子系统之间的互联性和互操作性，进而实现信息资源的集成管理。

要了解建筑智能化集成技术，首先要清楚什么是智能建筑，它包含哪些具体内容，需要哪些建筑智能化技术实现智能建筑功能，然后才能讨论建筑智能化集成技术，并通过集成技术进一步提升建筑的智能化水平。

1.1　智能建筑

1.1.1　智能建筑的定义

智能建筑经过大量的实践，其功能也不断完善，实现技术不断更新和成熟。随着高新技术的发展，智能建筑仍将不断采用高新技术，并不断发展。这种不断发展的特征使得智能建筑具有不同的内涵和外延。下面是几个具有较大影响的定义，但这些不同定义各自具有不同的侧重点。

美国智能建筑学会（AIBI）认为："智能建筑是将建筑、设备、服务和经营四要素各自优化、互相联系、全面综合并达到最佳组合，以获得高效率、高功能、高舒适与高安全的建筑物。"定义将智能建筑的目标具体化，强调了智能建筑的具体功能和达到的目标，但没有涉及具体的实现技术。

日本智能大厦研究会认为："智能建筑就是高功能大楼，是方便有效地利用现代信息与通信设备，并采用建筑自动化技术，具有高度综合管理功能的大楼。"定义强调实现智能建筑的技术。

我国国家标准 GB/T 50314—2015《智能建筑设计标准》对智能建筑所下的定义为："以建筑物为平台，基于对各类智能化信息的综合应用，集架构、系统、应用、管理及优化组合为一体，具有感知、传输、记忆、推理、判断和决策的综合智慧能力，形成以人、建筑、环境互为协调的整合体，为人们提供安全、高效、便利及可持续发展功能环境的建筑"。我国有关智能建筑的定义更全面和具体，给出系统组成的同时也给出了实现目标，并加入了人工智能的思想。

智能建筑是一个发展中的概念，其内涵会随着时代的发展、实现技术的进步而不断丰富和发展。建筑智能化不会是一个终极状态，而是一个不断完善的过程。

1.1.2　智能建筑的体系结构

从智能建筑定义来看，实现智能建筑功能主要依赖于计算机技术、自动控制技术和通信技术等技术（即所谓 3C 技术）。以它们为主构成了建筑智能化技术，在业界经常使用 3A 和 5A 的说法。

智能建筑的 3A 说：智能建筑主要包括三大系统，分别是建筑自动化系统（Building Automation System，BAS）、通信自动化系统（Communication Automation System，CAS）、办公自动化系统（Office Automation System，OAS）。

智能建筑的 5A 说：智能建筑除包括上述三大系统外还包括防火监控系统（Fire Automation System，FAS）、保安自动化系统（Safety Automation System，SAS）。

智能建筑的体系结构可以采用如图 1-1 所示的参考模型来描述。

图中的 1～2 层属于建筑技术范畴，实现建筑基本功能；3～6 层属于信息、控制、人工智能等技术范畴，习惯上统称为建筑智能化部分，其中 2～5 层与设备自动化功能关联，5～6 层与服务智能化功能关联。各层的功能分述如下。

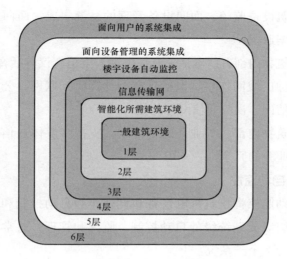

图1-1 智能建筑体系结构参考模型

1. 一般建筑环境

一般建筑环境层包括：

（1）建筑空间体量组合。即建筑型体组合和立面处理、平面及空间布局、内部及外部装修等。

（2）建筑结构。包括建筑物支撑承重、内外维护结构（基础、柱、梁、板、墙）及材料。

（3）建筑机电设备及设施。它们为建筑物内人们生活和生产提供必需的环境，如照明、动力、采暖空调、给水排水、电话、电梯、煤气、消防、安全防范等设备及设施。

2. 智能化所需建筑环境

智能建筑环境指建筑智能化部分所需的特殊空间和环境，包括：

（1）提供建筑智能化部分的使用空间、建筑平面、空间布局，这与一般建筑有所不同。

（2）使建筑智能化部分镶嵌到建筑物中所需的特殊结构及材料。

（3）保证建筑智能化部分的运行条件，并为住户提供更方便、更舒适的工作、生活环境。这将使建筑物在声、光、色、热、安全、交通、服务等方面具有某些新特点。

3. 信息传输网

信息传输网是建筑智能化部分的基础功能，包括：

（1）支持建筑设备监控、面向设备管理的系统集成、面向用户的系统集成等业务需求的数据通信。

（2）支持建筑物内部有线电话、有线电视、电信会议等话音和图像通信。

（3）支持各种广域网连接，包括具有与计算机互联网、公用电话网、公用数据网、移动通信网、视频通信网等的接口。

（4）支持建筑物内部多种业务通信需求，支持多媒体通信需求，具备相当的面向未来传输业务的冗余。

4. 楼宇设备自动监控

楼宇设备自动监控将建筑机电设备和设施作为自动控制和管理的对象，实现单机级、分系统级或系统级的自动控制、监视和管理。通常将楼宇设备自动监控按功能划分为 7 个子系统：

（1）电力供应与管理监控子系统（高压配电、变电、低压配电、应急发电）。

（2）照明控制与管理子系统（工作照明、事故照明、艺术照明、障碍灯等特殊照明）。

（3）环境控制与管理子系统（空调及冷热源、通风环境监测与控制、给水、排水、卫生设备、污水处理）。

（4）消防报警与控制子系统（自动监测与报警、灭火、排烟、联动控制、紧急广播）。

（5）安保监控子系统（防盗报警、电视监控、出入口控制、电子巡更）。

（6）交通运输监控子系统（电梯、停车场、车队）。

（7）公用广播子系统（背景音乐、事故广播）。

5. 面向设备管理的系统集成

面向设备管理的系统集成包括两个方面：

（1）各类应用系统的集成，使建筑的使用功能达到智能化的程度。例如智能安防系统、智能会议系统、智能消防系统等。

（2）各个应用系统之间的相互联动控制、信息共享、综合自动化、管理智能化的集成。例如，智能安防与智能消防系统的联动，可以实现消防报警时通过实时图像监视画面进行确认；楼宇设备自动监控与物业管理的集成，可以实现水、电、气、空调、供热的自动计费管理。

到这一层次，智能化建筑已能提供适合于各用户建立各自专用信息处理系统所需的建筑环境和设施，同时也具备了一般智能化建筑所应有的功能特征。

6. 面向用户的系统集成

不同用户的智能化建筑，最终向用户提供的功能应该是有差别的，例如智能化体育比赛场馆和智能化医院各自有不同的业务需求。面向用户的系统集成就是为满足最终用户的功能细分而进行的。这个层次最复杂，专业性最强。

以上各个功能层并非每一幢智能化建筑都必须全部具有，每个层次的各种功能也并非每一幢智能化建筑都必须齐备，每一项功能的强弱也有很大的不用，这些差异只说明智能化建筑的智能化程度。

从智能建筑系统集成的角度通俗地讲，所谓系统集成就是通过结构化的综合布线系统计算机网络硬件和软件技术，把构成智能楼宇的各个主要子系统（BAS、OAS 和 CAS 等）从各个分离的设备、功能和信息等集成为一个相互关联的、统一的和协调的系统，使资源达到充分的共享，管理实现集中、高效和便利的目的。系统集成是一个涉及多学科、多技术的综合性应用领域，它从设计到实施是一个复杂的应用，是系统工程观点的全过程。可以这样认为，没有系统集成的建筑不是真正意义上的智能楼宇，因此对其应有全面和深刻的认识，并将这种观点运用在智能楼宇设计的各个环节之中。但与此同时，还必须注意到，集成也有大集成和小集成之分，各个子系统本身也是一个小集成。而且在实际设计中必须掌握一个"按需集成"的原则，否则系统将是一个不切实际的设计。

1.1.3　智能建筑的工程架构

GB/T 50314—2015《智能建筑设计标准》中引入了工程架构的概念，使得智能建筑的设计和分类更清楚。工程架构是以建筑物的应用需求为依据，通过对智能化系统工程的设施、业务及管理等应用功能做层次化结构规划，从而构成由若干智能化设施组合而成的架构形式。智能化系统工程架构的设计应包括设计等级、架构规划、系统配置等。

1. 智能化系统工程的设计等级

智能化系统工程的设计等级应根据建筑的建设目标、功能类别、地域状况、运营及管理要求、投资规模等综合因素确立。

2. 智能化系统工程的架构规划

智能化系统工程的架构规划应根据建筑的功能需求、基础条件和应用方式等做层次化结构的搭建设计，并构成由若干智能化设施组合的架构形式。智能化系统工程的设施架构搭建应符合下列规定：

（1）应建设建筑信息化应用的基础设施层；

（2）应建立具有满足运营和管理应用等综合支撑功能的信息服务设施层；

（3）应形成展现信息应用和协同效应的信息化应用设施层。

基础设施应为公共环境设施和机房设施，其分项宜包括信息通信基础设施、建筑设备管理设施、公共安全管理设施、机房环境设施和机房管理设施等；信息服务设施应为应用信息服务设施的信息应用支撑设施部分，其分项宜包括语音应用支撑设施、数据应用支撑设施、多媒体应用支撑设施等；信息化应用设施应为应用信息服务设施的应用设施部分，其分项宜包括公共应用设施、管理应用设施、业务应用设施、智能信息集成设施等。智能化系统工程设计架构图如图1-2所示。

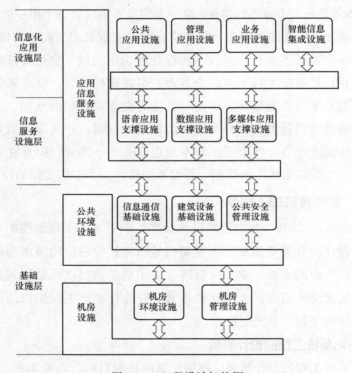

图1-2 工程设计架构图

3. 智能化系统工程的系统配置

智能化系统工程的系统配置应根据智能化系统工程的设计等级和架构规划，选择配置相关的智能化系统。系统配置分项应分别以信息化应用系统、智能化集成系统、信息设施系统、建筑设备管理系统、公共安全系统、机房工程等设计要素展开。

（1）应与基础设施层相对应，且基础设施的智能化系统分项宜包括信息接入系统、布线系统、移动通信室内信号覆盖系统、卫星通信系统、建筑设备监控系统、建筑能效监管系统、火灾自动报警系统、入侵报警系统、视频安防监控系统、出入口控制系统、电子巡查系统、访客对讲系统、停车库（场）管理系统、安全防范综合管理（平台）系统、应急响应系统及相配套的智能化系统机房工程。

（2）应与信息服务设施层相对应，且信息服务设施的智能化系统分项宜包括用户电话交换系统、无线对讲系统、信息网络系统、有线电视系统、卫星电视接收系统、公共广播系统、会议系统、信息导引及发布系统、时钟系统等。

（3）应与信息化应用设施层相对应，且信息化应用设施的智能化系统分项宜包括公共服务系统、智能卡应用系统、物业管理系统、信息设施运行管理系统、信息安全管理系统、通用业务系统、专业业务系统、智能化信息集成（平台）系统、集成信息应用系统。具体如表 1-1 所示，在规范中智能化系统工程的设计要素宜包括信息化应用系统、智能化集成系统、信息设施系统、建筑设备管理系统、公共安全系统、机房工程等。

表 1-1　　　　　　　　智能化系统工程配置分项展开表

信息化应用设施	应用信息服务设施	公共应用设施	信息化应用系统	公共服务系统
				智能卡应用系统
		管理应用设施		物业管理系统
				信息设施运行管理系统
				信息安全管理系统
		业务应用设施		通用业务系统
				专业业务系统
		智能信息集成设施	智能化集成系统	智能化信息基础（平台）系统
				集成信息应用系统
信息服务设施		语音应用支撑设施	信息设施系统	用户电话交换系统
				无线对讲系统
		数据应用支撑设施		信息网络系统
		多媒体应用支撑设施		有线电视系统
				卫星电视接收系统
				公共广播系统
				会议系统
				信息导引及发布系统
				时钟系统

续表

基础设施	公共环境设施	信息通信基础设施	信息设施系统	信息接入系统	
				布线系统	
				移动通信室内信号覆盖系统	
				卫星通信系统	
		建筑设备管理设施	建筑设备管理系统	建筑设备监控系统	
				建筑能效监管系统	
		公共安全管理设施	公共安全系统	火灾自动报警系统	
				安全技术防范系统	入侵报警系统
					视频安防监控系统
					出入口控制系统
					电子巡更系统
					访客对讲系统
					停车库（场）管理系统
				安全防范综合管理（平台）系统	
				应急响应系统	
	机房设施	机房环境设施	机房工程	信息接入机房	
				有线电视前端机房	
				信息设施系统总配线机房	
				智能化总控室	
				信息网络机房	
				用户电话交换机房	
				消防监控室	
				安防监控中心	
				智能化设备间（弱电间）	
				应急响应中心	
		机房管理设施		机房安全系统	
				机房综合管理系统	

在架构中智能化集成系统属于信息应用设施层。规范的设计要素中对智能化集成系统的设计单独进行了说明。

1.2 建筑智能化系统集成

1.2.1 建筑智能化集成系统的定义

对于建筑智能化集成系统，由于智能化集成技术的不断发展，至今仍无统一的定义。国际智能建筑物研究机构认为："通过对建筑物的结构、系统、服务和管理方面的功能以及其内在联系，以最优化的设计，提供一个投资合理又拥有高效率的优雅舒适、便利快捷、高度安全的环境空间。智能建筑能够帮助建筑的主人、财产的管理者和拥有者等意识到，他们在诸如费用开支、生活舒适、商务活动和人身安全等方面将得到最大利益的回报。"GB/T 50314—2015 对智能化集成系统的定义为："为实现建筑物的运营及管理目标，基于统一的信息平台，以多种类智能化信息集成方式形成的具有信息汇聚、资源共享、协同运行、优化管理等综合应用功能的系统。"

1. 建筑智能化集成系统的功能应符合规定

（1）应以实现绿色建筑为目标，应满足建筑的业务功能、物业运营及管理模式的应用需求。

（2）应采用智能化信息资源共享和协同运行的架构形式。

（3）应具有实用、规范和高效的监管功能。

（4）宜适应信息化综合应用功能的延伸及增强。

智能化集成系统应成为建筑智能化系统工程展现智能化信息合成应用和具有优化综合功效的支撑设施。智能化集成系统功能的要求应以绿色建筑目标及建筑物自身使用功能为依据，满足建筑业务需求与实现智能化综合服务平台应用功效，确保信息资源共享和优化管理及实施综合管理功能等。

2. 建筑智能化集成系统构建应符合规定

（1）系统应包括智能化信息集成（平台）系统与集成信息应用系统。

（2）智能化信息集成（平台）系统宜包括操作系统、数据库、集成系统平台应用程序、各纳入集成管理的智能化设施系统与集成互为关联的各类信息通信接口等。

（3）集成信息应用系统宜由通用业务基础功能模块和专业业务功能模块等组成。

（4）宜具有虚拟化、分布式应用、统一安全管理等整体平台的支撑能力。

（5）宜顺应物联网、云计算、大数据、智慧城市等信息交互多元化和新应用的发展。

智能化集成系统应采用合理的系统架构形式和配置相应的平台应用程序及应用软件模块，实现智能化系统信息集成平台和信息化应用程序运行的建设目标，智能化集成系统架构从以下展开。

（1）集成系统平台，包括设施层、通信层、支撑层。

1）设施层：包括各纳入集成管理的智能系统设施及相应运行程序等。

2）通信层：包括采取标准化、非标准化、专用协议的数据库接口，用于与基础设施或集成系统的数据通信。

3）支撑层：提供应用支撑框架和底层通用服务，包括数据管理基础设施（实时数据库、历史数据库、资产数据库）、数据服务（统一资源管理服务、访问控制服务、应用服务）、基础应用服务（数据访问服务、报警事件服务、信息访问门户服务）、集成开发工具、数据分析和展现等。

（2）集成信息应用系统，包括应用层、用户层。

1）应用层：以应用支撑平台和基础应用构件为基础，向最终用户提供通用业务处理功能的基础应用系统，包括信息集中监视、事件处理、控制策略、数据集中存储、图表查询分析、权限验证、统一管理等。管理模块具有通用性、标准化的统一监测、存储、统计、分析及优化等应用功能，例如电子地图（可按系统类型、地理空间细分）、报警管理、事件管理、联动管理、信息管理、安全管理、短信报警管理、系统资源管理等。

2）用户层：以应用支撑平台和通用业务应用构件为基础，具有满足建筑主体业务专业需求功能及符合规范化运营及管理应用功能，一般包括综合管理、公共服务、应急管理、设备管理、物业管理、运维管理、能源管理等，例如面向公共安全的安防综合管理系统、面向运维的设备管理系统、面向办公服务的信息发布系统、决策分析系统等，面向企业经营的ERP业务监管系统等。

（3）系统整体标准规范和服务保障体系，包括标准规范体系、安全管理体系。

1）标准规范体系，是整个系统建设的技术依据。

2）安全管理体系，是整个系统建设的重要支柱，贯穿于整个体系架构各层的建设过程中，该体系包含权限、应用、数据、设备、网络、环境和制度等。运维管理系统包含组织/人员、流程、制度和工具平台等层面的内容。

智能化集成系统架构图如图1-3所示，在工程设计中宜根据项目实际状况采用合理的架构形式和配置相应的应用程序及应用软件模块。

3. 建筑智能化集成系统通信互联应符合规定

（1）应具有标准化通信方式和信息交互的支持能力。

（2）应符合国际通用的接口、协议及国家现行有关标准的规定。

关于智能化集成系统通信互联应确保纳入集成的多种类智能化系统按集成确定的内容和接口类型提供标准化和准确的数据通信接口，实现智能化系统信

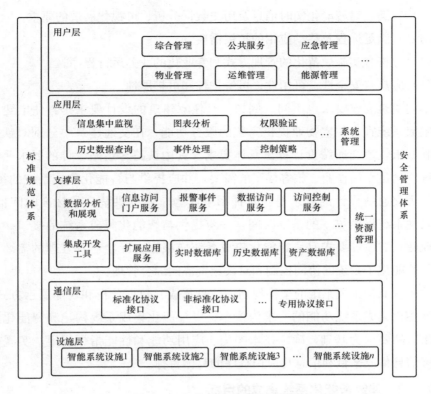

图 1-3 智能化集成系统架构图

息集成平台和信息化应用的整体建设目标。通信接口程序可包括实时监控数据接口、数据库互联数据接口、视频图像数据接口等类别，实时监控数据接口应支持 RS232/485、TCP/IP、API 等通信形式，支持 BACnet、OPC、Modbus、SNMP 等国际通用通信协议，数据库互联数据接口应支持 ODBC、API 等通信形式；视频图像数据接口应支持 API、控件等通信形式，支持 HA、RTSP/RTP、HLS 等流媒体协议。当采用专用接口协议时，接口界面的各项技术指标均应符合相关要求，由智能化集成系统进行接口协议转换以实现统一集成。通信内容应满足智能化集成系统的业务管理需求，包括实施对建筑设备各项重要运行参数以及故障报警的监视和相应控制，对信息系统定时数据汇集和积累，对视频系统实时监视和控制与录像回放等。

4. 建筑智能化集成系统配置应符合规定

（1）应适应标准化信息集成平台的技术发展方向。

（2）应形成对智能化相关信息采集、数据通信、分析处理等支持能力。

（3）宜满足对智能化实时信息及历史数据分析、可视化展现的要求。

（4）宜满足远程及移动应用的扩展需要。

（5）应符合实施规范化的管理方式和专业化的业务运行程序。

（6）应具有安全性、可用性、可维护性和可扩展性。

不同建筑集成要求也不同，例如，对住宅建筑的设计要求是：住宅建筑智能化集成系统宜为住宅物业提供完善的服务功能；在交通建筑中分别对铁路客运站和城市轨道交通站设计提出具体要求。其中铁路客运站设计的要求是：时钟系统应满足车站作业、旅客候车的需要，并应提供与智能化集成系统的接口。城市轨道交通站设计的要求是：时钟系统应为车站提供统一的标准时间信息，应为其他系统提供统一的基准时间，并应提供与智能化集成系统的接口。对通用工业建筑的设计要求是：智能化集成系统应根据实际生产及管理的需要，实现对各智能化子系统的协同控制和对设施资源的综合管理。

关于智能化集成系统的架构规划、信息集成、数据分析和功能展示方式等，应以智能化集成系统功能的要求为依据，以智能化集成系统构建和智能化集成系统接口的要求为基础，确定技术架构、应用功能和性能指标规定，实现智能化系统信息集成平台和信息化应用程序的具体目标。

1.2.2　建筑智能化系统集成的目标

系统集成的目标是以系统集成、功能集成、网络集成和软件界面集成等多种集成技术为基础，遵循开放、高效、可靠、经济、实用的原则，通过公共的高速通信网络，构筑起一个结构合理、性能良好、运行可靠的网络平台，在统一的人机界面环境下，实现信息、资源和任务共享，完成集中与分布相结合的监视、控制和综合管理功能，以达到提高运营管理水平、改善服务、增强竞争能力及提高社会经济效益、提供高质量服务的目的。系统集成目标主要包括以下几个方面。

1. 功能集成

集成平台对各子系统进行功能集成，把分散的子系统智能进行有机的互连和综合，以提高整体智能化程度，增强综合管理和防灾抗灾能力，实现优化节能管理，提供增值业务，提高工作效率，降低运营成本。

2. 系统集成

集成平台把楼宇自控系统、视频监控系统、防盗报警系统、变配电系统、门禁管理系统等子系统通过专有网络连接在一起，实现设备和管理信息的共享和交换，协调工作，并可与外界联网，支持浏览器方式的远程管理。

3. 软件界面集成

集成平台将各子系统集成在统一的计算机平台上，使用统一的人机界面环境。系统操作控制软件应为全中文图形界面，具备电子地图、设备虚拟图形等功能。平台需运行在主流中文操作系统上，方便用户使用和管理。

4. 网络集成

集成平台将智能化设备和网络设备结合在一起，提供一体化的高速信息交换网络，为系统集成和功能集成打下物理基础。智能建筑信息系统应采用开放式的网络结构，方便以后的系统升级和扩展。

通过开放的基于标准协议的各种接口（OPC，ODBC，LonWorks，BACnet，Web Services 等）使得业主在选择机电子系统乃至信息子系统时可自主灵活地选择多种品牌、供应商。

网络化集成使建筑智能系统通过广域网实现授权控制下的远程访问和管理。也就是对整个建筑物在实施系统集成后可实现统一的集中监视、集中管理而不受地理位置的限制。对各机电子系统进行统一的监视、控制和管理。集成系统将分散的、相互独立的各弱电子系统，用相同的环境和软件界面进行远程集中监视。实现跨子系统的联动，提升建筑的功能水平。

系统实现集成以后，原本各自独立的子系统从集成平台的角度来看，就如同一个系统一样，无论信息点和受控点是否在一个子系统内部都可以建立联动关系。这种跨系统的控制，将大大提高建筑的智能化水平。

1.2.3 智能建筑及其系统集成技术的发展

1. 智能建筑的发展

智能建筑在我国的起步较晚，20 世纪 90 年代初，智能建筑建设开始在国内被逐渐认识并接受。1996 年，我国第一个楼宇自控系统的检查验收标准在上海完成，这是国内最早的楼宇自控系统的检验标准。2004 年，国家正式出台了关于智能建筑方面的检查验收标准。总的来说，国内楼宇自控系统的发展可分为以下几个阶段：1990—1995 年为初始阶段，是从单一功能专用系统开始，并有多功能系统综合出现；1995—2000 年进入系统集成阶段，主要以楼宇自控系统为中心的集成；2000—2010 年是一体化集成管理系统阶段，2010 年至今是全方位集成阶段，随着新系统和产品的出现，越来越多的系统集成到智能建筑中，特别是物联网和人工智能技术的出现，使得智能建筑和建筑外的系统产品得以集成，智能化的水平不断地深入和发展。

2. 智能建筑系统集成的发展

系统集成伴随智能建筑出现，20 多年以来主要经历了三个阶段：各个子系统功能集成，以 BAS 为平台的系统集成和子系统平等方式的系统集成。

（1）子系统功能集成。这是系统集成的最初方法，包括基于硬接点模式进行的集成和基于串行通信进行的集成。硬接点模式是通过增加一个设备子系统的输入/输出接点或者传感器，接入另外一个设备子系统的输入/输出接点进行集成。串行通信模式是通过对现场控制器加以改造，增加串行通信接口，使之可以与其他子系统进行通信，子系统之间的信息可以通过通信协议的转换来实现。这两种集成方法可以实现简单的信息交换，但是由于各子系统独立运行，系统之间不能很好地协调动作，难以应对复杂事件或者全局性突发事件，具有很大的局限性。

（2）基于 BAS 的系统集成。随着计算机网络技术与楼宇自控技术的发展融合，楼宇自控系统可以连接其他子系统，能够监测和管理其他子系统，进而产生了基于楼宇自控系统的集成模式。这种集成模式相对于子系统功能集成模式来说是一个很大的进步，集成程度和功能都有明显的提高，也得到了相对广泛的应用。很多厂家推出的楼宇系统产品也支持集成其他子系统，如江森的 Metasys 楼宇自控系统等。但是这种方式也存在很大的缺陷，举例如下。

1）对楼宇自控系统的依赖性太强，如果楼宇自控系统出现故障，其他子系统也不能正常工作。

2）与其他子系统的硬件接口和软件接口都局限于特定的产品和型号，所以集成能力有限，而且维护困难，升级成本高。

3）楼宇自控系统是一个相对封闭的系统，缺少向上的开放性。

因此，基于楼宇自控系统的集成并不是真正意义上的智能建筑系统集成。

（3）子系统平等方式的系统集成。基于子系统平等方式的系统集成方法很好地解决了基于 BAS 集成的不足，它的核心思想是把各个自动化子系统看作下层现场控制网，以平等模式集成。通过开放的工业标准接口把各个子系统的数据统一存储在集成数据库中，使用系统集成平台对各个子系统实现统一管理、监控以及信息共享。集成平台集成楼宇中各种子系统，把它们统一在单一的操作平台上进行管理。此外还将管理域的用户应用系统和公共服务系统作为子系统集成到集成平台上，实现用户应用系统、公共服务系统和 BAS 的集成。集成的目的旨在让楼宇中各种子系统的操作更为简易、更有效率。集成平台提供了一个中央管理系统以及数据库，同时它可以协调各子系统间的相互连锁动作及相互合作关系。

基于子系统平等方式的系统集成通过开发与 BAS、CAS、OAS 的网络通信接口，将各个子系统集成到一个平台上。集成承担了系统管理者的角色，负责整个系统的数据收集、通信管理，并能提供集中的监视和控制。

由于这种集成模式采用符合工业标准的软硬件技术、接口标准和规范，系统结构开放，易于扩展，可真正实现对集成的各个子系统进行统一的管理和监控，实现各子系统之间信息交换，是真正意义上的智能建筑集成模式。

目前大多数的智能建筑集成系统使用的都是基于子系统平等的模式，在这种模式下，对智能建筑系统集成的重点在于集成管理和应用的实现。

1.3 建筑智能化系统集成技术

目前应用比较广泛的建筑智能化系统集成技术和规范有 OPC、BACnet、ODBC 等。其中 BACnet 是采用开发式标准协议实现系统集成；ODBC 是通过异构数据库之间的访问实现系统集成；OPC 是采用基于微软的 OPC 工业控制标准接口实现系统集成。

1.3.1 BACnet 技术

楼宇自动控制网络数据通信协议（A Data Communication Protocol for Building Automation and Control Networks，BACnet 协议）由美国暖通、空调和制冷工程师协会（ASHRAE）组织的标准项目委员会 135P（Standard Project Committee，SPC）135P 历经 8 年半时间开发的。协议是针对采暖、通风、空调、制冷控制设备所设计的，同时也为其他楼宇控制系统（如照明、安保、消防等系统）的集成提供一个基本原则。

BACnet 针对智能建筑及控制系统的应用所设计的通信，可用在暖通空调系统（HVAC，包括暖气、通风、空气调节），也可以用在照明控制、门禁系统、火警侦测系统及其相关的设备。BACnet 的优点在于能降低维护系统所需成本并且安装比一般工业通信协议更为简易，而且提供 5 种业界常用的标准协议，因此可防止设备供应商及系统业者的垄断，也使未来系统扩充性与兼容性大为增加。

BACnet 主要是解决不同厂商的自动化系统之间的集成，BACnet 标准用以处理现存的各类不同楼宇自动化系统。各厂家可按 BACnet 标准去开发与 BAC-net 兼容的控制器或接口，达到不同厂家的控制器可在此标准协议下相互交换数据的目的。厂家可以定义专用的派生值供 BACnet 使用，可以申请 BACnet 的私人传送服务，还可以在标准的 BACnet 数据结构上增加专用的特征，也可以定义新的专用数据结构，等等，这些都是为了不同厂家系统之间的集成。

该协议紧密结合建筑工程特点，采用面向对象的思想对楼宇自控设备进行模型化和抽象化的描述，协议把标准对象作为楼宇自控设备的基本元素，实际具体的楼宇自控设备可以"映射"为不同的 BACnet 标准对象实例的组合。

BACnet 标准在很大程度上不同于普通的网络协议〔如以太网（Ethernet）和 TCP/IP〕，它强调控制器之间的数据通信结构。可以说，BACnet 是致力于通过使用 BACnet 路由器把多种楼宇自动化系统在数据网络中集成为一个整体系统的通信标准。它是以控制网络中控制器为基础，致力于把不同的"自动化孤岛"联成一个整体的工作。因而也成为我们实现智能建筑系统集成的最主要的技术。

1.3.2 OPC 技术

1. 简介

OPC 全称是 Object Linking and Embedding（OLE）for Process Control（用于过程控制的 OLE），它的出现为基于 Windows 的应用程序和现场过程控制应用建立了桥梁。在过去，为了存取现场设备的数据信息，每一个应用软件开发商都需要编写专用的接口函数。由于现场设备的种类繁多，且产品不断升级，往往给用户和软件开发商带来了巨大的工作负担。通常这样也不能满足工作的实际需要，系统集成商和开发商急切需要一种具有高效性、可靠性、开放性、可互操作性的即插即用的设备驱动程序。在这种情况下，OPC 标准应运而生。OPC 标准以微软公司的 OLE 技术为基础，它的制定是通过提供一套标准的 OLE/COM 接口完成的，在 OPC 技术中使用的是 OLE2 技术，OLE 标准允许多台微机之间交换文档、图形等对象。

COM 是 Component Object Model（部件对象模型）的缩写，是所有 OLE 机制的基础。COM 是一种为了实现与编程语言无关的对象而制定的标准，该标准将 Windows 下的对象定义为独立单元，可不受程序限制地访问这些单元。这种标准可以使两个应用程序通过对象化接口通信，而不需要知道对方是如何创建的。例如，用户可以使用 C++语言创建一个 Windows 对象，它支持一个接口，通过该接口，用户可以访问该对象提供的各种功能，用户可以使用 Visual

Basic、C、Pascal、Smalltalk 或其他语言编写对象访问程序。在 Windows NT 4.0 操作系统下，COM 规范扩展到可访问本机以外的其他对象，一个应用程序所使用的对象可分布在网络上，COM 的这个扩展被称为 DCOM（Distributed COM，分布式对象模型）。

通过 DCOM 技术和 OPC 标准，完全可以创建一个开放的、可互操作的控制系统软件。OPC 采用客户/服务器模式，把开发访问接口的任务放在硬件生产厂家或第三方厂家，以 OPC 服务器的形式提供给用户，解决了软、硬件厂商的矛盾，完成了系统的集成，提高了系统的开放性和可互操作性。

2. 解决问题

OPC 诞生以前，硬件的驱动器和与其连接的应用程序之间的接口并没有统一的标准。例如，在工厂自动化领域（Factory Automation，FA），连接 PLC（Programmable Logic Controller）等控制设备和 SCADA/HMI 软件，需要不同的 FA 网络系统构成。根据某调查结果，在控制系统软件开发的所需费用中，各种各样机器的应用程序设计占费用的 7 成，而开发机器设备间的连接接口则占了 3 成。此外，在过程自动化领域（Process Automation，PA），当希望把分布式控制系统（Distributed Control System，DCS）中所有的过程数据传送到生产管理系统时，必须按照各个供应厂商的各个机种开发特定的接口，例如，利用 C 语言动态链路数据库（DLL）连接动态数据交换（DDE）服务器或者利用文件传送协定（FTP）的文本等设计应用程序。如由 4 种控制设备和与其连接的监视、趋势图以及表报三种应用程序所构成的系统时，必须花费大量时间去开发分别对应设备 A、B、C、D 的监视，趋势图以及表报应用程序的接口软件共计要用 12 种驱动器。同时由于系统中共存各种各样的驱动器，也使维护运转环境的稳定性和信赖性更加困难。

而 OPC 是为了不同供应厂商的设备和应用程序之间的软件接口标准化，使其间的数据交换更加简单化而提出的。作为结果，从而可以向用户提供不依靠于特定开发语言和开发环境的可以自由组合使用的过程控制软件组件产品。

OPC 系统由按照应用程序（客户程序）的要求提供数据采集服务的 OPC 服务器，使用 OPC 服务器所必需的 OPC 接口，以及接受服务的 OPC 客户端应用程序所构成。OPC 服务器是按照各个供应厂商的硬件所开发的，使之可以吸收各个供应厂商硬件和系统的差异，从而实现不依存于硬件的系统构成。同时利用一种叫作 Variant 的数据类型，可以不依存于硬件中固有数据类型，按照应用

17

程序的要求提供数据格式。

利用 OPC 使接口标准化可以不依存于各设备的内部结构及它的供应厂商来选用监视、趋势图以及表报应用程序。

3. 技术特点和应用领域

OPC 服务器通常支持两种类型的访问接口，它们分别为不同的编程语言环境提供访问机制。这两种接口是自动化接口（Automation Interface）和自定义接口（Custom Interface）。自动化接口通常是为基于脚本编程语言而定义的标准接口，可以使用 VisualBasic、Delphi、PowerBuilder 等编程语言开发 OPC 服务器的客户应用。而自定义接口是专门为 C++ 等高级编程语言而制定的标准接口。OPC 现已成为工业界系统互联的缺省方案，为工业监控编程带来了便利，用户不用为通信协议的难题而苦恼。任何一家自动化软件解决方案的提供者，如果不能全方位地支持 OPC，则必将被淘汰。

（1）在控制领域中，系统往往由分散的各子系统构成；并且各子系统往往采用不同厂家的设备和方案。用户需要将这些子系统集成，并架构统一的实时监控系统。

（2）这样的实时监控系统需要解决分散子系统间的数据共享，各子系统需要统一协调相应控制指令。

（3）再考虑到实时监控系统往往需要升级和调整。

（4）就需要各子系统具备统一的开放接口。

（5）OPC 规范正是这一思维的产物。

（6）OPC 基于 Microsoft 公司的 Distributed Internet Application（DNA）构架和 COM 技术，根据易于扩展性而设计。

（7）OPC 是以 OLE/COM 机制作为应用程序的通信标准。OLE/COM 是一种客户/服务器模式，具有语言无关性、代码重用性、易于集成性等优点。OPC 规范了接口函数，不管现场设备以何种形式存在，客户都以统一的方式去访问，从而保证软件对客户的透明性，使得用户完全从低层的开发中脱离出来。

（8）OPC 定义了一个开放的接口，在这个接口上，基于 PC 的软件组件能交换数据。它是基于 Windows 的 OLE、COM 和 DCOM 技术。因而，OPC 为自动化层的典型现场设备连接工业应用程序和办公室程序提供了一个理想的方法。

OPC 是连接数据源（OPC 服务器）和数据的使用者（OPC 客户端应用程

序）之间的软件接口标准。数据源可以是 PLC、DCS、条形码读取器等控制设备。随控制系统构成的不同，作为数据源的 OPC 服务器既可以是和 OPC 客户端应用程序在同一台计算机上运行的本地 OPC 服务器，也可以是在另外的计算机上运行的远程 OPC 服务器。

OPC 接口既适用于通过网络把最下层的控制设备的原始数据提供给作为数据的使用者（OPC 客户端应用程序）的硬件监督接口（HMI）/监督控制与数据采集（SCADA）、批处理等自动化程序，以至更上层的历史数据库等应用程序，也适用于应用程序和物理设备的直接连接。所以 OPC 接口是适用于很多系统的具有高厚度柔软性的接口标准。

OPC 的应用领域非常广泛，不仅为用户、厂商和集成商提供工控解决方案，也为智能建筑领域的用户、厂商和集成商提供楼宇控制系统的解决方案，可以说其应用遍布所有自动化领域。此外因其源于微软的技术，所以能和微软的各类平台和应用程序实现无缝集成，是实现智能建筑综合系统集成的最有前途的技术。

1.3.3 ODBC 技术

开放数据库连接（Open Database Connectivity，ODBC）是微软公司开放服务结构（Windows Open Services Architecture，WOSA）中有关数据库的一个组成部分，它建立了一组规范，并提供了一组对数据库访问的标准应用程序编程接口（API）。这些 API 利用 SQL 来完成其大部分任务。ODBC 本身也提供了对 SQL 语言的支持，用户可以直接将 SQL 语句送给 ODBC。ODBC 是 Microsoft 提出的数据库访问接口标准。开放数据库互联定义了访问数据库 API 的一个规范，这些 API 独立于不同厂商的 DBMS，也独立于具体的编程语言。

ODBC 为访问异构型数据库提供了统一的数据存取 API，从而在数据库层面上实现智能建筑中各类信息的集成，特别是为管理域的应用软件和控制域的监控软件的集成提供技术支持。

1.3.4 其他常见建筑智能化系统集成技术

除上述比较广泛的建筑智能化系统集成技术和规范外，常见建筑智能化系统集成技术和工程方法还有很多，例如 LonWorks、KNX 等系统集成技术以及基于 Web 的系统集成和基于 BIM 的系统集成方法，此外国内外著名的楼宇自动化管理系统（中国清华同方公司的 IBS 智能建筑信息集成系统，美国霍尼韦尔公司的 EBI 系统，德国西门子公司的 APOGEE 系统，美国江森自控公司的

METASYS 系统，法国施耐德公司旗下的 Andover continuum™系统）均为用户提供系统集成平台和集成方法。

1. LonWorks 技术

LonWorks 网络技术是美国埃施朗公司于 1990 年 12 月推出的一种先进的现场总线技术。LON（Local Operation Network）为局部操作网络，具有现场总线技术的一切特点，在国际上高端装备中得到越来越广泛的应用。LonWorks 技术核心为神经元芯片、收发器和 LonTalk 通信协议。神经元芯片为超大规模集成电路，其内部有三个 CPU，分别控制通信和应用程序的执行。神经元芯片可以直接或通过收发器组成控制网络。LonWorks 技术的优势表现为如下几个方面。

（1）LonWorks 具有广泛的适用性。LonWorks 节点收发器有不同的类型，以支持不同的通信介质，如双绞线、电力线、无线、同轴电缆、红外、光纤等。完善的 LonTalk 协议保证了通信的可靠性及实时性。这种网络为对等、互操作网络，各节点地位均等，无主节点，实时性好，可靠性高，为楼宇自动化、智能家居、工业自动化、轨道交通、船舶控制、飞行控制等领域应用提供了卓越的控制网络。

（2）LonWorks 的开放性为用户带来了利益。LonWorks 技术具有很好的开放性，符合 LonMark 标准的不同公司的产品可在同一网络上协调工作。技术的开放性最大限度地降低了可能的垄断利润，使用户花更少的钱，选用各公司更合适的产品。这就意味着用户摆脱了第一家供货商的限制，甚至在第二期工程中不再选用第一家供货商的产品，而能与一期工程连接，降低投资风险；同时，将来现有的 LonWorks 网上可以连接报警、求助、楼宇自动化等设备、而无须网络投资。当然，这些设备可以从其他公司购买，只要他们的产品符合 LonMark 标准。这样的公司遍及海内外，并且 LonWorks 技术在中国发展很快。开放性给客户带来了很大的主动权，而封闭的系统很难与其他公司的产品互连，增加了客户将来改变产品选型的可能性，减少了投资风险及垄断售后服务的高额利润，从长远看减少了客户的总投资。

（3）LonWorks 现场网络的拓扑结构十分灵活。LonWorks 现场网络采用双绞线做通信介质时，可构成总线型、星形、环形和自由拓扑网络。总线型网络不加中继器距离可达 2700m，每增加一个中继器可扩展 2700m，自由拓扑网络不加中继器距离可达 500m，每增加一个中继器可扩展 500m。在后一种结构中，通信线可被任意分支，提高了组网灵活性，极大地方便了安装，降低了系统维护费用。

（4）LonWorks 网络具有强大的扩展能力。基于 LonWorks 技术研发的楼宇自控系统、智能家居系统可以在大范围实现远程能耗监测、自动化节能控制、家庭安防及与其他楼宇自动化系统联网，其现场网络强大的扩展能力同普通抄表、安防系统相比，具有无可比拟的优越性。

（5）LonWorks 技术的高可靠性成就了系统的强抗干扰能力。LonWorks 网络技术适合在各种恶劣的环境条件下使用，并具备极强的抗干扰能力。

（6）LonWorks 系统的维护便捷性。现场网络增加新设备、改变设备地址、调整运行参数、系统升级等，只需通过 PC 设置，不必更改硬件设备。

LonWorks 基于以上优势和特性，无论在工业领域还是楼宇自控领域都被广泛应用。

2. 基于 Web 的系统集成技术

随着对开放（Open）、互操作（Interoperability）和与企业应用（Enterprise Application）系统集成要求的不断提高，以及 Internet 的广泛普及和应用，几乎所有自控网络标准均进行了 Internet 扩展，以实现与 Internet 无缝互连。这些扩展虽然可以实现与 Internet 的互联，并在一定的程度上实现与企业应用系统的信息共享，但这种扩展方式具有较大的限制。其主要原因是，利用这种方式扩展的不同协议或标准在企业应用集成中必须部署相应的构件或模块，并且不同标准的系统仍然很难集成，从而使企业应用集成耦合性高，部署不灵活，扩展困难。这就需要在 Internet 基础上重新建立系统集成的公共接口标准——XML/Web Services 技术标准。

那么，什么是 XML/Web Services 技术？简单地说，XML 就是标准的数据描述语言，Web Services 则是建立在该标准描述语言基础之上的互操作规范和接口模型。在 Web 网络环境中，一个利用 XML/Web Services 技术构建的 Web 应用实例通常可以称为一个 Web Service（Web 服务）。XML/Web Services 工作组对该技术的定义是，"一个 Web Service 就是可以被统一资源标识符（Uniform Resource Identifier，URI）识别的软件应用，它的接口和绑定可以通过 XML 文档进行定义、描述和发现，并且通过基于 XML 的消息或报文（SOAP）与其他软件应用进行交互，软件应用交互的 XML 消息或报文由基于 Internet 的通信协议进行传输"。这个定义描述了两种全新的 Web 网络环境中的分布计算方式，强调基于用 XML 文档来解决异构分布计算和互操作的问题。其主要目标是在现有各种异构平台的基础上构筑一个平台无关、语言无关、协议无关的通用技术层，通过这个技术层，各种平台上的 Web 软件应用可以互相连接和集成，从而实现数据的自动化处理和互操作功能。XML/Web Services 技术作为一种信息技术，以其平台无关、语言无关、协议无关的开放特性在信息技术界得到了广泛应用，并正向建筑自动化领域及其系统集成应用高速渗透。利用 XML/Web Services 技术进行建筑自动化系统集成正是这种发展趋势的具体表现，代表着建筑自动化系统集成技术的发展方向。

正是由于 XML/Web Services 技术的优点，不少标准组织或行业学会将已有的建筑自控网络标准进行 XML/Web Services 技术扩展，或制定新的 XML/Web Services 技术应用标准。美国热、冷冻和空调工程师协会学会的 SSPC135 技术委员会在 BACnet 标准基础上扩展了 XML/Web Services 接口，形成了 BACnet/Web Services 标准；大陆自动化建筑协会（Continental Automation Building Association，CABA）发起制定基于 XML/Web Services 技术的开放楼宇信息交换标准（open Building Information eXchange，oBIX）。为了使 oBIX 更具影响力和权威性，CABA 加入了 The Organization for the Advancement of Structured Information Standards（OASIS），一个全球非盈利组织，致力于制定和发展电子商务的标准，并发布了 oBIX 标准。

3. 基于 BIM 的系统集成技术

建筑智能化信息集成（平台）系统是智能建筑必不可少的一部分，集成平台的建立将为信息汇聚、资源共享、协同运行和优化管理等其他综合应用功能提供基础，但集成平台的建立又面临着诸多的困难，从智能建筑的工程架构上看，设施架构被划分为集成设施层、信息服务设施层以及信息应用设施层。而每个层又可以配置众多系统，这些系统分属于控制、管理、通信等不同的领域，将这些系统集成到一个平台谈何容易。目前构建建筑智能化信息集成平台的方法主要有两个方面，一方面在控制域实现信息集成平台，通常将智能建筑中一个或者多个重要的控制系统作为核心，将其他的控制系统和管理系统集成到核心平台上，但由于设备通信标准协议种类繁多，并不能保证所有智能化设施均无缝集成到平台上，此外还要为集成到平台上的系统重构集成界面。另一方面在管理域实现集成平台，以管理系统为集成核心，将控制域的各系统通过通信接口集成到管理平台的客户端上，同样的原因，我们并不能保证所有系统设施集成到平台上。这两种方法建立的集成平台都无法将所有的设施集成，而且在集成界面创建时，不能利用已有的系统资源，在构建集成平台时需要重新构建系统的集成界面，这无疑降低了集成平台的创建效率。

另一方面，近年随着 BIM 技术广泛应用和发展，针对 BIM 模型的研究越来越深入。BIM 模型在设计期间开始建立，施工和项目完成后模型已经相当成熟和完整，完善的模型信息为后期使用提供了最有力的保障。更为重要的是 BIM 模型中集成智能建筑中的所有设施，模型中构件实体及其属性是管理域需要进行管理的主要对象，这使得模型具有信息集成的先天优势，显然 BIM 模型是构建建筑智能化信息集成平台的不二之选。目前在设计阶段创建的 BIM 模型中，各类智能化设施包括几何信息和实体描述信息，但遗憾的是模型不包括用于建筑智能化的控制信息，模型虽然能满足管理需求，但无法满足建筑智能化的控制需求。如果要满足智能化控制需求，需要为 BIM 模型中的建筑设施加入智能化控制信息，如何将控制信息集成到 BIM 模型中？这是利用 BIM 模型构建建筑智能化集成平台最关键的部分，因为一旦将所有设施的控制信息集成到模型中，就可以方便地利用模型构建智能化信息集成平台。

随着计算机技术、网络技术、控制技术和通信技术的发展，智能化建筑的系统集成正在向网络化、信息化迈进。早期的单一子系统的功能完成或几个子系统的简单设备联动已经不能满足智能化建筑智能化功能和服务拓展的需要。智能化建筑的系统集成应该是建立在控制网络与信息网络有机结合的基础之上的综合信息化网络。此外随着物联网技术的发展，未来的云计算技术、大数据、人工智能以及 BIM（Building Information Modeling）技术都会为建筑智能化的系统集成提高更多的解决方案和技术支持。

习题

1. 简述智能建筑的内涵。
2. 简述你对未来智能建筑的发展构想。
3. 简述智能建筑的体系结构。
4. 简述智能建筑的系统集成的内涵。智能建筑系统集成的发展趋势如何？
5. 常见的建筑智能化系统集成技术包括哪些？

第2章
智能建筑内信息传输网络

2.1 智能建筑内信息传输需求及信息传输网络

智能建筑系统集成的基础是智能建筑内的通信网络。在一个现代化大楼内，各种服务数字网是必不可少的，只有具备了这些基础通信设施，新的信息技术如电子数据交换、电子邮政、会议电视、视频点播、多媒体通信等才有可能进入大楼，使它成为一个名副其实的智能建筑。目前人们对信息需求不断激增，以及计算机技术带来的多媒体终端和移动终端等先进的终端技术，完成建筑智能化的系统集成往往在于它的通信网络，可以说通信技术制约着智能建筑的集成度，为此，智能建筑中的通信网络的设计是完成建筑智能化系统集成工作的重点。

2.1.1 智能建筑内的信息传输需求

信息传输网络是智能楼宇的神经系统，实现话音、数据、图像的综合传输、交换、处理和利用。为满足信息传输的要求，针对传输网络在设计时，首先要做好需求分析。虽然不同类型的智能建筑的用途不同，网络的需求和构建方式也不同，如酒店、商用写字楼和智能小区、政府办公大楼在构建网络上有很多不同，但对大部分智能建筑包括如下的需求。

（1）支持建筑物内部有线电话、有线电视、电信会议等语音和图像通信。

（2）支持楼宇设备自动监控、楼宇运营管理、住户共用信息处理、住户专用信息处理等系统中设备之间的数据通信。

（3）支持各种广域网连接，包括具有与公用电话网、公用数据网、移动通信网和各种计算机通信网的接口。

（4）支持建筑物内部多种业务通信需求，支持多媒体通信需求，具备想到的面向未来传输业务的冗余。此外还要考虑建筑对一些专用网络的需求，如教育科研网、政府办公网、金盾网等。

智能建筑的信息传输网络必须具备完善的通信功能。

（1）能与全球范围内的终端用户进行多种业务的通信功能。支持多种媒体、多种信道、多种速率、多种业务的通信，如（可视）电话、互联网、传真、计算机专网、VOD、IPTV、VOIP等。

（2）完善的通信业务管理和服务功能。如可以应对通信设备增删、搬迁、更换和升级的综合布线系统，保障通信安全可靠的网管系统等。

（3）信道冗余，在应对突发事件、自然灾害时通信更加可靠。

（4）新一代基于IP的多媒体高速通信网、光通信网是未来新的通信业务的支撑平台。

2.1.2 智能建筑内的信息传输网络

智能建筑内的信息传输网络从技术的角度，可以分为电话网和计算机网，从互联的角度可分为内部专用网、保密网和公用网，从应用功能方面又可以分为公用信息网、集中管理网、消防网、安防网、保密网、音视频网等，从传输信号的角度可以分为模拟传输网和数字传输网，如图2-1所示。

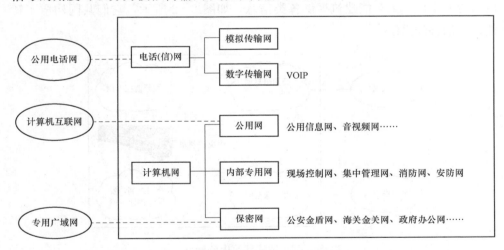

图2-1 智能建筑内的通信网络分类

适用于智能建筑的信息传输网络主要包括三种。

（1）程控用户交换机（Private Automatic Branch Exchange，PABX）网：在建筑物内安装PABX，以它为中心构成一个星形网，既可以连接模拟电话机，也可以连接计算机、终端、传感器等数字设备和数字电话机，还可以方便地与公用电话网、公用数据网等广域网连接。

（2）计算机局域网络（Local Area Network，LAN）：在建筑物内安装

LAN，可以实现各种数字设备之间的高速数据通信，通过 LAN 上的网关还可以实现与公用数据网和各种广域计算机网的连接。在一个建筑物内可以安装多个 LAN，它们可以用 LAN 互联设备连接为一个扩展的 LAN。一群建筑物内的多个 LAN 也可以连接为一个扩展的 LAN。

（3）PABX 与 LAN 的综合以及综合业务数字网（Integrated Services Digital Network，ISDN）：为了综合 PABX 网与 LAN 的优点，可以在建筑物内同时安装 PABX 网和 LAN，并且实现两者的互联，即通过 LAN 上的网关与 PABX 连接。这样的楼宇通信网既可以实现话音通信，也可以实现数据通信；既可以实现中、低速的数据通信（通过 PABX 网），也可以实现高速数据通信（通过 LAN）。

可见在智能建筑内包括很多网络，智能建筑机电设备控制的网络、安防和消防网络，以及计算机局域网组建的建筑物内部的公共信息网，通过网关可以实现与互联网的连接，还可能组建满足特殊要求的金盾、政府办公网等。这些网络协调工作，为智能建筑提供各类信息，如图 2-2 所示，它们共同构成了智能建筑的神经系统。

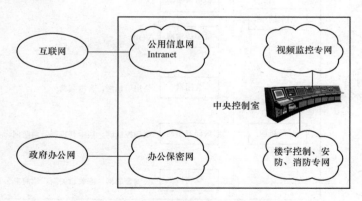

图 2-2　智能建筑内的网络

2.2　智能建筑内的电话网

智能化建筑内的电话网一般是以 PABX 为中心构成一个星形网，为用户提供语音通信是其基本功能。建筑内的用户之间是分机对分机的免费通信。它既可以连接模拟电话机，也可以连接计算机、终端、传感器等数字设备和数字电话机，不仅要保证建筑内的语音、数据、图像的传输，而且要方便地与外部的通信网络如公用电话网、公用数据网、用户电报网、无线移动电话网等网络连接，达到与国内外各类用户实现语音、数据、图像的综合传输、交换、处理和利用。用户终端能通过电话网与公用通信网互通，实现语音、数据、图像、多媒体业务的通信。

2.2.1 PABX 的基本原理

PABX 的硬件一般由外围接口电路、信号设备、数字交换网络、控制设备、话务台及维护终端组成。

1. 控制设备

控制设备主要由处理器和存储器组成。处理器执行交换机软件，指示硬件、软件协调操作。存储器用来存放软件程序及有关永久和中间数据。

2. 交换网络

交换网络的基本功能是根据用户的呼叫请求，通过控制部分的接续命令，建立主叫与被叫用户之间的连接通路。交换网络在纵横制交换机中采用各种机电式接线器，在程控交换机中，目前主要采用由电子开关阵列构成的空分交换网络和由存储器等电路构成的时分接续网络。

3. 外围接口

外围接口是交换系统中的交换网络与用户设备、其他交换机或通信网络之间的接口。根据所连设备及其信号方式的不同，外围接口电路有多种形式。

（1）模拟用户接口电路。模拟用户接口电路所连接的设备是传统的模拟话机，它是一个 2 线接口，线路上传送的是模拟信号。

（2）模拟中继电路。数字交换机和其他交换机（步进、纵横、程控模拟、数字交换机等）之间可以使用模拟中继线相连。模拟接口（包括中继和用户电路）的主要功能是对信号进行 A/D（或 D/A）转换、编码、解码及时分复用。

（3）数字用户电路。数字用户电路是数字交换机和数字话机、数据终端等设备的接口电路，其线路上传输的是数字信号。

（4）数字中继电路。数字中继电路是两台数字交换机之间的接口电路，其线路上传送的是 PCM 群路数字信号。由于数字接口传送的是数字信号，它不需要对信号进行 A/D、D/A 转换。但是，它除了对信号进行编码解码及时分复用外，还必须在数字交换机及其所连接的数字设备之间进行数据速率适配及信息帧同步。

4. 信号设备

信号设备主要有回铃音、忙音、拨号音等各种信号音发生器，双音多频信号接收器、发送器等。

PABX 结构如图 2-3 所示。

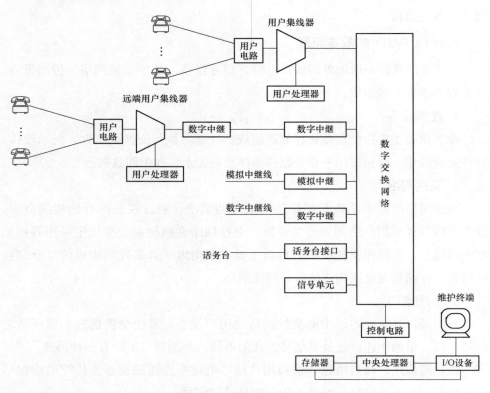

图 2-3 PABX 结构

2.2.2 PABX 的主要功能

1. 内部呼叫功能

内部分机用户之间的呼叫，在主叫用户摘机听到拨号音后，拨被叫分机号码，用户交换机自动完成接续。当被叫分机用户听到话机振铃后，摘机应答，内部分机用户间接续完成。

2. 出局呼叫功能

（1）PABX 从市话局用户级入网的中继方式。分机用户摘机听拨号音后，拨出局字冠 0 或 9，用户交换机自动将分机用户与一空闲的出中继器接通。分机用户听到二次拨号音后，再拨本地网用户号码、国内长途（人工台、半自动台）号码、国际长途（人工台、半自动台）号码、特种业务号码等，经接口市话局配合完成通话接续。

（2）PABX从市话局选组级入网的中继方式。分机用户摘机听拨号音后，拨出局字冠0或9后直拨本地网用户号码、国内长途（人工台、半自动台）号码、国际长途（人工台、半自动台）号码、特种业务号码等，经接口市话局配合完成通话接续。

3. 非话音业务

PABX能满足分机用户非话音业务要求，可以在话路频带内开放传真和数据业务，并能保证非话音业务不被其他呼叫插入或中断。

4. 话务台主要接续功能

（1）话务员能将市话局的呼入转接至本局分机用户。遇该分机用户为忙时，能插入通知，并送通知音。

（2）PABX在接续过程中，如遇空号、临时改号、无权呼叫等情况时，能自动将呼叫转接至话务台，由话务员代答或录音辅导。

（3）设有值班用户，在话务台无人值守时，可由值班用户代为转接市话呼入至所需分机用户。

（4）在较大容量用户交换机设置多个话务台的情况下，交换机有均匀呼入话务量功能，以及话务台之间可以互助代接功能。

（5）可用电脑话务员替代人工话务员。

2.2.3 PABX的入网方式

全自动（DOD1＋DID）接入方式：用户单位相当于当地电话局中的一个电话支局（这时的PABX相当于当地电话交换局的一个远端模块），其各个分机用户的电话号码要纳入当地电话网的编号中，如图2-4所示。

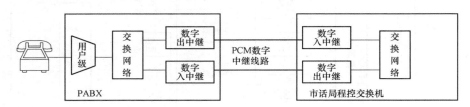

图2-4 DOD1＋DID接入方式

DOD2＋DID接入方式：呼出的中继方式是接到电话局的用户电路而不是选组级上，所以出局呼叫要听二次拨号音（PABX通过设定在机内可以消除从电话局送来的二次拨号音）。呼入时仍采用DID方式。这种中继方式在出局呼叫公用电话网时要加拨一个字冠，一般都用9或0，如图2-5所示。

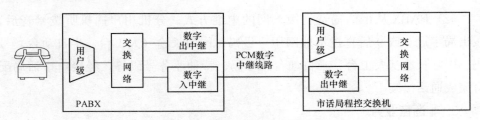

图 2-5　DOD2＋DID 接入方式

半自动（BID）接入方式：呼出时接入电话局的用户级，听二次拨音（现 PABX 在机内可消除从电话局送来的二次拨号音，直接加拨字冠号进入公用电话网）。呼入接到 PABX 的话务台上，由话务员转接至各分机（现 PABX 在机内可送出附加拨音号或语音提示以及附加电脑话务员来实现外线直接拨打被叫分机号码），如图 2-6 所示。

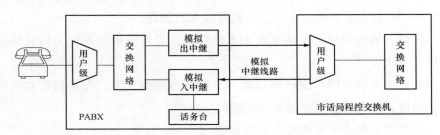

图 2-6　BID 接入方式

混合中继方式：采用数字中继电路以全自动直拨方式为主，同时辅以半自动接入方式，增加呼入的灵活性和可靠性，如图 2-7 所示。

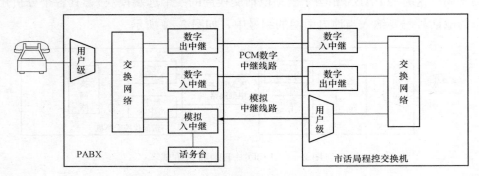

图 2-7　混合中继方式

2.2.4　建筑内的 VOIP 系统

1. VOIP 的基本原理

VOIP（Voice Over IP，又称 IP 网络电话）是利用计算机网络进行语音

（电话）通信的技术，它不同于一般的数据通信，对传输有实时性的要求，是一种建立在 IP 技术上的分组化、数字化语音传输技术。

VOIP 的基本原理如图 2-8 所示，是通过语音的压缩算法对语音数据编码进行压缩处理，然后把这些语音数据按 TCP/IP 标准进行打包，经过 IP 网络把数据包送至接收地，再把这些语音数据包串起来，经过解压处理后，恢复成原来的语音信号，从而达到由互联网传送语音的目的。

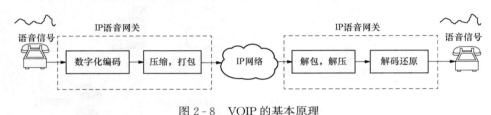

图 2-8 VOIP 的基本原理

2. VOIP 网络设计

智能建筑内的 VOIP 电话网根据功能的区别有两类系统方案。

（1）建筑内不设 PABX，完全通过 VOIP 网络实现语音通信功能，方案如图 2-9 所示。但该方案是完全通过 VOIP 网络实现语音通信功能，一旦建筑内的 IP 网络出现问题，其语音通信功能将会受影响。

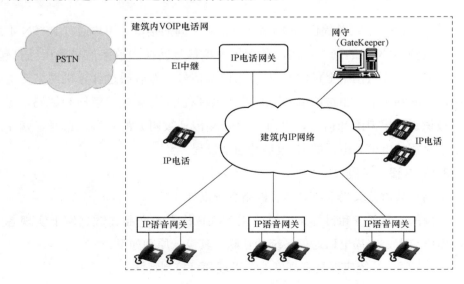

图 2-9 建筑内通过 VOIP 网络实现语音通信功能

（2）在建筑内已设有 PABX 网络的前提下，再构建一个 VOIP 网络作为

PABX 网的补充和改进，达到大幅降低通信费用的目的，方案如图 2‐10 所示。

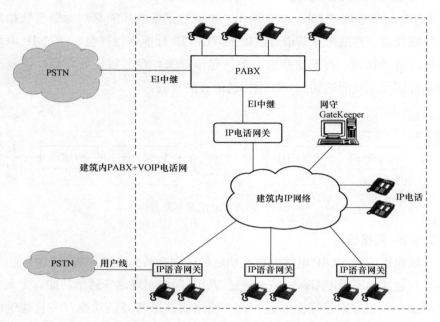

图 2‐10 建筑内通过 PABX＋VOIP 网络实现语音通信功能

其中，IP 电话网关提供 IP 网络和电话网之间的接口，用户通过 PSTN 本地环路连接到 IP 网络的网关，网关负责把模拟信号转换为数字信号并压缩打包，成为可以在计算机网络上传输的 IP 分组语音信号，然后通过计算机网络传送到被叫用户的网关端，由被叫端的网关对 IP 数据包进行解包、解压和解码，还原为可被识别的模拟语音信号，再通过 PSTN 传到被叫方的终端。这样，就完成了一个完整的电话到电话的 IP 电话的通信过程。

3. VOIP 设计实例

实例：某市公安局 VOIP 语音网络系统设计。

建设的主要任务和目标是通过采用 VOIP 技术和产品在数据网上实现各乡镇派出所与市公安局电话通信系统的互联，其设计原则如下：

（1）VOIP 系统应该具有高度的可管理和可控制特性；

（2）VOIP 系统应该具有高度的安全性、可靠性、稳定性和实用性；

（3）VOIP 系统应该支持公安系统现有的内部电话拨号规则和电话号码分配方案；

（4）VOIP 系统应该支持"等位拨号"功能；

（5）VOIP 系统应该具有较好的可扩展性；

（6）VOIP 系统应该具有结构简单、便于维护、投资少的特点。

实现"一机双号"功能，实现 PSTN 市话和 VOIP 专网电话共用拨号，自动呼叫路由，用户拨打市话号码时接入 PSTN，拨打专网电话时接入 IP 网络，IP 数据网故障时，呼叫可自动跳转到 PSTN 市话网；支持 IP 电话会议系统，在公安数据网的防火墙内可正常通信，支持保密传真；在中心节点可配置数字中继网关（带 EI 接口）。

根据上述原则，某市公安局 VOIP 语音网络系统方案如图 2-11 所示。

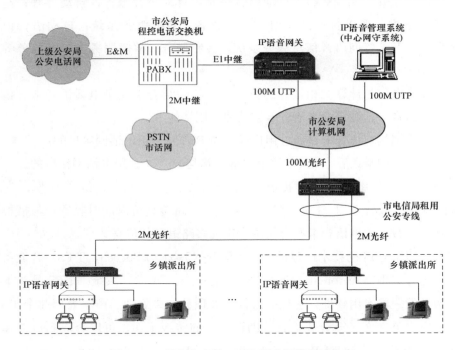

图 2-11 某市公安局 VOIP 语音网络系统方案

在市局使用 IP 语音数字中继网关通过 E1 与 PABX 连接，实现通信网的互通和延伸。派出所的语音网关全部要求支持电话和传真，能够实现分机与分机、分机与市话（包括移动）的语音通话和传真功能。另外为了网络的安全性、可靠性、可管理性，VOIP 系统配置关守和网络管理系统。

市局下面的各个县支局，根据需求可以配置 4 口或 8 口或更高密度的 IP 语音网关，通过已有的 IP 网络与市局中心节点的 IP 语音数字中继网关实现互联。

在派出所安装模拟接口的语音网关，派出所使用2～8口的IP语音网关，端口号码编号方案遵照原有内部通信系统的编号方案。除了在VOIP系统内部可以呼叫其他网关的端口外，还可以拨打原有通信网的各分机的电话，并且实现等位拨号功能。

2.2.5 CTI 系统

计算机通信集成技术（Computer Telecommunication Integration，CTI）内容十分广泛，概括起来，至少有如下一些应用技术和内容：呼叫中心（客户服务中心）；客户关系管理（CRM）与服务系统；交互式语音应答系统（Interactive Voice Response，IVR）；自动语音信箱，自动录音服务；自动寻呼；基于IP语音、数据、视频的CTI系统；综合语音、数据服务系统；自动语音识别CTI系统；专家咨询语音信息服务系统；传呼服务、故障服务、秘书服务等声讯台等。

CTI是电信与计算机相结合的技术，它们的结合点就是电话语音卡，包括模拟接口语音卡、数字中继语音卡、其他专用功能卡。

（1）模拟接口语音卡是通过用户线路与PSTN公用电话网接口的。

（2）数字中继语音卡是E1数字中继线路与PSTN公用电话网接口的。

（3）其他专用功能卡。传真卡性能特点：实现G3类传真收发，支持CCITT传真协议；卡上自动识别传真信号；多路传真可以同时收发；与模拟电话语音卡、数字中继语音卡配合使用，实现多路语音与传真共享。

常应用于CTI的技术还包括文本到语音（Text to Speech，TTS）合成系统和自动语音识别（Automatic Speech Recognition，ASR）系统。TTS是文本到语音转换的一种实用软件，它包括语言学处理、韵律处理、声学处理几个步骤，完成一段中英文文字至合成语音（朗读声）的转换工作，可以合成到声卡和文件。TTS支持包括PCM Wave、uLaw/aLaw Wave、ADPCM、Dialogic Vox等语音格式，支持主流语音板卡，支持GBK、BIG5字符集的文本阅读。TTS使计算机具有了人工智能的"说话"功能，应用这项技术后，CTI可以实现"机"和人在语音层次的交互，从而提供诸如电话听E-Mail、语音查询天气、股票行情查询、航班查询等多种通过语音取代按键操作的自动语音播放信息查询业务。

ASR系统与TTS相反，是语音到文字的转换过程，它使计算机具有了人工智能的"听"功能。ASR是一个较新兴的技术，具有极大的发展潜力和应用市场。由于中文同音字很多，人们的发音千差万别，再加上方言和习语等因素，ASR 要比 TTS 困难许多，目前还达不到普通实用的水平。有一些识别软件对普通话的有较好的识别率，应用 ASR 技术有广泛的前景。

常见的基于 CTI 技术的应用包括：多通道呼叫中心（Call Center），指以电话接入为主的呼叫响应中心，又称客户服务中心（Customer Service Center），为客户提供各种电话响应服务，呼叫中心是 CTI 技术的一项重要应用；IVR 是一种通过电话实现人—机交互的系统，机器的一端是具有人工智能的能"说"和能"听按键数字"的 CTI 应用系统，有时又称为自动语音系统，以及电话录音系统。

2.3 智能建筑内的计算机网络

在智能建筑内构建计算机网络主要是应用局域网以及局域网互联技术。局域网是一组由计算机和其他网络设备互连在一起而形成的系统，其覆盖区域限于建筑物内或建筑群内，允许网络内部的用户之间相互高速通信，并共享计算机的软硬件资源。局域网通常由网络接口卡、电缆（光缆）系统、交换机、服务器以及网络操作系统等部分组成；而决定局域网特性的技术要素包括网络拓扑结构、传输介质类型、介质的访问控制以及安全管理等。当前的技术主流是以太网。

2.3.1 局域网参考模型与 IEEE 802 标准

IEEE 在 1980 年 2 月成立局域网标准化委员会，称为 IEEE 802 委员会，它制定的标准称为 IEEE 802 标准。IEEE 802 标准是局域网的技术标准。

1. 局域网参考模型

开放系统互联 OSI 参考模型如图 2 - 12 所示。局域网既然是网络系统的一种，它也应该参考和引用该模型，并结合本身的特点制定自己的具体模型标准。局域网在通信方面有自己的特点：第一，其数据是以帧为单位传输的。第二，局域网内部一般不需中间转接，所以也不要求路由选择。因此，局域网的参考模型相对应于 OSI 参考模型中的最低两层。物理层用来建立物理连接是需要的，数据链路层把数据构成帧进行传输，并实现帧顺序控制、错误控制及流控制功能，使不可靠的链路变为可靠的链路，这也是必需的。局域网不需要路由选择，所以不需要网络层。

（1）物理层。这层和 OSI 的物理层功能一样，主要处理位流的传输与接收。

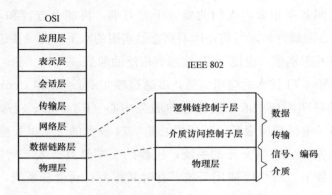

图 2-12 开放系统互联 OSI 参考模型

它规定了所使用的信号、编码和介质，规定有关拓扑结构如环形、总线形、树形等；有关信号与编码，如曼彻斯特码、差分曼彻斯特码、非归零码等以及有关速率，如 1、4、10Mbit/s 和 20Mbit/s 等；传输介质包括双绞线、同轴电缆和光缆等。

（2）数据链路层。该层又细分为两个功能子层：数据链控制（LLC）子层和介质访问控制（MAC）子层。这种功能分解主要是为了使数据链功能中与硬件有关的部分和与硬件无关的部分分开。局域网数据链路层与 OSI 的数据链路层功能上相类似，都是涉及帧在两站之间的传输问题，但局域网内帧的传输没有中间交换节点。由于共享信道，故数据链路层与传统的链路有如下差别。

1）支持多重访问，支持成组地址与广播式的帧传输。

2）支持 MAC 层链路访问控制功能。

3）提供某些网络层功能。

数据链路层的两个子层如下。

LLC 子层。该层向高层提供一个或多个逻辑接口或服务访问点（SAP），具有帧收、发功能。发送时把要发送的数据加上地址和 CRC 字段等构成帧。接收时，把帧拆开，执行地址识别和 CRC 校验功能，并具有帧顺序与错误控制及流控制等功能。这一层还包括某种网络层功能，如数据报、虚电路和多路复用等。

MAC 子层。这一层具有管理多个源、多个目的链路的功能，这是传统的数据链控制所没有的。IEEE 802 制定了几种介质访问控制方法，同一个 LLC 层能与其中任一种访问方法接口，目前这些介质访问控制方法包括载波监听、冲突检测多重访问（CSMA/CD）方法、令牌总线（Token-Bus）及令牌环（Token-Ring）

等访问方法。

2. IEEE 802 标准

IEEE 802 规范定义了网卡如何访问传输介质（如光缆、双绞线、无线等），以及如何在传输介质上传输数据的方法，还定义了传输信息的网络设备之间连接建立、维护和拆除的途径。遵循 IEEE 802 标准的产品包括网卡、桥接器、路由器以及其他一些用来建立局域网络的组件。

3. 介质访问方式

如果同一介质中连接了多个站，而 LAN 中的所有站又都是对等的，任何一个站都可以和其他站通信，就需要有一种必要的仲裁方式来控制各站对网络的访问。介质访问方式是确保对网络中节点进行有序访问的一种方法。下面将讨论局域网中两种主要的介质访问方式：竞争方式和令牌方式。

（1）竞争方式。在竞争方式中，允许多个站对单个通信信道进行访问，每个站之间互相竞争信道的控制使用权，并据此传送数据，两种主要的竞争方式是 CSMA/CD 和 CSMA/CA。它们通常用于总线或树形拓扑结构中。

（2）令牌传送方式。在令牌传送系统中，令牌在网络中沿各站依次传递。令牌是一个有特殊目的的信息段，它的作用是允许站点进行数据发送。一个站只有在持有令牌时才能发送数据。

令牌传送常用于环形拓扑中，如 IBM 的 Token Ring、ARCnet 等。其优点在于网络中的站点依次收到令牌，并依次发送数据。这样的系统就称为固定的，从而可以计算出最坏情况下的访问时间、吞吐量等。在工业生产控制中经常使用类似的固定系统。令牌传送还允许建立优先级控制，从而保证较重要的信息能够首先被发送。

2.3.2　局域网技术

1. 局域网构成

构成局域网的"元素"是网络接口卡、电缆（光缆）系统、服务器、网络操作系统。

2. 以太网

以太网（Ethernet）是当今最流行的局域网，其主要原因在于其高度的灵活性：不论是传输介质、拓扑还是速度，它几乎可以适应所有场合下的需要。

传统 Ethernet 采用 CSMA/CD 方式进行通信访问，网络的速率是 10Mbit/s，使用同轴电缆、双绞线或光缆，介质标准见表 2 - 1。传统以太网的结构为总线型结构，所采用的传输介质为细同轴电缆（10Base‐2 标准）或粗同轴电缆（10Base‐5 标准）。其优点是应用简单，但存在同一网段上的设备数量有限制、不易扩展、网络故障不可隔离等问题。其后出现的双绞线（UTP，10Base‐T 标准）星形结构以太网很好地解决了以上问题。这种星形以太网结构比传统以太网增加了一种设备：集线器（HUB），但同时增加的优点也是不可忽略的。

（1）网络节点个数不受限制。

（2）某一节点的故障不会影响到整个网络的正常运行，这就给维护工作带来极大的方便。

（3）容易扩展，要增加一个节点，只须将该节点用双绞线直接与某台 HUB 相连即可，并不需要停止原网络的运行。

表 2‐1 不同 10Mbit/s 以太网介质标准

参数 \ 类型	10Base‐5	10Base‐2	10Base‐F	10Base‐T
最大网段长度（m）	500	185	2000	100
拓扑结构	总线型	总线型	星形	星形
介质	50Ω 粗缆	50Ω 细缆	多模光缆	100ΩUTP
连接器	NIC‐DB‐15	RG‐58	ST	RJ‐45
最大节点数	100	30	不限	不限
站间最小距离（m）	2.4	0.9	—	—
最多网段数	5	5	5	5

星形以太网适合于在同一建筑物内的局域网组网，传统的细同轴电缆以太网适合于在同一房间内连接数量不多的网络设备，粗同轴电缆和光缆适合于连接相邻建筑物之间的两个网络。

以太网布线方案的第三种类型导致了一种非预期的拓扑结构。第三种类型与粗缆及细缆以太网区别很大，这种方案的正式叫法是 10Base‐T，但它通常被叫作双绞线以太网，它以无屏蔽双绞线做传输介质。10Base‐T 扩展了使用连接多路复用的思想：一个电子设备作为网络的中心。这个电子设备叫作集线器。

3. 令牌环网

令牌环网可以使用多种不同类型的双绞线电缆，其结构是环形和星形的组合。对距离的限制以及对最大网络节点数目的限制取决于用户所选择的电缆类型。在正常配置下，令牌环网络可以支持多达 260 个节点。从工作站到 MAU 的距离最大可达 100m，因此，用户必须十分了解网络中任何一点所使用的电缆类型。

令牌环的数据传输速率可达 4Mbit/s 或 16Mbit/s，采用令牌环方式进行通信访问。数据传输率的高低取决于所用网卡的类型。所有工作站都必须在同一速率下工作。

4. 100Base-T 快速型以太网

100Base-T 是经过实用考验的双绞线以太网标准的 100Mbit/s 版。在 1995 年 5 月 IEEE、正式通过作为新规范的快速以太网 100Base-T 标准，即 IEEE 802.3u 标准。它是现行 IEEE 802.3 标准的补充。

新的 100Base-T 标准允许包括多个物理层，参见表 2-2。现在有三个不同的 100Base-T 物理层规范，其中两个物理层规范支持长度为 100m 的无屏蔽双绞线，第三个规范支持单模或多模光缆。与 10Base-T 和 10Base-F 一样，100Base-T 要求有中央集线器的星形布线结构。

表 2-2　　　　　　　　　　不同 100Mbit/s 快速以太网介质标准

参数 \ 类型	100Base-TX	100Base-T4	100Base-FX
距离（m）	100	100	2000
拓扑结构	星形	星形	星形
介质	UTP 5 类或 STP	UTP 3/4/5 类	多模或单模光缆
要求线对数	2	4	2
编码方法	4B/5B	8B/6T	4B/5B
信号频率（MHz）	125	25	125

100Base-T 的 MAC 与 10Mbps 经典以太网 MAC 几乎完全一样，正如以前所述，IEEE 802.3 CSMA/CD MAC 具有固有的可缩放性，即它可以以不同速度运行，并能与不同物理层接口。100Base-T4 物理层支持快速以太网运行在 3、4 或 5 类的 4 对无屏蔽双绞线上。

5. 千兆位以太网

在传统的 10Mbit/s 或 l00Mbit/s 以太网基础上，减少其传输距离，就能获得更高的速度。技术的进步使一种新型的以太网能达到千兆位速率，同时又能达到和传统以太网相同的传输距离，称为千兆位以太网。

千兆位以太网遵守同样的以太网通信规程，即 CSMA/CD 访问控制方法，因此它仍然是一种共享介质的局域网。发送到网上的信号是广播式的,接收站根据地址接收信号。网络接口硬件能监听线路上是否已存在信号,以避免冲突,或在没有冲突时重发数据。可以设计成简单的半双工通信;也可设计成全双工通信,可以同时发送和接收信息。

千兆位以太网也有铜线及光缆的两种标准。铜线标准为 1000Base-CX,最大传输距离为 25m,并需用 150Ω 的屏蔽双绞线(STP),以 1.25Gbit/s 的串行线速率在一种专用电缆上传输。目前大部分以太网产品都是基于非屏蔽双绞线的,这是为了简单和减少成本,但在千兆位传输速率下,STP 能抗电磁干扰。如果换成 UTP,则只能缩短传输距离。也有另一种方案,即采用 4 对非屏蔽双绞线,可支持 100m 的传输距离。

基于光缆传输的千兆位以太网使用与光纤通信相同的物理信号系统来进行通信,对 850nm 的短波长,标准为 1000Base-SX,能支持 300m 的传输距离。使用 1300nm 的波长,标准为 1000Base-LX,支持的传输距离为 550m。如采用单模光缆,则可支持更长的传输距离。

千兆位以太网的问世,反映了当前局域网技术的发展趋势。它不仅满足了应用对网络速率和频宽的要求,而且它较好地解决了和传统的 10Mbit/s 以太网、100Mbit/s 以太网的兼容以及升级,因此它在今后局域网的市场将作为主流技术发展。已经有不少厂商提供了交换式 LAN 结构的千兆位以太网解决方案,且集成了传统的 10Mbit/s 和 100Mbit/s 以太网。

6. 无线局域网

(1)无线局域网络(Wireless Local Area Networks,WLAN)。它是相当便利的数据传输系统,它利用射频(Radio Frequency,RF)的技术,使用电磁波,取代旧式双绞铜线(Coaxial)所构成的局域网络,在空中进行通信连接,使得无线局域网络能利用简单的存取架构,让用户通过它达到"信息随身化、便利走天下"的理想境界。

WLAN 的典型应用场景如下。

1)大楼之间:大楼之间建构网络的连接,取代专线,简单又便宜。

2)餐饮及零售:餐饮服务业可使用无线局域网络产品,直接从餐桌即可输入并传送客人点菜内容至厨房、柜台。零售商促销时,可使用无线局域网络产品设置临时收银柜台。

3)医疗:使用附无线局域网络产品的手提式计算机取得实时信息,医护人员可借此避免对伤患救治的迟延、不必要的纸上作业、单据循环的迟延及误诊等，从而提升对伤患照顾的品质。

4）企业：当企业内的员工使用无线局域网络产品时，不管他们在办公室的任何一个角落，有无线局域网络产品，就能随意地发电子邮件、分享档案及上网络浏览。

5）仓储管理：一般仓储人员的盘点事宜，透过无线网络的应用，能立即将最新的资料输入计算机仓储系统。

6）货柜集散场：一般货柜集散场的桥式起重车，可于调动货柜时，将实时信息传回办公室，以利相关作业的执行。

7）监视系统：一般位于远方且需受监控现场的场所，由于布线困难，可由无线网络将远方的影像传回主控站。

8）展示会场：诸如一般的电子展、计算机展，由于网络需求极高，而且布线又会让会场显得凌乱，因此若能使用无线网络，则是再好不过的选择。

（2）无线局域网 IEEE 802.11 标准所定义的网络拓扑结构主要分为"集中控制方式"和"对等方式"两种无线局域网类型，有时亦称"点对多点"方式和"点对点方式"。

集中控制方式中，无线网中设置一个访问点（Access Point，AP），主要完成 MAC 控制及信道的分配等功能。其他站在 AP 的协调下与其他各站通信。这种方式以星形拓扑为基础，以 AP 为中心，所有的基站通信要通过 AP 接转，相当于以无线链路作为原有的基干网或其中一部分。相应地在 MAC 帧中，同时有源地址、目的地址和访问点地址。通过各基站的响应信号，AP 能在内部建立一个像路由表那样的桥接表，将各个基站和端口一一联系起来。当接转信号时，AP 就通过查询桥接表进行。由于 AP 有以太网接口，这样，既能以 AP 为中心独立建一个无线局域网，当然也能将 AP 作为一个有线网的扩展部分。由于对信道资源分配、MAC 控制采用集中控制的方式，这样使信道利用率大大提高，网络的吞吐性能优于分布式对等方式。

AP 及其所（无线）连接的工作站组成一个基本服务集（Basic Service Set，BSS）。由两个以上的 BSS 通过分布系统（有线的骨干 LAN）互联组成一个扩展的服务集（Extend Service Set，ESS），ESS 从逻辑上是一个 LAN。

基于移动性，无线 LAN 标准定义了三种站点。

1）不迁移这种站点的位置是固定的或者只是在某一个 BSS 的通信站点的通

信范围内移动。

2）BSS 迁移站点从某个 ESS 的 BSS 迁移到同一 ESS 的另一个 BSS。在这种情况下，为了把数据传输给站点，就需要具备寻址功能以便识别站点的新位置。

3）ESS 迁移站点从某个 ESS 的 BSS 迁移到另一 ESS 的 BSS。在这种情况下，因为由 IEEE 802.11 所支持的对高层连接的维护不能得到保证，因而服务可能受到破坏。

分布式对等方式下，无线网中的任意两站之间可以直接通信，无须设访问点转接。这时，MAC 控制功能由各站分布管理。这种方式与 IEEE802.3 局域网类似，网上的站共享一个无线通道，不需要单独的具有接转总控功能的接入设备 AP，所有的基站都能对等地相互通信，通常使用载波监听多路访问/避免冲突（CSMA/CA）作为 MAC 协议。这种方式的特点是结构简单、易维护。由于采用分布控制方式，某一站的故障不会影响整个网络的运行。

习题

1. 智能建筑的信息传输网络有哪些需求？
2. 什么是数据通信网？有哪些分类和特点？
3. 简述 PABX 的结构。智能建筑内的电话网可支持哪些通信业务？
4. PABX 有哪些入网方式？有什么特点？
5. 什么是 VOIP？简述 VOIP 的工作原理。
6. 什么是 CTI？常见的 CTI 系统有哪些？
7. 简述局域网的参考模型。
8. 简述局域网的构成。

第3章
智能建筑内的综合布线系统

3.1 综合布线系统的组成

3.1.1 综合布线系统的产品

综合布线系统产品是由各个不同系列的器件构成，如图3-1所示。

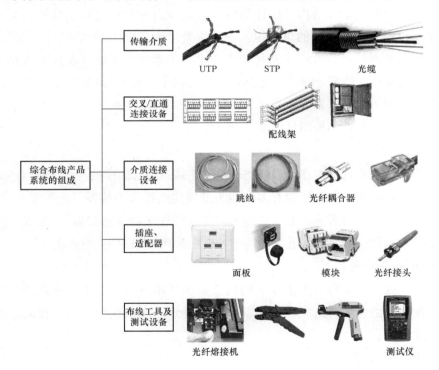

图 3-1 综合布线系统产品的构成

系统产品包括建筑物或建筑群内部的传输电缆、信息插座、插头、转换器（适配器）、连接器、线路的配线及跳线硬件、传输电子信号和光信号线缆的检测器、电气保护设备、各种相关的硬件和工具等。这些器件可组合成系统结构各自相关的子系统，分别完成各自功能。

系统产品还包括建筑物内到电话局线缆进楼的交接点（汇接点）上这一段的布线线缆和相关的器件，但不应包括交接点外的电话局网络上的线缆和相关器件，并且不包括连接到布线系统上的各个交换设备，如程控数字用户交换机、数据交换设备、工作站中的终端设备和建筑物内自动控制设备等。

3.1.2　综合布线系统的结构

综合布线系统是一种开放结构的布线系统，它利用单一的布线方式，完成语音、数据、图形、图像的传输。

综合布线一般采用分层星形拓扑结构。该结构下的每个分支子系统都是相对独立的单元。对每个分支子系统的改动都不影响其他子系统。以 EIA/TIA 568 标准和 ISO/IEC 11801 国际综合布线标准为基准，并结合我国国内的实际应用情况，综合布线系统结构的设计组合可以划分为 6 个独立的子系统。每一个子系统均可视为各自独立的单元组，一旦需要更改其中任一子系统时，不会影响到其他的子系统。这 6 个子系统依次为水平子系统、干线（垂直干线）子系统、工作子系统、管理子系统（包括楼层电信间子系统）、设备间子系统、建筑群子系统（即入口处子系统）。

综合布线系统的结构图如图 3-2 所示。

1. 工作区子系统

工作区布线系统由工作区内的终端设备连接到信息插座的连接线缆（3m 左右）和连接器组成。它包括带有多芯插头的连接线缆和连接器（适配器），如 Y 形连接器、无源或有源连接器（适配器）等各种连接器（适配器），起到工作区的终端设备与信息插座插入孔之间的连接匹配作用，如图 3-3 所示。

2. 水平子系统

水平布线系统由每一个工作区的信息插座开始，经水平布置一直到管理区的内侧配线架的线缆所组成，如图 3-4 所示。水平布线线缆均沿大楼的地面或吊平顶中布线。

3. 干线子系统

干线子系统由建筑物内所有的（垂直）干线组成，即由多对铜缆、同轴电缆和多模多芯光纤以及将此光缆连接到其他地方的相关支撑硬件所组成，以提供设备间总（主）配线架（箱）与干线接线间楼层配线架（箱）之间的干线路由，如图 3-5 所示。

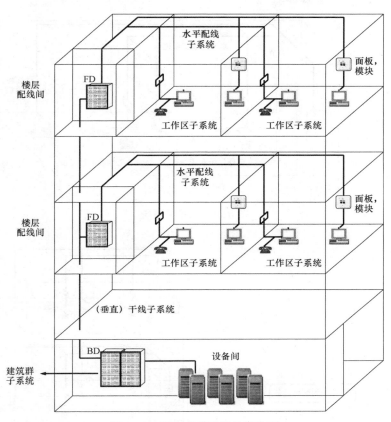

图 3-2 综合布线系统的结构图

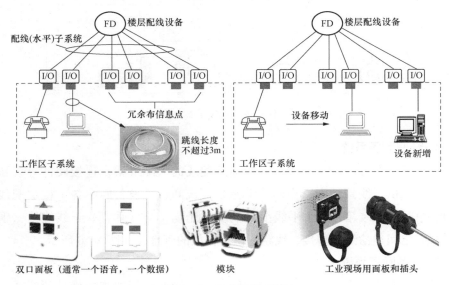

图 3-3 工作区子系统

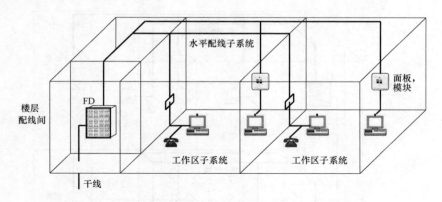

图 3-4 水平子系统

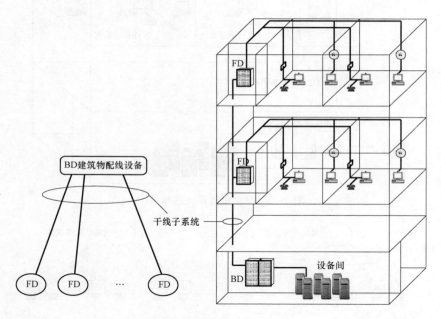

图 3-5 干线子系统

4. 管理区子系统

管理区子系统由交叉连接、直接连接配线的（配线架）连接硬件等设备所组成，以提供干线接线间、中间（卫星）接线间、主设备间中各个楼层配线架（箱）、总配线架（箱）上水平线缆（铜缆和光缆）与（垂直）干线线缆（铜缆和光缆）之间通信线路连接、线路定位与移位的管理，如图 3-6 所示。

5. 设备间子系统

设备间布线子系统由设备间中的线缆、连接器和相关支撑硬件所组成，它

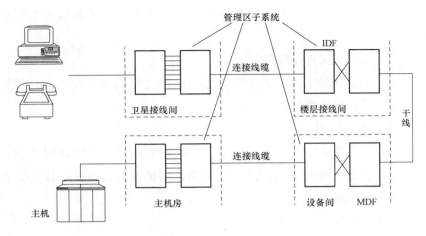

图 3-6 管理区子系统

把公共系统的各种不同设备（如 PABX、主计算机、BA 等通信或电子设备）互连起来。

6. 建筑群子系统

建筑群子系统将一个建筑物中的线缆延伸到建筑物群的另一些建筑物中的通信设备和装置上，它由电缆、光缆和入楼处线缆上过电流、过电压的电气保护设备等相关硬件所组成。

3.2 综合布线系统设计

3.2.1 综合布线系统设计等级的确定

按照 EIA/TIA 568 标准和 ISO/IEC 11801 国际布线系统标准，在设计综合布线系统时，要根据智能楼宇用户的通信及使用要求或智能楼宇物业管理人员的使用要求，对设备配置和内容进行全面评估，并按用户的投资能力及用户的使用要求进行等级设计，从而设计出一个合理的、良好的布线系统。综合布线系统可分为三个不同的设计等级：基本型、增强型和综合型。

1. 基本型设计等级

适用于配置建筑物标准较低的场所，通常采用铜芯线缆组网，以满足语音或语音与数据综合而传输速率要求较低的用户。

基本型系统配置为：

（1）每一个工作站（区）至少有一个单孔 8 芯的信息插座（每 10m^2 左右使用面积）。

47

（2）每一个工作站（区）信息插座至少有一条 8 芯水平布线电缆引至楼层配线架。

（3）完全采用交叉连接硬件。

（4）每一个工作站（区）的干线电缆（即楼层配线架至设备室总配线架电缆）至少有两对双绞线缆。

2. 增强型设计等级

适用于配置建筑物中等标准的场所，布线要求不仅具有增强的功能，而且还具有扩展的余地。可先采用铜芯线缆组网，满足语音、语音与数据综合而传输速率要求较高的用户。

增强型系统配置为：

（1）每一个工作站（区）至少有一个双孔的信息插座（每 $10m^2$ 左右使用面积）。

（2）每一个工作站（区）对应信息插座均有独立水平布线电缆引至楼层配线架。

（3）采用压接式跳线或插接式快速跳线的交叉连接硬件。

（4）每一个工作站（区）的干线电缆有 3 对双绞线缆。

3. 综合型设计等级

适用于建筑物配置标准较高的场所，布线系统不但采用了铜芯双绞线缆，而且为了满足高质量的高频宽带信号，采用了多模光纤线缆和双介质混合体线缆（铜芯线缆和光纤线混合成缆）组网。

综合型系统配置为：

（1）每一个工作站（区）至少有一个双孔或多孔（每孔 8 芯）的信息插座（每 $10m^2$ 左右使用面积），特殊工作站（区）可采用多插孔的双介质混合型信息插座。

（2）在水平线缆、主干线缆以及建筑物群之间干线线缆中配置了光纤线缆。

（3）每一个工作站（区）的干线电缆中有 3 对双绞线缆。

（4）每一个工作站（区）的建筑群之间线缆中配有两对双绞线缆。

3.2.2　综合布线系统设计的一般步骤

综合布线系统的设计人员在系统设计开始时，应做好以下几项工作。

（1）评估和了解智能建筑物或建筑物群内办公室用户的通信需求。

（2）评估和了解智能建筑物或建筑物群物业管理对弱电系统设备布线的

要求。

（3）了解弱电系统布线的水平与垂直通道、各设备机房位置等建筑环境。

（4）根据以上几点情况来决定采用适合本建筑物或建筑物群的布线系统设计方案和布线介质及相关配套的支撑硬件，如一种方案为铜芯线缆和相关配套的支撑硬件，另一种方案为铜芯线缆和光纤线缆综合以及相关配套的支撑硬件。

（5）完成智能建筑中各个楼层面的平面布置图和系统图。

（6）根据所设计的布线系统列出材料清单。

1. 工作区子系统设计

（1）工作区子系统的设计要点如下：

1）确定工作区的面积。

2）确定工作区的规模。

3）确定工作区信息插座的类型。

4）确定工作区信息插座安装的位置。

（2）工作区子系统的设计步骤如下：

1）确定信息点数量。

2）确定信息插座数量。

3）确定信息插座的安装方式。

2. 水平干线子系统设计

（1）水平干线子系统的设计要点如下：

1）确定水平干线子系统设计基本要求。

2）确定水平干线子系统的拓扑结构。

（2）水平干线子系统的设计步骤如下：

1）确定路由。

2）确定线缆的类型。

3）确定线缆的长度。

4）订购线缆。

3. 干线子系统的设计

（1）干线子系统的设计要点如下：

1）确定线缆类型。

2）确定路由。

3）确定线缆的交接。

4) 确定线缆的端接。干线电缆可采用点对点端接，也可采用分支递减端接。

5) 线缆容量的确定。

（2）干线子系统的布线方法如下：

1) 确定通道规模。

2) 确定垂直通道布线。主干线缆布线路由的选择主要依据建筑的结构以及建筑物内预埋的管道而定。目前垂直通道的干线布线路由主要采用电缆孔和电缆竖井两种方法。

3) 确定横向通道布线。对于单层平面建筑物横向通道的干线布线主要用金属管道和电缆桥架两种方法。

4. 设备间和管理间的设计

设备间是大楼的电话交换机设备和计算机网络设备以及建筑物配线设备（BD）安装的地点，也是进行网络管理的场所。对综合布线工程设计而言，设备间主要安装主配线设备。当信息通信设施与配线设备分别设置时，应考虑设备电缆长度限制的要求，安装主配线架的设备间与安装电话交换机及计算机主机的设备间之间的距离不宜太远。

（1）设备间的设计要点如下：

1) 确定设备间的位置。

2) 确定设备间的面积。

3) 确定设备间的供电。

4) 确定设备间的环境。

5) 确定设备间的设备安装。

6) 确定设备间的防火要求。

（2）管理间的设计要点如下：管理间也可称为楼层配线间、楼层交接间，是在楼层安装配线设备和楼层计算机网络设备（主要是交换机）的场地，同时在该场地也应设置竖井、等电位接地体、电源插座、UPS 配电箱等设施。

1) 确定管理间的位置。

2) 确定管理间的面积和布局。

3) 确定管理间的设备配置和配线架端子数的计算。

4) 确定管理间的供电。

5) 确定管理间的环境要求。

3.3 综合布线系统在弱电系统中的应用

为使得越来越多的弱电系统能够纳入综合布线系统，为进一步的集成提供通信基础，在 GB 50311—2016《综合布线系统工程设计规范》中对综合布线系统在弱电系统中的应用做出如下的说明：

综合布线系统应支持具有 TCP/IP 的视频安防监控系统、出入口控制系统、停车库（场）管理系统、访客对讲系统、智能卡应用系统、建筑设备管理系统、能耗计量及数据远传系统、公共广播系统、信息导引（标识）及发布系统等弱电系统的信息传输。

综合布线系统支持弱电各子系统应用时，应满足各子系统提出的下列条件：

（1）传输带宽与传输速率；

（2）缆线的应用传输距离；

（3）设备的接口类型；

（4）屏蔽与非屏蔽电缆及光缆布线系统的选择条件；

（5）以太网供电（POE）的供电方式及供电线对实际承载的电流与功耗；

（6）各弱电子系统设备安装的位置、场地面积和工艺要求。

习题

1. 简述综合布线系统的结构。

2. 综合布线系统设计的一般步骤是什么？

3. 在综合布线系统工程设计规范中对其在弱电系统中的应用做出哪些说明？

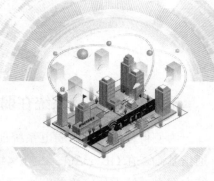

第4章

楼宇基本控制系统

面向设备管理的集成是把若干个相互独立、相互关联的系统，如建筑设备监控系统、安全防范系统、火灾自动报警及联动系统等集成到一个统一的协调运行的系统中。面向用户管理的集成是在面向设备管理集成的基础上，进一步与通信网络系统、信息网络系统和用户管理系统实现更高层次的集成管理。实现建筑物设备的自动检测与优化控制，实现信息资源的优化管理和共享，为使用者提供最佳的信息服务，创造安全、舒适、高效、环保的工作和生活环境。面向设备管理的集成通常以 BAS 为中心实现集成，因此了解 BAS 的监控原理和内容，是实现集成的基础。

4.1 供配电系统

绝大多数由发电厂、电力网（输电、变电、配电）和用户组成的统一整体称为电力系统，其目的是把发电厂的电力供给用户使用。因此，电力系统又常称为输配电系统或供配电系统。

4.1.1 典型楼宇供配电系统

中大型楼宇的供电电压一般采用 l0kV，有时也可采用 35kV。为了保证供电可靠性，应至少有两个独立电源，具体数量应视负荷大小及当地电网条件而定。两路独立电源运行方式，原则上是两路同时供电，互为备用。此外，必要时还需装设应急备用发电机组。

1. 负荷分布及变压器的配置

高层建筑的用电负荷一般可分为空调、动力、电热、照明等。对于全空调的各种商业性楼宇，空调负荷属于大宗用电，占 40%～50%。冷热源设备一般放在大楼的地下室、首层或下部。动力负荷主要指电梯、水泵、排烟风机等设备。普通建筑的动力负荷都比较小，随着建筑高度的增加，在超高层建筑中，由于电梯负荷和水泵容量的增大，动力负荷的比重将会明显地增加。动力负荷中的水泵等亦大部分放在下部，因此，就负荷的竖向分布来说，负荷大部分集中在下部，因此将变压器设置在建筑物的底部是有利的。

但是，在40层以上的高层建筑中，电梯设备较多，此类负荷大部分集中于大楼的顶部。竖向中段层数较多，通常设有分区电梯和中间泵站。在这种情况下，宜将变压器按上、下层配置或者按上、中、下层分别配置。供电变压器的供电范围为15～20层。如日本的新信心大厦共60层，变压器配置在地下4层和地面40层；纽约的帝国大厦共102层，变压器配置在地下2层、地面41层及84层。

为了减少变压器台数，单台变压器的容量一般大于1000kVA。由于变压器深入负荷中心而进入楼内，从防火要求考虑，不应采用一般的油浸式变压器和油断路器等在事故情况下能引起火灾的电气设备，而应采用干式变压器和真空断路器。

负荷中心是供配电设计中一个重要的概念。变电所应尽量设在负荷中心，以便于配电，节省导线，也有利于施工。负荷中心实际上是一种最佳配电点，它需要按所要达到的优化目标及不同的计算条件而列出的目标函数来确定。事实上，负荷的大小不是恒定不变的，因此负荷中心常会变动。在设计时也往往由于各种实际因素而不能将配电点布置在计算而得的负荷中心上。只有在负荷比较平稳的部门，才可将变电所设在负荷中心或大负荷的近旁。

2. 供电系统的主接线

电力的输送与分配，必须由母线、断路器、配电线路、变压器等组成一定的供电电路，这个电路就是供电系统的一次接线，即主接线。智能化建筑由于功能上的需要，一般采用双电源进线，即要求有两个独立电源，常用的供电方案如图4-1所示。

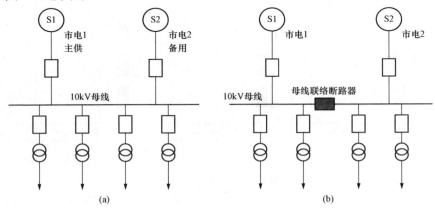

图4-1 常用高压供电方案

(a) 一备一用；(b) 同时供电

图 4-1（a）为两路高压电源，正常时一用一备，即当正常工作电源事故停电时，另一路备用电源自动投入。此方案可以减少中间母线联络柜和一个电压互感器柜，对节省投资和减小高压配电室建筑面积均有利。这种接线要求两路都能保证 100% 的负荷用电。当清扫母线或母线故障时，将会造成全部停电。因此，这种接线方式常用在大楼负荷较小、供电可靠性要求相对较低的建筑中。

图 4-1（b）为两路电源同时工作，当其中一路故障时，由母线联络断路器对故障回路供电。该方案由于增加了母线联络柜和电压互感器柜，变电站的面积也就要增大。这种接线方式是商用性楼宇、高级宾馆、大型办公楼宇常用的供电方案。当大楼的安装容量大、变压器台数多时，尤其适宜采用这种方案，因此它能保证较高的供电可靠性。

3. 低压配电方式

低压配电方式是指低压干线的配线方式。低压配出干线一般是指从变电站低压配电屏分路断路器至各大型用电设备或楼层配电盘的线路。用电负荷分组配电系统是指负荷的分组组合系统。智能化建筑由于负荷的种类较多，低压配电系统的组织是否得当，将直接影响大楼用电的安全运行和经济管理。

低压配电的接线方案可分为放射式和树干式两大系统，如图 4-2 所示。

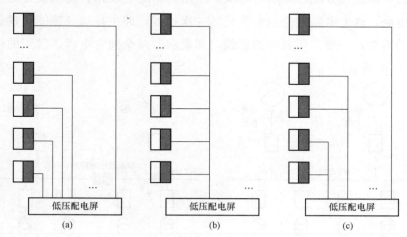

图 4-2　低压配电方案
（a）放射式配电系统；（b）树干式配电系统；（c）混合式配电系统

放射式配电是一独立负荷或一集中负荷均，由一单独的配电线路供电，它一般用在下列低压配电场所：①供电可靠性高的场所；②单台设备容量较大的场所；③容量比较集中的地方。

对于大型消防泵、生活水泵和中央空调的冷冻机组，供电可靠性要求高，并且单台机组容量较大，因此考虑以放射式专线供电。对于楼层用电量较大的大厦，有的也采用一回路供一层楼的放射式供电方案。

树干式配电系统是一独立负荷或一集中负荷按所处的位置依次连接到某一条配电干线上。树干式配电所需配电设备及有色金属消耗量较少，系统灵活性好，但干线故障时影响范围大，一般适用于用电设备比较均匀，容量不大，又无特殊要求的场合，如图 4-2 所示。

4.1.2 供配电系统监测

供配电系统是智能大楼的命脉，因此电力设备的监控和管理是至关重要的。由监控系统对供配电设备的运行状况进行监测，并对各参量进行测量，如电流、电压、频率、有功功率、功率因数、用电量、断路器动作状态、变压器的油温等。管理中心根据测量所得的数据进行统计、分析，以查找供电异常情况、预告维护保养，并进行用电负荷控制及自动计费管理。电网的供电状况随时受到监视，一旦发生电网全部断电的情况，控制系统做出相应的停电控制措施，应急发电机将自动投入，确保消防、安保、电梯及各通道应急照明的用电，而类似空调、洗衣房等非必要用电负荷可暂时不与供电。同样，复电时控制系统也将有相应的复电控制措施。

供配电系统监测有如下内容：①各自动开关、断路器状态监测；②三相电压、电流检测；③有功、无功功率及功率因数检测；④电网频率、谐波检测；⑤变压器温度检测及故障状态报警；⑥用电量检测。

4.1.3 应急电源系统

1. 自备发电机组容量的选择

（1）自备发电机组容量的选择。目前尚无统一的计算机公式，因此在实际工作中所采用的方法也各不相同。有的简单地按照变压器容量的百分比确定，例如用变压器容量的 10%～20%确定，有的根据消防容量相加，也有的根据业主的意愿确定。自备发电机的容量选得太大，会造成一次投资的浪费；选得太小，发生事故时一则满足不了使用的要求，二则大功率电动机起动困难。如何确定自备发电机的容量呢？应按自备发电机的计算负荷选择，同时用大功率电动机的起动来检验。

（2）计算自备发电机组容量时，可将智能建筑用电负荷分为三类。

第一类保安型负荷，即保证大楼人身安全及大楼内智能化设备安全，可靠运行的负荷，有消防水泵、消防电梯、防排烟设备、应急照明及大楼设备的管理计算机监控系统设备、通信系统设备、从事业务用的计算机及相关设备等。

第二类保障型负荷，即保障大楼运行的基本设备负荷，也是大楼运行的基本条件，主要有工作区域的照明、部分电梯、通道照明等。

第三类一般负荷，除上述负荷外的负荷，例如提供舒适用的空调、水泵及其他一般照明、电力设备等。

计算自备发电机容量时，第一类负荷必须考虑在内，第二类负荷是否考虑，应视城市电网情况及大楼的功能而定，若城市电网很稳定，能保证两路独立的电源供电，且大楼的功能要求不太高，则第二类负荷可以不计算在内。虽然城市电网稳定，能保证两路独立的电源供电，但大楼的功能要求很高或级别相当高，那么应将第二类负荷计算在内，或部分计算在内。例如：银行、证券大楼的营业大厅的照明，主要职能部门房间的照明等。

若将保安型负荷和部分保障型负荷相叠加，来选择发电机组容量，其数据往往偏大。因为在城市电网停电时，大楼并未发生火灾时，消防负荷设备不起动，那么自备发电机启动只需提供给保障型负荷供电即可。而发生火灾时，保障型负荷中只有计算机及相关设备仍供电外，工作区域照明不需供电，只需保证消防设备的用电。因此要考虑两者不同时使用，择其大者作为发电机组的设备容量。在初步设计时自备发电机容量可以取变压器总装机容量的 $10\%\sim20\%$ 左右。

2. 自备发电机组的机组选择

（1）启动装置。由于这里讨论的自备发电机组均为应急所用，因此首先要选有自启动装置的机组，一旦城市电网中断，应在 15s 内启动且供电。机组在市电停后延时 3s 开始启动发电机，启动时间约 10s（总计不大于 15s，若第一次启动失败，第二次再启动，共有三次自启动功能，总计不大于 30s），发电机输出主开关合闸供电。

当市电恢复后，机组延时 $2\sim15$min（可调）不卸载运行，5min 后，主开关自动跳闸，机组再空载冷却运行约 10min 后自动停车。如图 4-3 所示为发电机组运行流程图。

（2）外形尺寸。机组的外形尺寸要小，结构要紧凑，质量要轻，辅助设备

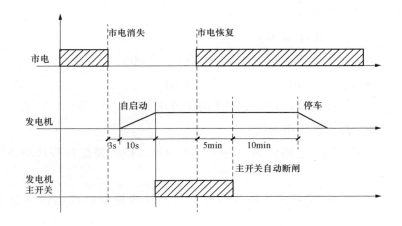

图4-3 发电机组运行流程图

也要尽量减小，以缩小机房的面积和层高。

（3）自启动方式。自启动方式尽量用电启动，启动电压为直流24V，用压缩空气启动时要一套压缩空气装置，比较麻烦，因此应尽量避免采用。

（4）冷却方式。在有足够的进风、排风通道情况下，尽量采用闭式水循环及风冷的整体机组。这样耗水量很少，只要每年更换几次水并加少量防锈剂就可以了。在没有足够进风、排风通道的情况下，可将排风机、散热管与柴油机主体分开，单独放在室外，用水管将室外的散热管与室内地下层的柴油主机相连接。

（5）发电机宜选用无刷型自动励磁的方式。

4.2 照明系统

照明系统由照明装置及其电气部分组成。照明装置主要是灯具，照明装置的电气部分包括照明开关、照明线路及照明配电盘等。照明的基本功能是创造一个良好的人工视觉环境。在一般情况下是以"明视条件"为主的功能性照明，在那些突出建筑艺术的厅堂内，照明的装饰作用需要加强，成为以装饰为主的艺术性照明。

4.2.1 楼宇照明设计

照明设计的原则是在满足照明质量要求的基础上，正确选择光源和灯具及合理的照明控制方式，节约电能，安装和使用安全可靠，配合建筑的装饰，经济合理及预留照明条件等。

照明设计的一般步骤如下：

（1）确定照明方式、照明种类、照度设计标准；

（2）确定光源及灯具类型，并进行布置；

（3）进行照度计算，并确定光源的安装功率；

（4）确定照明的配电系统；

（5）线路计算（包括负荷、电压损失计算，机械强度校验，功率因数补偿计算等）；

（6）确定导线型号、规格及敷设方式，并选择配电控制设备及其安装位置等；

（7）绘制照明平面布置图，同时汇总安装容量，列出主要设备及材料清单等。

4.2.2 照明控制系统

正确的控制方式是实现舒适照明的有效手段，也是节能的有效措施。目前设计中常用的控制方式有跷板开关控制方式、断路器控制方式、定时控制方式、光电感应开关控制方式、智能控制器控制方式等。

1. 跷板开关控制方式

跷板开关控制方式就是以跷板开关控制一套或几套灯具的控制方式，这是采用得最多的控制方式，它可以配合设计者的要求随意布置，同一房间不同的出入口均需设置开关，单控开关用于在一处启闭照明。双控及多程开关用于楼梯及过道等场所，在上层、下层或两端多处启闭照明。该控制方式线路烦琐、维护量大、线路损耗多，很难实现舒适照明。

2. 断路器控制方式

断路器控制方式是以断路器（空气开关、交流接触器等）控制一组灯具的控制方式。此方式控制简单，投资小，线路简单，但由于控制的灯具较多，造成大量灯具同时开关，在节能方面效果很差，又很难满足特定环境下的照明要求，因此在智能化建筑中应谨慎采用该方式，尽可能避免使用。

3. 定时控制方式

定时控制方式就是以定时控制灯具的控制方式。该方式可利用 BAS 的接口，通过控制中心来实现，但该方式太机械，遇到天气变化或临时更改作息时间，就比较难以适应，一定要通过改变设定值才能实现，显得非常麻烦。

还有一类延时开关，特别适合用在一些短暂使用照明或人们容易忘记关灯的场所，使照明点燃后经过预定的延时时间后自动熄灭。

4. 光电感应开关控制方式

光电感应开关通过测定工作面的照度与设定值比较，来控制照明开关，这样可以最大限度地利用自然光，达到更节能的目的。也可提供一个较不受季节与外部气候影响的相对稳定的视觉环境。特别适合一些采光条件好的场所，当检测的照度低于设定值的极限值时开灯，高于极限值时关灯。

5. 智能控制器控制方式

在智能化建筑中照明控制系统将对整个楼宇的照明系统进行集中控制和管理，主要完成以下功能。

（1）照明设备组的时间程序控制：将楼宇内的照明设备分为若干组别，通过时间区域程序设置菜单，来设定这些照明设备的启/闭程序。如营业厅在早晨和晚上定时开启/关闭；装饰照明晚上定时开启/关闭。这样，每天照明系统按计算机预先编制好的时间程序，自动地控制各楼层的办公室照明、走廊照明、广告霓虹灯等，并可自动生成文件存档，或打印数据报表。

（2）照明设备的联动功能：当楼宇内有事件发生时，需要照明各组做出相应的联动配合。当有火警时，联动正常照明系统关闭，事故照明打开；当有保安报警时，联动相应区域的照明灯开启。

4.3 空调与冷热源系统

4.3.1 空气的物理性质

1. 空气的状态参数

空气的物理性质不仅取决于它的组成成分，而且也与它所处的状态有关。空气的状态可用一些物理量来表示，例如压力、温度和湿度等，这些物理量称为空气的状态参数。空气调节工程中常用的空气状态参数叙述如下：

（1）压力。

1）大气压力 p。

2）水汽分压力 p_c。

（2）温度 t 或 T。

温度是表示空气冷热程度的指标，它反映了空气分子热运动的剧烈程度，一般用 t 表示摄氏温度（单位为℃），用 T 表示热力学温度（单位为 K），二者

的关系是

$$T = 273 + t$$

（3）湿度。人体感觉的冷热程度，不仅与空气温度的高低有关，而且还与空气中水蒸气的多少有关，即与湿度有关。空气中的湿度有以下几种表示方法。

1）绝对湿度 x：1m³ 湿空气中含有的水汽量（单位为 kg）称为空气的绝对湿度。它和水汽分压力 p_c 有如下关系：$x = p_c / (R_c \cdot T)$，其中 R_c 是水汽的气体常数，等于 461J/(kg·K)，T 是空气的热力学温度。它表明，当温度一定时，水汽分压力 p_c 愈大，则绝对湿度 x 愈大，所以水汽分压力也可以反映空气中的湿度多少。

2）含湿量 d：在空调中一般都用 1kg 干空气中含有的水汽量（由于数量不大，一般用 g 来衡量）来代表空气湿度，这样就可以排除空气温度和水汽量变化时对湿度这个概念造成的影响。这种湿度习惯上称为含湿量 d。

在空调设计中，含湿量和温度一样，是一个十分重要的参数，它反映了空气中带有水汽量的多少。在任何空气发生变化的过程，例如加湿或干燥过程，都必须用含湿量来反映水汽量增减的情况。

3）相对湿度 ψ：相对湿度表示空气湿度接近饱和绝对湿度的程度。所谓饱和绝对湿度，即指空气中的水汽超过了最大限度，多余的水汽开始发生凝结的水汽量。在一定的温度下，相对湿度愈大，这时空气就愈潮湿；反之，空气就愈干燥。在空调中，相对湿度是衡量空气环境的潮湿程度对人体和生产是否合适的一项重要指标。空气的相对湿度大，人体不能充分发挥出汗的散热作用，便会感到闷热；相对湿度小，水分便会蒸发得过多过快，人会觉得口干舌燥。在生产过程中，为了保证产品质量，也应对相对湿度提出一定的要求。

（4）露点温度 t_1：空气在某一温度下，其相对湿度小于 100%，但如使其温度降至另一适当温度时，其相对湿度便达到了 100%，此时，空气中的水汽便凝结成水——结露，这个降低后的温度称为露点温度。湿度愈大，露点与实际温度之差就愈小。

2. 空气状态参数相互间的关系

在实际运行中，只要掌握住空气温度 t、含湿量 d、相对湿度 ψ 和水汽分压力 p_c 之间的关系，就能较准确地保证室内空气状态要求的参数。因此，把 t、d、ψ、p_c 之间的关系绘制成图，分析可得，当空气的水汽分压力 p_c 不变时，空气温

度 t 愈低，相对湿度 ψ 就愈大；t 愈高，ψ 愈小。当空气的相对湿度 ψ 不变时，空气温度 t 愈低，水汽分压力 p_c 就愈小；t 愈高，p_c 愈大。当空气温度 t 不变，则水汽分压力 p_c 愈大，相对湿度 ψ 愈大；p_c 愈小，则 ψ 亦小。

4.3.2 空气调节原理

1. 空气状态调节

空气调节的任务，在于按照使用的目的，对房间或公共建筑物内的空气状态参数进行调节，为人们的工作和生活创造一个温度适宜、湿度恰当的舒适环境。一般来说，空气调节主要是指空气的温度、湿度控制。

（1）温度调节：按照人类的生理特征和生活习惯，常要求居住和工作环境与外界的温差不宜过大，从保健的角度来看，以温差 5℃ 左右对人体健康比较有益。夏日里，如降温过剧，则由室外进入室内时将受到冷冲击；而由室内走到室外，又将受到热冲击，这两种情况都会使人体感到不舒适。对于大多数人，居住室温夏季保持在 25～27℃，冬季保持在 16～20℃ 是比较适宜的。

（2）湿度调节：生活经验得知，空气过于潮湿或过于干燥都将使人感到不舒适。一般来说，相对湿度冬季为 40%～50%，夏季为 50%～60%，人的感觉比较良好，假如温度适宜，相对湿度即便在 40%～70% 变化，人们也能基本适应。

空气调节是对房间或公共建筑物内的空气状态参数进行调节，一般来说，空气调节主要是指对空气的温度、相对湿度进行调节。空气调节的过程实际上是空气从一个状态变化到另一个状态的过程，当被调节的空气状态（温度、相对湿度）偏离了设定值时，就需要进行空气调节。

空气调节的原理就是应用空气状态参数相互间的关系，通过合理的加热、加湿、冷却、去湿步骤，使空气的状态发生人为的改变，达到设定状态。

2. 冬季新空气加热加湿处理

冬季新空气的气温低，如果对新空气加热至室内气温的标准，这时新空气中的水汽总量未发生变化，即 p_c 水汽分压未变，因此加热后的空气相对湿度会大大降低。为了使加热后的空气的相对湿度也能达到室内空气湿度的标准，在调节的过程中必须进行加湿处理。如图 4-4 所示，是冬季新空气加热加湿处理的一种调节方法。其中的加湿是采用定温饱和加湿方式。这种调节方式可以不用测量 p_c 或相对湿度。新风首先加热至 12℃（不管新风是 3℃ 还是 5℃），然后加湿（喷水）至饱和，再加热至 20℃，这时的相对湿度即为 60%。

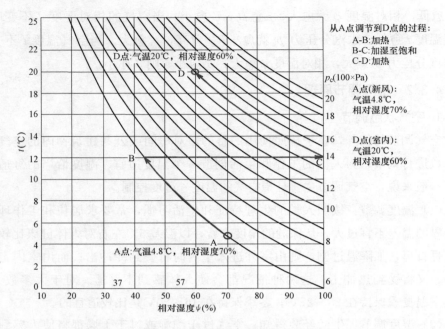

图 4-4 冬季新空气加热加湿处理

3. 夏季新空气减温去湿处理

夏季新空气的调节与冬季相反，新空气的气温高于室内空气，需要对夏季新空气进行减温去湿处理。如果对新空气只进行降温至室内气温的标准，这时新空气中的水汽总量未发生变化，即 p_c 水汽分压未变，因此降温后的空气相对湿度会大大增加。为了使降温后的空气的相对湿度也能达到室内空气湿度的标准，在调节的过程中必须进行去湿处理。如图 4-5 所示是夏季新空气减温去湿处理的一种调节方法。其中的去湿是采用定露点去湿方式。这种调节方式可以不用测量 p_c 或相对湿度。新风首先降温至 12℃ 的露点（不管新风是 23℃ 还是 25℃），然后使表冷器的表面温度稳定在露点温度，让空气中的一部分水蒸气充分凝结出来，至空气饱和，再加热至 20℃，这时的相对湿度即为 60%。

4.3.3 大气环境监测

大气监测的目的是对空气中的有害气体、灰尘、烟雾、微生物等进行监测，再进行处理，从而达到有关标准。

（1）大气监测项目：

1）烟尘、SO_2、CO、NO_x、臭氧等；

2）有毒气体和放射性元素；

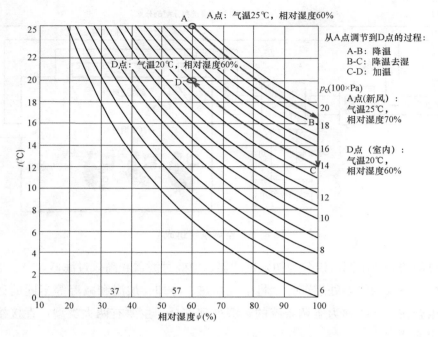

图 4 - 5　夏季新空气减温去湿处理

3）光化学烟雾、太阳辐射、能见率等；

4）气象因素，如风向、风速、气温、气压、雨量、相对湿度等。

（2）大气质量指标：

1）空气污染指数；

2）悬浮颗粒浓度、硫氧化物浓度、氮氧化物浓度、一氧化物浓度、光化学氧化剂浓度、碳氢化合物含量；

3）各种微量污染气体，如有机氟化物、氯化物等。

4.3.4　空调系统组成

一般空调系统包括进风、过滤、热湿处理、输送和分配、冷热源几部分，如图 4 - 6 所示。

（1）进风部分。根据生理卫生对空气新鲜度的要求，空调系统必须有一部分空气取自室外，常称新风。进风口连同引入通道和阻止外来异物的结构等，组成了进风部分。

（2）空气过滤部分。由进风部分进入的新风，必须先经过一次预过滤，以除去颗粒较大的尘埃。一般空调系统都装有预过滤器和主过滤器两级过滤装置。

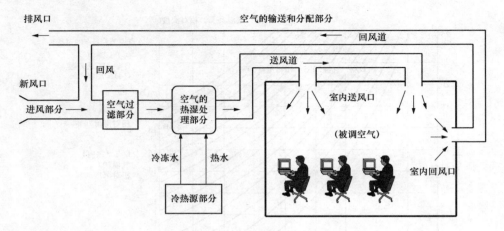

图 4-6 空调系统组成

根据过滤的效率不同可以分为初效过滤器、中效过滤器和高效过滤器。

（3）空气的热湿处理部分。将空气加热、冷却、加湿和减湿等不同的处理过程组合在一起统称为空调系统的热湿处理部分。主要有两大类型：直接接触式和表面式。

（4）空气的输送和分配部分。将调节好的空气均匀地输入和分配到空调房间内，以保证其合适的温度场和速度场。这是空调系统空气输送和分配部分的任务，它由风机和不同型式的管道组成。

（5）冷热源部分。为了保证空调系统具有加温和冷却能力，必须具备冷源和热源两部分。冷源有自然冷源和人工冷源两种。自然冷源指深井水。人工冷源有空气膨胀制冷和液体气化制冷两种。热源也有自然和人工两种。自然热源指地热和太阳能。人工热源是指用煤、石油、煤气作燃料的锅炉所产生的蒸汽和热水。

4.3.5 集中式空调的空气热湿处理系统

在智能化建筑中，一般采用集中式空调系统，又称为中央空调系统，对空气的处理集中在专用的机房里，对处理空气用的冷源和热源，有专门的冷冻站和锅炉房。

中央空调的空气热湿处理系统主要由风门驱动器、风管式温度传感器、湿度传感器、压差报警开关、二通电动调节阀、压力传感器以及现场控制器等组成，如图 4-7 所示。

空调空气热湿处理系统的监控功能如下。

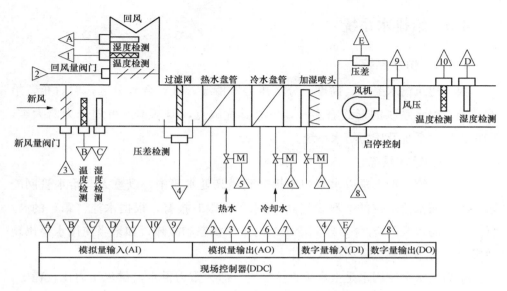

图 4-7　空气热湿处理系统框图

（1）将回风管内的温度与系统设定的值进行比较，用比例积分、微分（PID）方式调节，冷水/热水电动阀开度，调节冷冻水或热水的流量，使回风温度保持在设定的范围之内。

（2）对回风管、新风管的温度与湿度进行检测，计算新风与回风的焓值，按回风和新风的焓值比例，控制回风门和新风门的开启比例，从而达到节能效果。

（3）检测送风管内的湿度值，将其与系统设定的值进行比较，用比例积分（PI）调节，控制湿度电动调节阀，从而使送风湿度保持在所需的范围之内。

（4）测量送风管内接近尾端的送风压力，调节送风机的送风量，以确保送风管内有足够的风压。

（5）其他方面：风机启动/停止的控制、风机运行状态的检测及故障报警、过滤网堵塞报警等。

当室温过高时，空调系统通过循环方式把房间里的热量带走，以维持室内温度于一定值。当循环空气（新风加回风）通过热湿处理系统时，高温空气经过冷却盘管先进行热交换，盘管吸收了空气中的热量，使空气温度降低，然后再将冷却后的循环空气吹入室内。冷却盘管的冷冻水由冷水机组提供。

如果要想使室内温度升高，需要以热水进入风机盘管，空气加热后送入室内。空气经过冷却后，有水分析出，相对湿度减少，变得干燥。如果想增加湿度，可进行喷水或喷蒸汽，对空气进行加湿处理，用湿空气去补充室内水汽量的不足。

4.4 给排水系统

4.4.1 供水系统

根据建筑给水要求、高度、分区压力等情况，进行合理分区，然后布置给水系统。给水系统的形式有多种，各有其优缺点，但基本上可划分为两大类，即重力给水系统及压力给水系统。

1. 重力给水系统

这种系统的特点是以水泵将水提升到最高处水箱中，以重力向给水管网配水。对天面水池水位的监测及当高/低水平超限时报警，根据水池（箱）的高/低水位控制水泵的启/停，监测给水泵的工作状态和故障，如果当使用水泵出现故障时，备用水泵会自动投入工作。

重力给水系统用水是由水箱直接供应，即为重力供水，供水压力比较稳定，且有水箱贮水，供水较为安全。但水箱重量很大，增加建筑的负荷，占用楼层的建筑面积，且有产生噪声振动之弊，对于地震区的供水尤为不利。

2. 压力给水系统

压力供水系统不在楼层中或屋顶上设置水箱，仅在地下室或某些空余之处设置水泵机组、气压水箱等设备，采用压力给水来满足建筑物的供水需要。压力给水可用并联的气压水箱给水系统，也可采用无水箱的几台水泵并联给水系统。气压装置供水系统如图4-8所示。

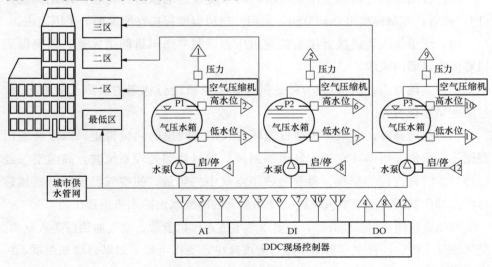

图4-8 气压装置供水系统

（1）并联气压给水系统。并联气压给水系统是以气压水箱代替高位水箱，而气压水箱集中于地下室水泵房内，这样可以避免楼房设置水箱的缺点。

气压水箱需用金属制造，投资较大，且运行效率较低，还需设置空气压缩机为水箱补气，因此耗费动力较多，近年有采用密封式弹性隔膜气压水箱，可以不用空气压缩机充气，既可节省电能又防止空气污染水质，有利于环境卫生。

（2）水泵直接给水系统。上述的给水系统，无论是用高位水箱的，还是气压水箱的，均为设有水箱装置的系统。设水箱的优点是预贮一定水量，供水直接可靠，尤其对消防系统是必要的。但存在着上述很多缺点，因此有必要研究无水箱的水泵直接供水系统。这种系统可以采用自动控制的多台水泵并联运行，根据用水量的变化，开停不同水泵来满足用水的要求，也可节省电能，如果能采用计算机控制更为理想。

水泵直接供水，最简便的方法是采用调速水泵供水系统，即根据水泵的出水量与转速成正比关系的特性，调整水泵的转速而满足用水量的变化，同时也可节省动力。

近来国外研究一种自动控制水泵叶片角度的水泵，即随着水量的变化控制叶片角度的改变来调节水泵的出水量，以满足用水量的需要。这种供水系统设备简单，使用方便，是一种有前途的新型水泵给水系统。

无水箱的水泵直接给水系统，最好是用于水量变化不太大的建筑物中，因为水泵必须长时间不停地运行。即便在夜间，用水量很小时，也将消耗动力。且水泵机组投资较高，需要进行技术经济比较后确定。

如何选用以上几个比较有代表性的给水系统，应根据使用要求、用水量的大小、建筑物结构情况以及材料设备供应等具体条件全面考虑。

4.4.2 排水系统

智能化建筑的卫生条件要求较高，其排水系统必须通畅，保证水封不受破坏。有的建筑采用粪便污水与生活废水分流，避免水流干扰，改善卫生条件。

智能化建筑一般都建有地下室，有的深入地面下 2～3 层或更深些，地下室的污水常不能以重力排除，在此情况下，污水集中于污水集水井，然后以排水泵将污水提升至室外排水管中。污水泵应为自动控制，保证排水安全。

智能化建筑排水监控系统的监控对象为集水井和排水泵。排水监控系统的监控功能有：

（1）污水集水井和废水集水井水位监测及超限报警。

（2）根据污水集水井与废水集水井的水位，控制排水泵的启/停。当集水井的水位达到高限时，联锁启动相应的水泵；当水位达到高限时，联锁启动相应的备用泵，直到水位降至低限时联锁停泵。

（3）排水泵运行状态的检测以及发生故障时报警。

排水监控系统通常由水位开关、直接数字控制器组成，如图 4-9 所示。

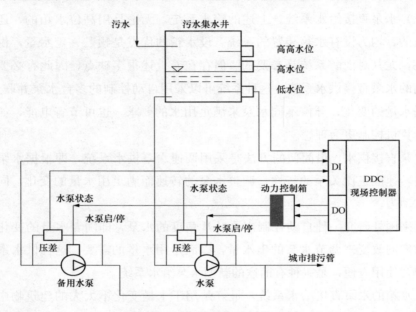

图 4-9　排水监控系统

4.5　楼宇设备自动化系统

4.5.1　楼宇设备自动化系统的功能

通常可将 BAS 按功能划分为几个子系统，如前所述的电力供应系统（高压配电、变电、低压配电、应急发电），照明系统（工作照明、事故照明、艺术照明、障碍灯等特殊照明），环境控制系统（空调及冷热源、通风环境监测与控制、给水、排水、卫生设备、污水处理），交通运输系统（电梯、电动扶梯、停车场、车队），广播系统（背景音乐、事故广播、紧急广播）。这里需要强调的是并不是所有的楼宇都要具备上述所有子系统，每个子系统也不一定都具有全部的功能。

1. BAS 的功能要求

BAS 的整体功能可概括为以下几个方面。

（1）设备控制自动化。设备控制自动化应以对各种设备实现优化控制为目的。

1）变配电设备及应急发电设备测控。变电设备各高低压主开关动作状况监视及故障报警；供配电设备运行状态及参数自动检测；各机房供电状态监视；各机房设备供电控制；停电复电自动控制；应急电源供电顺序控制。

2）照明设备测控。各楼层门厅照明定时开关控制；楼梯照明定时开关控制；室外泛光照明灯定时开关控制；停车场照明定时开关控制；航空障碍灯点灯状态显示及故障警报；事故应急照明控制；照明设备的状态检测。

3）空调设备测控。空调机组状态检测；空调机组运行参数测量；空调机组的最佳开/停时间控制；空调机组预定程序控制；室外温、湿度测量；新风机组开/停时间控制；新风机组预定程序控制；新风机组状态检测；能源系统工作状态最佳控制；排风机组的检测和控制。

4）给排水设备测控。给排水设备的状态检测；使用水量、排水量测量；污物、污水池水位检测及异常警报；地下、中间层屋顶水箱水位检测；公共饮水过滤、杀菌设备控制监视给水水质监测；给排水设备的启/停控制；卫生、污水处理设备运转监测、控制，水质测量。

表 4 - 1 列举了楼宇自动化系统监视、测量、控制、记录显示的功能。

表 4 - 1　　　　楼宇自动化系统监视、测量、控制、记录显示功能

监视、测量	控制	记录显示
设备的运行参数测量	设备的运转控制	设备的运行参数
外界提供的能源（电、水、煤气等）参数测量	设备的启停控制	设备运行状态
能源使用计量	设备的预定程序控制	设备故障状态
水位测量	设备的时间控制	设备异常状态
室内外温湿度测量	设备的上下限控制	消防报警
设备运行状态监视	设备的台数控制	防盗报警
设备故障状态监视	设备的节省能源控制	应急状态
设备异常状态监视	设备的紧急状态控制	能源使用情况
消防报警状态监视	应急状态时设备的联动控制	公共场所使用情况
防盗报警状态监视		日报、月报
应急状态时情况监视		

（2）设备管理自动化。通过对设备的运行状态进行监视，使其得以高效运行。

1）水、电、煤气等使用计量和收费管理。

2）设备运转状态记录及维护、检修的预告。

3）定期通知设备维护及开列设备保养工作单。

4）设备的档案管理。

5）会议室、停车场等场所使用的预约申请、管理。

（3）能源管理自动化。能源管理自动化是在不影响用户舒适性的原则下，对设备机器实行效率化的运转管理，以节省无谓的能源消耗。

能源管理自动化是以不降低环境条件为前提，并且利用传感技术和先进的运转控制技术来实现能源节省的，与过去的消极节省能源方法（如忽视舒适性效果而将冷暖空调机组设定温度予以调整，不考虑照明灯具的寿命而做过渡的开关操作等）是截然不同的。节省能源系统有电力设备的契约用电控制、电力设备的功率因数改善、照明设备的自动调节、照明设备的自动点火控制、空调系统节省能源、自动冲洗设备的节水运行等。

2. BAS 的软件功能

楼宇自动化系统中的软件主要包括系统软件和分站软件。

（1）系统软件。系统软件应采用开放式、标准化、模块化设计，可以很方便地进行修改和扩充，而不需要调整或增加系统的硬件配置。系统软件包括以下功能。

1）系统操作管理。对进行操作的人员赋予操作权限，记录访问系统人员的身份识别、访问时间和内容。

2）交互式系统界面。以 Windows 为主的图形窗口人机界面，中文下拉菜单，仿真动画显示，具有综合观察、控制、流程图、联动图、建筑平面图、报警、文件报表、帮助等画面。具有最简易的可操作性。

3）报警、故障的提示和打印。对于系统中设备的报警和故障具有音响提示，打印报警和故障发生的时间、地点、类别、设备类型等。

4）警报的处理。当系统发生故障或异常警报时，系统控制软件除了记录、提示、打印警报信息以外，还将对警报进行处理。按照不同的故障、异常、紧急状态做出反应，自动控制相关设备的启停；切断必须关闭的电源、设备；投入备用设备等各种控制指令，避免事故扩大和尽可能地保证设施的正常运转。

5）系统开发环境。系统提供给程序员进行系统设计、应用的工具软件，包括系统网络配置、系统参数设定、系统图形制作等。

6）多种控制方式。系统软件提供多种控制方式，包括直接数字控制模式。该控制模式主要用于对空调系统、变配电系统、安保系统的逻辑判断和控制。系统软件提供组合控制设定模式。该控制模式可将需要同时控制的若干不同控制对象组合一起。

7）系统辅助功能设定。提供采样点信息数据库、控制流程、报表文件的资料复制或储存。

（2）分站软件。分站软件用于现场控制器。分站软件应包括以下系统功能模块。

1）采样和数据处理功能。对模拟量和开关状态按一定的速率进行采样，具有线性化、单位量转换、数字滤波等功能。

2）报警设定。对设备的状态、运行参数、上下限进行设定。

3）控制程序。根据设定参数，自动进行各种控制程序的运行，包括时间/事件的控制、区域控制、PID 控制、节能控制等。

4）通信控制。对现场控制器与其他设备（上位机）之间的通信进行管理。

3. BAS 的技术基础

BAS 将各个控制子系统集成为一个综合系统，其核心技术是集散控制系统，它是由计算机技术、自动控制技术、通信网络技术和人机接口技术相互发展渗透而产生的，既不同于分散的仪表控制系统，又不同于集中式计算机控制系统，它是吸收了两者的优点，在它们的基础上发展起来的一门系统工程技术，具有很强的生命力和显著的优越性。利用集散制技术将 BAS 构造成一个庞大的集散控制系统，在这个系统中其核心是中央监控与管理计算机，中央管理计算机通过信息通信网络与各个子系统的控制器相连，组成分散控制、集中监控和管理的功能模式，各个子系统之间通过通信网络也能进行信息交换和联动，实现优化控制管理，最终形成统一的由 BAS 运作的整体。

4.5.2 楼宇设备自动化系统的体系结构

1. BAS 体系结构的优选

在楼宇中，需要实时监测与控制的设备品种多、数量大，而且分布在楼宇各个部分。大型的楼宇有几十层楼面，多达十多万平方米的建筑面积，需数千台套设备遍布楼宇内外。对于 BAS 这一个规模庞大、功能综合、因素众多的大系统，要解决的不仅是各子系统的局部优化问题，而是一个整体综合优化问题。若采用集中式计算控制，则所有现场信号都集中于同一地方，由一台计算机进行集中控制。这种控制方式虽然结构简单，但功能有限，且可靠性不高，故不能适应现代楼宇管理的需要。与集中式控制相反的就是集散控制，集散控制以分布在现场被控设备附近的多台计算机控制装置，完成被控设备的实时监测、保护与控制任务，克服了集中式计算机控制带来的危险性高度集中和常规仪表控制功能单一的局限性；以安装于集中控制室并具有很强的数字通信、CRT 显示、打印输出与丰富控制管理软件功能的管理计算机，完成集中操作、显示、报警、打印与优化控制功能，避免了常规仪表控制分散后人机联系困难与无法统一管理的缺点。管理计算机与现场控制计算机的数据传递由通信网络完成。集散控制充分体现了集中操作管理、分散控制的思想，因此集散控制系统是目前 BAS 广泛采用的体系结构。

2. 集散型 BAS 的网络结构

集散型 BAS 的体系结构的基本特征是功能层次化。BAS 的网络结构包括单层网络结构、二层网络结构和三层网络结构。

（1）现场控制层。现场控制层计算机直接与传感器、变送器、执行装置相连，实现对现场设备的实时监控，并通过通信网络实现与上层机之间的信息交互。在这一层中实现的是对单个设备的自动控制，即单机自动化，具体的功能实现是由安装在被控设备附近的现场控制器来完成。现场控制器采用直接数字控制技术，因此又被称为直接数字控制器（Direct Digital Controller，DDC），在体系结构中又被称为下位机。

现场控制层主要是由现场控制器组成，在不同厂商的控制系统中，现场控制器的名称各异，如远端控制装置（RTU）、DDC 盘、分控器、基本控制器等，但所采用的结构形式及基本工作原理都大致相同，它是一个可独立运行的计算机监测与控制系统，实质是一个直接数字式控制系统。

现场控制器安装在控制现场，可接收上一层的操作站或监控站（上位机）传送来的命令，并将本地的状态和数据传送到上位机，在上位机不干预的情况下，现场控制器可单独对设备执行控制功能，根据设定的参数进行各种算法的运算，控制输出执行。根据现场控制器规模的大小，每台现场控制器可控制的 DO、DI、AO、AI 点一般在几十点至一百点，当一个楼宇自动化系统规格较大时，就需配用若干个现场控制器。

末端装置包括传感器和执行机构。传感器用来将各种不同的被测物理量（温度、压力、流量、电量等）转换为能被现场控制器接收的模拟量或开关量，执行机构用来对被控设备进行控制。

现场控制器具有可靠性高、控制能力强、可编写程序等特点，既能独立监控有关设备又可联网并通过管理计算机接受统一控制与管理。

（2）监督控制层。监督控制层计算机是现场控制层计算机的上层机或上位机，可分为两类监控站和操作站。监控站直接与现场控制器通信，监视其工作情况，并将来自现场控制器的系统状态数据通过通信网络传递给操作站及运营管理层计算机。而操作站则为管理人员提供操作界面，它将操作请求通过通信网络传递给监控站，再由监控站实现具体操作，值得注意的是，监控站的输出并不直接控制执行器，而仅仅是给出下一层系统（即现场控制层）计算机的给定值。在这一层中实现是各子系统内的各种设备的协调控制和集中操作管理，即分系统的自动化。

1）监督控制层计算机。监督控制层计算机除要求完善的软件功能外，首先要求硬件必须可靠。每个 DDC 只关系到个别设备的工作，而监督、管理计算机则关系着整个系统或分系统。显然普通的个人计算机用作监督计算机是不合理的。

2）通信网络。通信一般采用两级或多级网络结构，设备直接数字控制均由分布在设备附近的 DDC 完成，与监督控制层计算机的通信构成第一级网。监督控制层计算机之间构成第二级网。为参与更高的管理级，需将上述局域网连至更高速的广域网，这是第三级网。

（3）运营管理层。运营管理层计算机位于整个系统的最顶端，通常具有很强大的处理能力。它协调管理各个子系统，实现全局的优化控制和管理，从而达到综合自动化的目的。

3. 集散型 BAS 的几种方案

（1）按楼宇建筑层面组织的集散型 BAS。对于大型的商务楼宇、办公楼宇，往往是各个楼层有不同的用户和用途（如首层为商场，二层为某机构的总部等），因此，各个楼层对 BAS 的要求会有所区别，按楼宇建筑层面组织的集散型 BAS 能很好地满足要求。

按楼宇建筑层面组织的集散型 BAS 方案的特点有：

1）由于是按楼宇建筑层面组织的，因此布线设计及施工比较简单，子系统

（区域）的控制功能设置比较灵活，调试工作相对独立。

2）整个系统的可靠性较好，子系统失灵不会波及整个楼宇系统。

3）设备投资增大，尤其是高层楼宇。

4）较适合商用的多功能楼宇。

（2）按楼宇设备功能组织的集散型 BAS。这是常用的系统结构，按照整座楼宇的各个功能系统来组织。其结构的特点有：

1）由于是按整座楼宇设备功能组织的，因此布线设计及施工比较复杂，调试工作量大。

2）整个系统的可靠性较弱，子系统失灵会波及整个楼宇系统。

3）设备投资比较少。

4）较适合功能相对单一的楼宇（如企业、政府的办公楼宇，高级住宅等）。

（3）混合型的集散型 BAS。这是兼有上述两种结构特点的混合型系统，即某些子系统（如供电、给排水、消防、电梯）采用按整座楼宇设备功能组织的集中控制方式，另外一些子系统（如灯光照明、空调等）则按楼宇建筑层面组织的分区控制方式。这是一种灵活的结构系统，它兼有上述两种方案的特点，可以根据实际的需求而调整。

4.5.3 楼宇设备自动化系统的设计

BAS 设计与一般建筑电气系统的设计有明显的区别。一般建筑电气系统的设计主要是围绕施工图进行的，它的主要任务是对该工程进行设备选型、位置安装和对管线工程敷设安装的设计。在设计中几乎所有设备都是由负责这项设计的设计师选定的。这种设计的主要目的是使系统合理运用并指导工程安装人员对这个工程进行安装，使系统合理运行。而 BAS 设计则与之不同。它在着手设计前，所有水电暖设备的设计都已完成（包括设备选型、位置安装、管线敷设等）。这样，BAS 设计师的主要任务是给这些水电暖的设备配置硬件测控点。换句话说，BAS 设计师只要在水电暖的施工图上按相应的控制原理设计一些以传感器和执行器为主的器件就行了。因此在 BAS 的施工图上有许多内容并不属于 BAS 的设计内容。这并不意味着 BAS 设计比其他电气设计简单。BAS 设计不仅是施工图设计，而且要进行控制方案设计。施工图的设计是给工程安装人员提供一套施工图纸，指导他们施工。控制方案的设计是给 BAS 的制造商提供适合本工程的控制方案的要求，以指导他们的软件编程。简而言之，BAS 设计既是施工图的设计也是控制方案的设计。

1. 设计思路及要点

（1）掌握所设计建筑物的建筑工程概况和内部设备的配置情况。根据所设计建筑物的工程概况和内部设备的配置情况对 BAS 的规模和现场设备进行合理的选型。在 BAS 开始设计之前不仅要了解建筑物的面积、高度、地理位置等工程概况和建筑物的用途、造价等与 BAS 设计有直接关系的因素，还要预测这个建筑物未来的情况。这样才能对 BAS 的规模和现场设备进行合理的选型。

BAS 设计中的一项主要工作就是给建筑物内部水暖电设备配置用于测量的传感器和用于控制的执行器。就这一点而言，设计者必须掌握有关这些水暖电设备的工作原理和它们的技术参数，在设计中每一个传感器和执行器的选择都与这些水暖电设备的工作原理和技术参数有关。

（2）根据国家提出的 BAS 设计规范，得到这项工程设计参考依据。BAS 设计与水、电、暖这几项工程设计都有密切的关系。国家给水、电、暖这几项工程制定设计规范时，并没有全面考虑到 BAS 的测控器件加入后对原先的设计产生的影响。而做水、暖、电这几项工程设计的设计师们几乎也没考虑这点，所以做 BAS 设计时必须考虑到对相关设备增加了一些测控器件后，对水、电、暖这几项工程所产生的影响。

（3）BAS 方案的设计。确定 BAS 方案是 BAS 设计中重要的环节。具体包括如下内容。

1）网络系统的设计。建筑物自动化系统是在建造计算机局域网系统的基础上的，它构成实时过程控制系统。网络系统的设计主要指 BAS 的网络硬件拓扑结构形式的设计、网络软件层次结构的设计和网络设备的设计。

①网络硬件拓扑结构形式设计。网络硬件拓扑结构形式的设计应符合下列原则：

a. 满足集中监控的需要；

b. 与系统规模相适应；

c. 尽量减少故障波及面；

d. 减少初始投资；

e. 便于增容；

f. 管线总长度尽量要短。

②网络软件层次结构设计。网络软件层次结构设计应符合下列原则：

a. 具有良好的开放性；

b. 具有良好的安全性；

c. 具有良好的容错性；

d. 具有良好的二次开发环境。

③网络设备的设计。网络设备指服务器、工作站和 DDC，它的设计包括了对这些设备机型、数量和安装位置的确定。

a. 服务器、工作站机型是要根据系统级别和规模要求而确定的。它应符合下列原则：人机交换界面好、容错性好、易扩展。

b. 服务器、工作站数量是根据用户对 BAS 管理需求而定的。

c. 服务器、工作站安装位置的确定：服务器和工作站的安装地点应符合安全、可靠、便于管理的原则，服务器的安装地点通常选择在 BAS 监控室内，也可以将 BAS 与消防安保系统共用一室；工作站的安装地点应选择安装在经常有人值班的地点（如变配电房），使值班人员能够对系统进行相应的辅助管理，同时在工作站的屏幕上观察相应的数据将会更直观、更清楚。

d. DDC 机型是根据系统测量点和控制点的控制要求而确定的，它应符合下列原则：可靠性高、响应快、易维修。

e. DDC 数量是根据 BAS 测量点和控制点的数量而确定的。

f. DDC 安装位置除了应符合可靠安全、便于管理的原则外，还应使它和建筑物内测量点和控制点的管线尽可能短。必要时以增加 DDC 数量为代价来缩短建筑物内测量点和控制点的管线的长度。

2）BAS 系统与"一般设备"的硬件接口的设计。系统中大多数设备是"一般设备"，它们内部不含控制系统。这些设备只与外部的 BAS 构成测控关系，其设计内容是：

①规定接点的连接要求；

②规定接点的容量；

③设计机电控制柜。

3）BAS 系统与"智能设备"软件接口的设计。系统中有些设备是"智能设备"（如蓄冰制冷系统、锅炉系统、变配电系统、电梯、柴油发电机等）。它们内部自含以单片机或 PLC 为核心的内部控制器。它和设备的组合就是"智能设备"。

"智能设备"可分为两类，其中一类"智能设备"（如变配电系统、锅炉系统、电梯、柴油发电机）内部控制器的测控参数全部在设备内部。这类"智能设备"只引出一组通信线和 BAS 连接。另一类"智能设备"（如蓄冰制冷系统）

内部控制器的一部分测控参数在设备内部，另一部分测控参数在设备外部的管路上。这类"智能设备"除了引出一组通信线外，还要引出若干路测控线与设备外部的管路上的测控元器件（如水泵、阀门、传感器等）连接。

目前很多厂家都是既生产"一般设备"又生产"智能设备"。对于出厂的"智能设备"厂家配置了串行通信接口，并提供用户相应的通信协议，以便和BAS的服务器通信。这些设备与BAS之间除了有一路通信线的硬件连接外，还要设计的是"通信软件"，通常称"软接口"。一般"软接口"的安装是由BAS厂家来完成的。

在设计"软接口"时需要生产"智能设备"的厂家提供以下内容：

①设备的控制系统通信联网方案及系统图。

②该设备的控制器技术资料及其RS232通信接口和RS485通信接口的技术资料及接线图。

③通信接口的控制方式。

④详细的接口通信协议内容、格式和访问权限。

4）BAS施工图设计中的设备选型。施工图设计中的输入/输出设备（即测控器件）是传感器和阀门。

①传感器的选择。传感器的选择要考虑量程和精度之间的矛盾。一般量程范围越大、其测量精度就越低。设计中在满足被测物理量范围的条件下尽量选择量程小的传感器。传感器的最大量程一般确定为被测物理显示范围最大值的1.3倍。

②阀门的选择。阀门选择应根据设计院最终确定的表面冷却器和热水加热盘管的设计流量和压差值（这些技术参数由水、暖专业提供）进行计算的，计算出设计的 C_p 值，根据 C_v 值选出最匹配的阀门。

（4）BAS各子系统的监控方案设计。各现场设备的监控方案是分别根据它们的工作原理和控制要求来设计的。

为了实现相应的监控方案必须对各设备配置监控点，其涉及内容有：

1）根据各设备的工作原理和控制要求设计对各设备的监控方案。设计出各子系统的控制原理图。

2）根据不同的控制参数确定调节规律。

3）设计BAS对相应子系统的控制功能或BAS与智能设备的总体控制功能。

4）根据监控方案在相应的设备和管道上配置测量点（即安装传感器）和配

置控制点（即安装执行器），并对这些器件进行选型。

5）BAS与智能设备之间配置串行通信接口线（通常称为软接口）。

2. BAS 施工图的设计

BAS设计的主要内容是设计和画出一套BAS的施工图样。

（1）这套图纸的设计目标如下。

1）施工人员照图安装就能按设计师的意图安装出这个实际的系统。

2）使管理人员在系统初始化的过程中，能对软件界面上菜单进行选项。

3）维修人员照图就能了解设备的安装地点、安装方式和调试方法。

施工图主要内容包括施工说明、材料表、网络系统图、施工平面图、DDC控制箱安装图、DDC控制箱电源接线图、DDC测控端与系统中测控器件的接线图、DDC测控点数分表图、BAS设备测控点数总表、其他（施工设备材料表、应用模块的引脚说明和技术参数）。

（2）设计步骤如下。

1）确定系统的网络结构，画出网络系统图。

2）画出各子系统的控制原理图。

3）编制DDC测控点数表（分表）。

4）编制BAS设备监控点数表（总表）。

5）设计DDC控制箱内部结构图和端子排接线图。

6）确定中央站硬件组态、设计监控中心。涉及内容有供电电源、监控中心用房面积、环境条件、监控中心设备布置。

7）画出各层BAS施工平面图。涉及内容有线路敷设、分站位置、中央站位置、监控点位置及类型。

几点说明：

1）以上7步主要是从硬件角度提出，而软件设置是不能忽视的，可以在上述第3步和第5步考虑，亦可集中考虑，提出软件设置要求；

2）以上7步的每一步，内容上并没有明确的层次，相互间是有关联的，应兼顾考虑；

3）以上7步的顺序不是唯一的，前后反复是不可避免的。

习题

1. 简述常见的低压配电方式。

2. 说明照明设计的一般步骤。

3. 简述常见的照明控制系统。

4. 简述空气调节的基本原理。

5. 空调系统的组成有哪些？

6. 简述空调空气热湿处理系统的监控功能。

7. 简述集散型 BAS 的体系结构。

8. 说明 BAS 的设计步骤。

第5章
安防消防控制系统

5.1 安防系统

5.1.1 安防系统概述

1. 智能楼宇对安全防范系统的要求

智能楼宇要求其安全防范系统能实现如下功能：防范、报警、监视与记录。

此外，系统应有自检和防破坏功能，一旦线路遭到破坏，系统应能触发出报警信号；系统在某些情况下布防应有适当的延时功能，以免工作人员还在布防区域就发出报警信号，造成误报。

智能楼宇的安全防范系统作为智能建筑物管理系统（IBMS）的一个子系统，应该具有受控于 IBMS 主计算机的功能。

2. 安全防范系统的组成

根据安全防范系统应具备的功能，智能楼宇的安全防范系统一般应由以下三部分组成。

（1）出入口管制系统。主要是管制那些从正常设置的门进入的人员。这有两类情况，一类是正常进入但对人员需加以限制的管制系统，这类系统主要是对进入人员的身份进行辨识；另一类是针对不正常的强行闯入的管制系统，这类系统主要是通过设定的各种门磁开关等发现闯入者并报警。停车场自动管理系统和可视对讲系统是对进入的车辆和人员进行管理和控制。

（2）防盗报警系统。防盗报警系统就是利用各种探测装置对楼宇重要地点或区域进行布防，当探测装置探测到有人非法侵入时，系统将自动发出报警信号。附设的手动报警装置通常还有紧急按钮、脚踏开关等。

（3）电视监视系统。该装置是把事故现场显示并记录下来，以便取得证据和分析案情。显示与记录装置通常与报警系统联动，即当报警系统发现哪里出现事故时，联动装置使显示与记录装置既跟踪显示又记录事故现场情况。

在设计安全防范系统时选择方案的主要依据是被保护的对象和它的重要程

度。例如对智能楼宇中某些重要文件、情报资料、金融机构的金库、保险柜、保安控制中心等的保护就应考虑采取高度可靠性的系统，除了有出入口系统外，还要设置多重探测器的防盗报警系统和联动的显示和记录装置，以及要考虑联动装置的反应速度等。

5.1.2 出入口管制系统

1. 出入口管制系统的基本结构

一般的出入口管制系统基本上由三个层面的设备组成，如图 5-1 所示。最基本的层面是与进出门的人员和车辆打交道的辨识装置、电子门锁、可视对讲、出口按钮、报警传感器、门磁开关、停车场自动管理系统等。它们的输出信号送到控制器，并根据发来的信号和原来存储的信号相比较并做出判断，然后发出处理信息。每个控制器管理着若干个门，可以自成一个独立的出入口管制系统，多个控制器通过网络与计算机联系起来，构成全楼宇的出入口管制系统。计算机通过管理软件对系统中的所有信息加以处理。

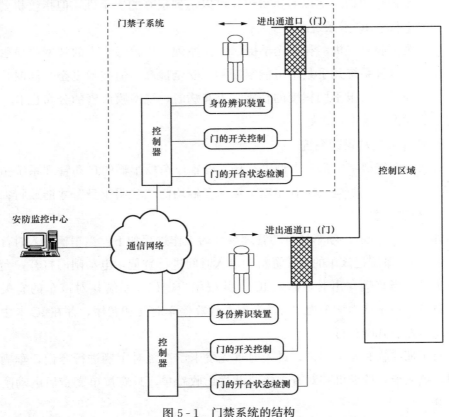

图 5-1 门禁系统的结构

2. 出入口管制系统的辨识装置

（1）磁卡及读卡机。磁卡及读卡机是目前最常用的卡片系统，利用磁感应对磁卡中磁性材料形成的密码进行辨识，与市面上的磁卡电话系统原理相同。磁卡成本低，可随时改变密码，使用相当方便，其虽有易被消磁和磨损等缺点，但仍然是目前最普及的卡片，广泛用于各种楼宇的出入口和停车场的管理系统中。

（2）智能卡及读卡机。卡片内装有集成电路（IC）和感应线圈，读卡机产生一特殊振荡频率，当卡片进入读卡机振荡能量范围时，卡片上感应线圈的感应电动势使 IC 所决定的信号发射到读卡机，读卡机将接收的信号转换成卡片资料，送到控制器加以比较识别。当卡片上的 IC 为 CPU 时，卡片就有了"智能"，此时的 IC 卡也称智能卡。它的制造工艺略复杂，但其具有不用在刷卡槽上刷卡、不用换电池、不易被复制、寿命长和使用方便等突出优点，因而是相当理想的卡片系统。

（3）指纹机。每个人的指纹均不完全相同，因而利用指纹机把进入人员的指纹与原来预存的指纹加以对比辨识，可以达到很高的安全性，但指纹机的造价要比磁卡机或 IC 卡系统高。

（4）视网膜辨识机。利用光学摄像对比原理，比较每个人的视网膜血管分布的差异。这种系统几乎是不可能复制的，安全性高，但技术复杂。同时也还存在着辨识时对人眼不同程度的伤害，人有病时，视网膜血管的分布也有一定变化而影响准确等不足之处。

3. 停车场自动管理系统

在所有智能楼宇中都有大型停车场，设置停车场车辆的自动管理系统主要有两个作用：一是防盗，所有在停车场的车辆均需"验明正身"才能放行；二是实施自动收费。

如图 5-2 所示，停车场自动管理系统的工作过程如下：当车辆进入时首先插入 IC 卡，系统把该车的有关资料和进入时间进行登记，电动闸门打开，允许车辆进入。当车辆开出时，插入 IC 卡并按用户密码，系统核对该车的有关资料，只有当系统认为该车为"合法"时，计算停车时间和费用，并在 IC 卡中扣除费用，然后开闸放行。

对于那些临时停车用户，进入时首先发卡，系统对车辆进行登记，车辆开出时，插入卡，读卡机核对有关资料并送出收费单，只有按单交费后电动闸门才打开放行。

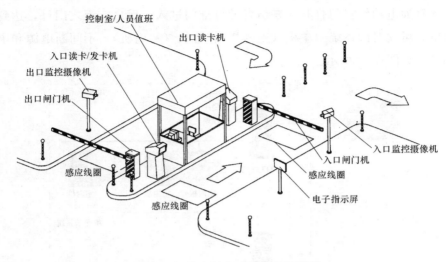

控制室/人员值班
出口读卡机
入口读卡/发卡机
出口监控摄像机
出口闸门机
入口监控摄像机
感应线圈
入口闸门机
感应线圈
感应线圈
电子指示屏

图 5-2 停车场自动管理系统原理

为了进一步提高安全性，系统还装有闭路电视监控装置，在车辆进入时，闭路电视同时把车辆图像记录下来，车辆开出时，闭路电视把该车图像和进入时的图像对照，只有当 IC 卡、密码和车辆图像三者一致时才放行，从而大大提高了安全性。

为了证明在插卡后车辆已经进场，通常在入口电动闸门内 8～10m 处的车道下埋装感应线圈（前后安装 2～3 个），当车辆确实经过了该组线圈，线圈就有感应信号送到计算机加以确认。同时也可利用相同原理，在入口电动闸门前和出口电动闸门内的车道下面埋装感应线圈，在车辆进入和开出前均可发出信号，并可利用此信号启动照相机对进出的车辆拍下照片。

通过计算机及传感器（线圈、摄像机或红外线探测器等）可以显示车场内车位的实时信息，并对进入的车辆安排车位。

4. 可视对讲系统

智能楼宇的可视对讲系统是在对讲机—电锁门保安系统的基础上加电视监视系统而成。对讲机—电锁门安全保安系统是在楼宇的入口处设有电锁门，上面设有电磁门锁，平时门总是关闭的。在入口的门边外墙上嵌有大门对讲机按钮盘。来访者需依照探访对象的楼层和单元号按按钮盘的相应按钮，此时，被访者的对讲机铃响。被访者通过话机与来访者对话。大门外的总按钮箱内也装设一部对讲机。当被访者问明来意并同意探访，即可按动附设于话筒上的按钮，一般此按钮隐蔽在话筒下面，只有拿起话筒，才能操作按钮。此时入口电锁门的电磁铁通电动作将门打开，来访者即可推门进入。反之，拒之门外，达到保安目的。可视对讲系统由主机（室外机）、分机（室内机）、不间断电源和电控锁组成，如图 5-3 所示。

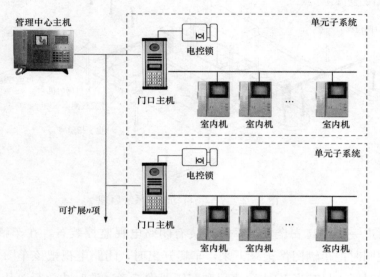

图 5-3　可视对讲系统图

5. 出入口管制系统的计算机管理

出入口管制系统将由计算机软件完成管理控制工作。

计算机软件的编制应根据选择好的方案进行，方案的选择可参考如下几个方面。

（1）控制方式。

1）授权人开门后，关门即锁。这种方式适用于大多数门，如办公室门、客房门、保险柜门等。

2）授权人一旦开门，就一直保持其自由出入状态，直到授权人把门关闭。这种方式主要适用于主要的出入口，如主大门、通道门和电梯门等。

3）授权人在开门后，在设定时间内必须关门，否则报警。这种方式适用于严格控制的场所，如银行门、库房门等。

（2）授权等级。这里的授权等级主要是指除了指纹、声音、视网膜等生物识别系统外的磁卡和感应卡（IC 卡、智能卡）的授权。包括：①插卡进入；②插卡加密码进入；③插卡加密码再加授权人被保安人员确认后进入；④插卡加密码再加授权人被自动识别系统确认后进入。

显然，第③和第④种方式的安全性最高。其中第③种授权是：当某人插卡申请通过某门时，智能卡中授权人的照片通过读卡机送入管理系统，同时，摄像系统也将持卡人的现场照片送入管理系统，保安在同一屏幕上对比确认，被认可者，依令放行，有怀疑者则报警。第④种授权则采用图像自动识别技术，水平最高。

（3）系统管理。系统管理软件的功能是对系统所有的设备和数据进行管理：对所有授权人的卡片进行登记、重新登记和注销；在已注册的卡片中，设定哪些卡片在何时可以通过哪些门，哪些卡片在何时不可以通过哪些门等；对系统所记录的数据进行转存、备份、存档和读取处理等。

（4）管理报告。每个智能控制器将实时信息送中央管理数据库，包括：

1）授权人所持卡片的编号，据此，可将该卡片的全部信息调出。

2）持卡者进出门的时间地点。

3）当非授权人试图开门，例如用伪卡、失效卡或强行进入时，区域控制器应即时发出报警等。与此同时，能生成各种报表。

（5）与其他子系统间的通信。多个子系统间通信的支持便于各个子系统协调工作，例如当某个门被非法闯入时，出入口管制系统应通知闭路监视系统，使该区域的摄像机能监视该门的情况，并进行录像等。

此外，计算机管理系统像所有其他管理系统一样，应有良好的人机界面。

5.1.3 防盗报警系统

1. 防盗报警系统的基本结构

防盗报警系统一般由探测器、区域控制器和报警控制中心的计算机三个部分组成，其中最底层的是探测和执行设备，它们负责探测非法闯入等异常报警，同时向区域控制器发送信息。区域控制器再向报警控制中心计算机传送所负责区域内的报警情况。控制中心的计算机负责管理整幢楼宇的防盗报警系统，并通过通信接口可受控于 IBMS 的主计算机，如图 5-4 所示。

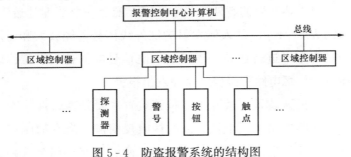

图 5-4 防盗报警系统的结构图

2. 防盗报警装置

（1）电磁式探测报警装置。电磁式探测器是一只电磁开关，它由一个条形永久磁铁和一个常开触点的干簧管继电器组成，当条形磁铁和干簧继电器平行放置时，干簧管两端的金属片被磁化而吸合在一起，于是电路接通。当条形磁铁与干簧管继电器分开时，干簧管触点在自身弹力的作用下，自动打开而断路。

把电磁式探测器的干簧管装于被监视房门或窗门的门框边上，把永久磁铁装在门扇边上。关门后两者的距离应小于或等于1cm，这样就能保证干簧管能在磁铁作用下接通，当门打开后，干簧管会断开。这种电磁式探测器通常用作门的防盗探测器，故也称门磁开关。

（2）主动红外线探测报警装置。

1）遮断式主动红外线探测报警装置。这种报警装置由一个红外线发射器和一个红外线接收器组成。发射器与接收器以相对方式布置。当有人从门窗进入而挡住了不可见的红外线，即引发报警。为了提高其可靠性，防止罪犯可能利用另一个红外光束来瞒过探测器，所以，探测用的红外线必须先调制到特定的频率再发送出去，而接收器也必须配有相位和频率鉴别的电路来判断光束的真假。

2）反射式主动红外探测报警装置。该装置的红外发射器与接收器装在一起。红外线发射头向布防区划发出红外信号，当有人从接收器前面走过时，红外线信号被人体反射回来，由接收管接收，并经译码电路译码，控制报警器工作，发出报警。记忆电路的作用是当人走过后仍能维持报警器工作一段时间。这种报警器用于发射器与接收器装在一起，不易被人发觉，其最大报警距离为1.5～2.5m，适用于安装在不允许人接近的地方，如金库的出入口、保险柜的附近，还可在夜间进行监视。

（3）被动式红外线报警装置。被动式红外线报警装置采用热释红外线传感器作探测器，它对人体辐射的红外线非常敏感，配上一个菲涅耳透镜作为探头，探测中心波长约为 $9\sim10\mu m$ 的人体发射的红外线信号，经放大和滤波后由电平比较器把它与基准电平进行比较。当输出的电信号幅值达到一定值时，比较器输出控制电压驱动记忆电路和报警电路而发出报警。

（4）微波防盗报警装置。微波防盗报警装置主要是通过探测物体的移动而发出报警的。探测器发出无线电波，同时接收反射波，当有物体在布防区内移动时，反射波的频率与发射波的频率有差异，两者频率差称多普勒频率。根据多普勒频率就可发现是否有物体在移动。当发射信号频率 $f_0 = 9.375\mathrm{GHz}$ 时，人体按 $0.5\sim8\mathrm{m/s}$ 的速度运动时，多普勒频率在 $31.25\sim520\mathrm{Hz}$ 之间变动，这是音频段的低频。只要检出这个频率的信号，就能探知人体在布防区的运动情况，即可完成报警传感功能。

(5) 防盗报警装置的选用。在上述各种防盗报警装置中，主要差别在于探测器，而探测器选用的主要依据是：

1) 保护对象的重要程度。例如，对于保护对象特别重要的应加多重保护等。

2) 保护范围的大小。例如，小范围可采用感应式报警装置或反射式红外线报警装置，要防止人从窗门进入可采用电磁式探测报警装置，大范围可采用遮断式红外报警器等。

3) 防范对象的特点和性质。例如，主要是防人进入某区域的活动，可采用移动探测防盗装置，可考虑微波防盗报警装置或被动式红外线报警装置，或者同时采用两者作用兼有的混合式探测防盗报警装置（常称双鉴或三鉴器）等。

3. 楼宇巡更系统

巡更是自古以来维持社会治安的一种有效手段。智能楼宇出入口多，进出人员复杂，为了维护楼宇的安全，必须有专人负责安全巡逻，重要地方还需设巡更站，定时进行巡更，智能楼宇的巡更系统是一个由微机管理的应用微电子技术的系统，它是对巡更员考核的重要手段。

(1) 巡更系统的原理。巡更站的数量和位置由楼宇的具体情况而定，一般有几十个点以上，巡更站多安装于楼宇内的重要位置。巡更员按规定时间和路线到达（不能迟到，更不能绕道）每个巡更站，并输入该站密码，向微机管理中心报到，信号通过巡更控制器输入计算机，管理人员通过显示装置了解巡更实况，巡更站可以是密码台，也可以是电锁。

(2) 巡更系统的功能要求。

1) 巡更系统必须可靠连贯动作，停电后应能 24h 工作。

2) 备有扩展接口，应配置报警输入接口和输入信号接口。

3) 有与其他子系统之间可靠通信的联网能力，具备网络防破坏功能。

4) 应具备先进的管理功能，主管可以根据实际情况随时更改巡更路线及巡更次数，在巡更间隔时间可调用巡更系统的巡更资料，并进行统计、分析和打印等。

5.1.4 电视监视系统

电视监视系统在智能楼宇的安全防范系统中犹如一对眼睛，它的作用是不言而喻的。且由于摄像器件的固体化和小型化，以及电视技术的飞速发展，电视监视系统愈来愈广泛用于楼宇保安系统中，显得愈来愈不可缺少。

1. 电视监视系统的基本结构

电视监视系统由摄像、传输、控制、显示与记录 4 个部分组成，如图 5-5 所示。

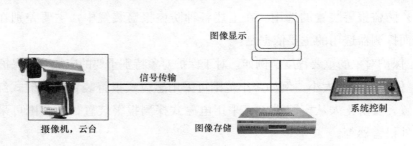

图 5-5　闭路电视监视系统的组成

2. 摄像设备

（1）摄像机。摄像机是摄像部分的主体，由于电荷耦合式摄像机（CCD 摄像机）具有体积小、性能好、寿命长等诸多优点，因而当今使用的摄像机都是电荷耦合式摄像机。

摄像机的选用方法如下。

1）摄像机按技术性能指标的高低可分为广播级、通用级、摄录级以及特殊级等。作为一般的电视监视系统选取通用级即可，因为其图像完全可以满足要求，而价格只有专业级的 1/6～1/5。

2）摄像机有彩色和黑白之分，对于电视监视系统，为了降低成本和实现无调整化，除特殊需要外均以使用灵敏度和清晰度都较高的黑白摄像机或两者相结合为宜。

3）小尺寸的摄像机是发展趋势，而较大尺寸的摄像机可能维护和修理较有优势，价格也可能较便宜。故应综合考虑选用，通常使用 1/3in 或 1/2in 摄像机。

4）应根据监视场合的监视目标的照度来选用不同灵敏度的摄像机，以确保画面的清晰质量。根据经验，监视目标的最低环境照度应高于所选摄像机最低照度的 10 倍。

5）球式摄像机。球式摄像机是一种小型的摄像头、镜头和旋转云台一体化的摄像机。它可以做水平 360°的旋转，并有快速旋转球机和慢速旋转球机之分。一般情况快速旋转球机是用在要求高的监视系统中，其造价也较高。

（2）镜头。在电视监视系统中，镜头的作用是收集光信号，并成像于摄像机的光电转换面上。在设计系统时，它的选择与摄像机的选择是同等重要的。除了常见的定焦镜头，还有变焦镜头和自动光圈镜头。变焦镜头即能在成像清晰的条件下，通过镜头焦距的变化来改变图像大小的镜头。在实际使用中，首先利用短焦来搜寻目标，在找到目标后，则把焦距调大，再看清目标细节。这对监视系统往往很有实用价值。最常用的自动光圈镜头是靠装置在镜头前方的光电池来检测视场内的亮度，经放大后来自动调节镜头的光圈，也称电眼镜头。

摄像机镜头的选用方法如下。

1）根据被摄物体的尺寸，被摄物到镜头的焦距和需看清物体的细节尺寸，决定采用定焦镜头或变焦镜头。一般来说，摄取固定目标，宜选用定焦镜头，摄取远距目标，宜选用变焦镜头。变焦镜头结构复杂，价格要比定焦镜头高出几倍，因此，对用户来说，在许多情况下考虑使用变焦镜头是可取的，但对大型监视系统，若变焦镜头用得过多，除大量增加造价外，还会增加系统的故障率。因此，要综合加以考虑。

2）一般在室内光线变化不大的情况下，可选用手动光圈镜头；在室外往往需要选用自动光圈镜头。

3）镜头的大小应与摄像机配合，一般来说，该镜头的尺寸应与摄像机尺寸一致，但大尺寸镜头可装在小尺寸摄像机上使用。

4）为了使摄像机得到广阔的视野，可考虑采用广角镜头。但随着广角镜头视角的扩大，图像的几何失真也会随之增大。

（3）云台。云台是电视监视系统中不可缺少的摄像机支撑配件，它与摄像机配合使用能达到扩大监视范围的目的，提高了摄像机的使用价值。云台的种类很多，按用途分类，可分为通用型云台和特殊型云台，通用型云台又可分为遥控电动云台和手动固定云台两类。还可按使用环境的不同分室内型云台和室外型云台。在电动云台中又可分为左右摆动的水平云台和左右上下均能摆动的全方位云台。在智能楼宇的监视系统中，最常用的是室内外全方位普通云台。

选择室内外全方位普通云台时主要考虑的是最大荷重、旋转角度、旋转速度、使用电源的电源消耗等。

（4）防护罩。智能楼宇监视系统摄像机的防护罩有室内型和室外型两种。室内外型防护罩的作用主要是保护摄像机免受灰尘及人为损害。在室温很高的环境下，室内型防护罩需要配置轴流风扇帮助散热。室外型防护罩也称全天候防护罩，结构、材料和要求较室内型防护罩要复杂和严格得多。首先，外罩一般有双层防水结构，由耐腐蚀铝合金制成，表面还涂防腐材料。其次，要有防雨水积在前窗下的刮水器、防低温的加热器和通风的风扇等。在选用室外防护罩时除了防雨是不可少之外，其余各项根据实际的环境条件选定。

3. 传输部分

监视现场和控制中心之间有两种信号传输：一是由现场把视频信号传输至控制中心；二是控制中心把控制信号传输到现场，以控制现场设备。

（1）视频信号的传输。视频信号的传输方式有多种，表5-1列举了闭路电视视频信号的有线传输方式。在智能楼宇中每路视频传输的距离多为几百米，多采用视频基带的一般同轴电缆传输，同轴电缆应穿金属管，且应远离强电线路。同轴电缆的屏蔽网应该是高编织密度的（例如大于90%），市面上劣质的CATV同轴电缆不宜用在监视系统中。

表5-1　　　　　　　　　　闭路电视系统视频信号的有线传输方式

分类	传送距离（km）	传送媒体	特点
视频基带	0～1.5	一般同轴电缆	比较经济，易受外界电磁干扰
视频基带	0.5～60	平衡对电缆	不易受外界干扰，易实现多级中继补偿放大传输，具有自动增益控制功能
视频信号调制（模拟）	0.5～20	电缆电报用同轴电缆	可实现单线多路传输，用普通电视即可接收，设备复杂
视频信号调制（模拟）	0.5以上	光缆	不受电气干扰，无中继可传10km以上

经验证明，同轴电缆SYV-75-3在100m以内，SYV-75-5在300m以内时，其衰减的影响可以忽略，大于此范围则需要考虑使用电缆补偿器。

（2）控制信号的传输。在智能楼宇的监视系统中，由于系统一般比较大，故不适宜采用直接控制和多线编码间接控制方式传输控制信号，而采用如下两种控制方式传输控制信号。

1）通信编码间接控制。采用串行通信编码控制方式，用单根双绞线就可以传送多路编码控制信号，到现场后再行解码，这种方式可以传送1km以上，从而大大节约了线路费用。这是目前智能楼宇监控系统应用最多的方式。

2）同轴视控。控制信号和视频信号复用一条同轴电缆。其原理是把控制信号调制在与视频信号不同的频率范围内，然后与视频信号复合在一起传送，到现场后再分解开。这种一线多传方式随着技术的进一步发展和设备成本的降低而越来越普及。

4. 显示与记录

在保安控制中心安装有电视监视系统的显示与记录设备，这些设备主要有监视器、录像机、视频切换器、视频分配器和画面分割器等。

（1）监视器。监视器是电视监视系统的显示设备。系统的最终和中间状态都可以显示在监视器的荧屏上，监视器可分为通用型应用级和广播级两类，每类又有彩色和黑白两种。在电视监视系统中主要是通用应用监视器。

（2）录像机。在电视监视系统中的录像机除了具有对一般家用录像机的要求外还有一些特殊要求：①记录时间要长，一般要求可连续录24、36h和72h；②往往需要远距离操作，即要求有遥控功能，因此，适用于楼宇电视监视系统的录像机是属于专业级的。

（3）视频切换器。通常，为了节省监视器和录像机，需要用少于输入信号路数的监视器轮流监视各路视频输入信号，这种"多入少出"且可以手动和自动转换输出的设备即视频切换器。视频切换器通常有两种方式：一种是 m 入 1 出，即 m 路视频输入，1 路视频输出，在输出端接监视器，监视器可选看任一路输入信号；另一种是 m 入 n 出（$m>n$），这种切换器应用了矩阵开关电路，因而其输入和输出路数均为 2 的整倍数。例如 8 入 2 出，32 出 4 出，64 入 8 出等。这种切换器称为视频矩阵，它可以使 n 台监视器监视 m 台摄像机，且在每台监视器上均能任意切换所有摄像机信号，此外，还可以有与监视目标联动的报警等强大功能，是先进的视频切换器。

视频切换器在电视监视系统中也是非常重要的设备。

（4）视频分配器。用视频分配器可把一路视频信号送到多个显示和记录设备。视频分配器实际上是一个多输出的视频放大器。

（5）画面分割器。用画面分割器就可以实现在一个监视器上同时看到几个输入视频信号，也就可以用一台录像机同时录制多路视频信号。

5. 电视监视系统的控制

（1）控制"三可变"镜头。"三可变"是变焦、聚焦和变光圈，这是近年来生产的变焦镜头同时具有的特性。"三可变"中分别有长短（变焦）、远近（聚焦）和开闭（变光圈）三种控制，总共有 6 种控制。

（2）控制云台。全方位云台有左右和上下 4 种控制，再加自动巡视控制，共有 6 种控制。

（3）控制切换设备。控制切换设备切换到哪一路图像，有时是与云台、镜头的控制同步的，也有时是单独控制的。

对视频信号的控制，有按键、继电器和上述的矩阵切换器等多种方式，在设计时可按实际情况选定。如在要求较高情况下，应选择先进的矩阵切换器、硬盘录像机或两者结合加以控制。

（4）联动控制。在某些特殊情况下，如公安、法院等系统的某些部位和摄像机需要在监视范围内出现声响、人物移动时即时录像。此时系统应加入相应的探测器，并用其控制灯光照明和摄像机的启动，实现联动控制。

5.2　消防系统

5.2.1　消防系统概述

1. 智能楼宇对消防系统的要求

智能化建筑的消防系统设计应立足于防患于未然，在尽量选用阻燃型的建筑装修材料的同时，其照明与配电系统、机电设备的控制系统等强电系统必须符合消防要求。再有就是建立起一个对各类火情能准确探测到，快速报警，并迅速将火势扑灭在起始状态的智能消防系统。

2. 智能楼宇消防系统的构成

根据国家有关建筑物防火规范的要求，一个较完整的消防系统如图 5-6 所示，具体由以下一些部分组成。

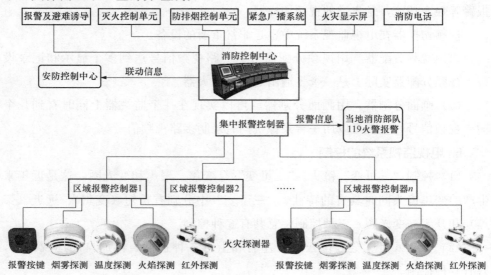

图 5-6　火灾自动报警系统的构成

92

（1）火灾探测与报警系统。主要由火灾探测器和火灾自动报警控制装置等组成。

（2）通报疏散与监视系统。由紧急广播系统（平时为背景音乐系统）、事故照明系统以及避难诱导灯等组成。

（3）灭火控制系统。由自动喷洒装置、气体灭火控制装置、液体灭火控制装置等构成。

（4）防排烟控制系统。主要实现对防火门、防火阀、排烟口、防火卷帘、排烟风机、防烟垂壁等设备的控制。

需要特别指出的是，消防系统的供电属于一级用电负荷，消防供电应确保是高可靠性的不间断供电。为做到万无一失还应有一组备用电源作为消防供电的保障。

3. 智能楼宇消防系统的基本工作原理

智能楼宇消防系统的基本工作原理是：当某区域出现火灾时，该区域的火灾探测器探测到火灾信号，输入区域报警控制器，再由集中报警控制器送到中心监控系统，该中心判断了火灾的位置后即发出指令，指挥自动喷洒装置、气体或/和液体灭火器进行灭火，与此同时，紧急广播发出疏散广播，照明和避难诱导灯亮，此外，还可启动防火门、防火阀、排烟门、卷闸、排烟风机等进行隔离和排烟等。

5.2.2 火灾探测器

1. 火灾探测器的分类

火灾发生时，会产生出烟雾、高温、火光及可燃性气体等理化现象，火灾探测器按其探测火灾不同的理化现象而分为四大类：感烟探测器、感温探测器、感光探测器、可燃性气体探测器。按探测器结构可分为点型和线型。详细分类表如表 5 - 2 所示。

表 5 - 2　　　　　　　　　　火灾探测器分类表

感烟探测器	离子感烟型		
	光电感烟型	线型	红外光束型
			激光型
		点型	散射型
			逆光型

续表

			管型
感温探测器	线型	差温 定温	电缆型
			半导体型
	点型	差温 定温 差定温	双金属型
			膜盒型
			易熔金属型
			半导体型
感光探测器型			紫外光型
			红外光型
可燃性气体探测器型			催化型
			半导体型

2. 离子感烟式探测器

离子感烟式探测器适用于点型火灾探测。根据探测器内电离室的结构形式，又可分为双源和单源感烟式探测器。

感烟电离室是离子感烟探测器的核心传感器件，其工作原理示意图如图 5-7 所示。电离室两极间的空气分子受放射源 Am^{241} 不断放出的 α 射线照射，高速运动的 α 粒子撞击空气分子，从而使两极间空气分子电离为正离子和负离子，这样就使电极之间原来不导电的空气具有了导电性。此时在电场的作用下，正、负离子的有规则运动，使电离室呈现典型的伏安特性，形成离子电流。

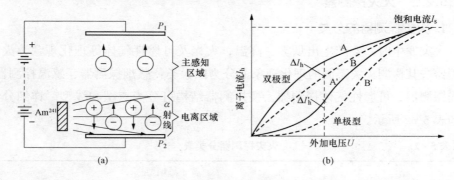

(a)　　　　　　　　　　　　(b)

图 5-7　离子感烟探测原理

(a) 电离室结构原理图；(b) 电离室伏安特性

A—双极型无烟；B—双极型有烟；A′—单极型无烟；B′—单极型有烟

离子感烟探测器感烟的原理是，当烟雾粒子进入电离室后，被电离部分的正离子和负离子被吸附到烟雾粒子上，使正、负离子相互中和的概率增加；同时离子附着在体积比自身体积大许多倍的烟雾粒子上，会使离子运动速度急剧减慢，最后导致的结果就是离子电流减小。显然，烟雾浓度大小可以以离子电流的变化量大小进行表示，从而实现对火灾过程中烟雾浓度这个参数的探测。

离子感烟探测器按对烟雾浓度检测信号的处理方式的不同，可分为阈值报警式感烟探测器、编码型类比感烟探测器以及分布智能式感烟探测器。

3. 光电感烟式探测器

光电感烟式探测器的基本原理是，利用烟雾粒子对光线产生遮挡和散射作用来检测烟雾存在。下面分别介绍遮光型感烟探测器和散射型感烟探测器。

（1）遮光型感烟探测器。遮光型感烟探测器具体又可分为点型和线型两种类型。

1）点型遮光感烟探测器。这种探测器原理如图5-8所示。其中的烟室为特殊结构的暗室，外部光线进不去，但烟雾粒子可以进入烟室。烟室内有一个发光元件及一个受光元件。发光元件发出的光直射在受光元件上，产生一个固定的光敏电流。当烟雾粒子进入烟室后，光被烟雾粒子遮挡，到达受光元件的光通量减弱，相应的光敏电流减小，当光敏电流减小到某个设定值时，该感烟探测器发出报警信号。

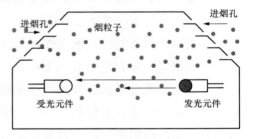

图5-8 光电感烟式探测器原理－遮光型探测器

2）线型遮光感烟探测器。点型探测器中发光及受光元件同在一暗室内，整个探测器为一体化结构。而线型遮光探测器中的发光元件和受光元件是分为两个部分安装的，两者相距一段距离。光束通过路径上无烟时，受光元件产生一固定光敏电流，无报警输出。而当光束通过路径上有烟时，则光束被烟雾粒子遮挡而减弱，相应的受光元件产生的光敏电流下降，当下降到一定程度时探测器发出报警信号。

（2）散射型感烟探测器。散射型感烟探测原理如图5-9所示。其中的烟室也为一特殊结构的暗室，进烟不

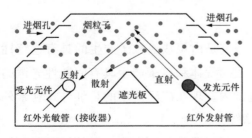

图5-9 光电感烟式探测器原理－散射型探测原理

进光。烟室内有一个发光元件，同时有一受光元件，但散射型感烟探测器不同的是，发射光束不是直射在受光元件上，而是与受光元件错开。这样，无烟时受光元件上不受光，没有光敏电流产生。当有烟进入烟室时，光束受到烟雾粒子的反射及散射而到达受光元件，产生光敏电流，当该电流增大到一定程度时感烟探测器发出报警信号。

4. 感温式探测器

感温式探测器根据其对温度变化的响应可分为以下三大类。

（1）定温式探测器。定温式探测器是在规定时间内，火灾引起的温度达到或超过预定值时发出报警响应，有线型和点型两种结构。其中线型是当火灾现场环境温度上升到一定数值时，可熔绝缘物熔化使两导线短路，从而产生报警信号。点型则是利用双金属片、易熔金属、热电偶、热敏电阻等热敏元件，当温度上升到一定数值时发出报警信号。

（2）差温式探测器。差温式探测器是在规定时间内，环境温度上升速率超过预定值时报警响应。它也有线型和点型两种结构。线型是根据广泛的热效应而动作的，主要感温器件有按探测面积蛇形连续布置的空气管、分布式连接的热电偶、热敏电阻等。点型则是根据局部的热效应而动作的，主要感温器件是空气膜盒、热敏电阻等。空气膜盒是温度敏感元件，其感热外罩与底座形成密闭气室，有一小孔与大气连通。当环境温度缓慢变化时，气室内外的空气可由小孔进出，使内外压力保持平衡。如温度迅速升高，气室内空气受热膨胀来不及外泄，致使室内气压增高，波纹片鼓起与中心线柱相碰，电路接通报警。

（3）差定温式探测器。顾名思义，这种探测器结合了定温和差温两种工作原理，并将两者组合在一起。差定温式探测器一般多为膜盒式或热敏电阻等点型的组合式感温探测器。

5. 感光式探测器

燃烧时的辐射光谱可分为两大类：一类是由炽热炭粒子产生的具有连续性光谱的热辐射；另一类为由化学反应生成的气体和离子产生具有间断性光谱的光辐射，其波长多在红外及紫外光谱范围内。现在广泛使用的是红外式和紫外式两种感光式火灾探测器，下面分别介绍。

（1）红外式感光探测器。红外式感光探测器是利用火焰的红外辐射和闪烁现象来探测火灾。红外光的波长较长，烟雾粒子对其吸收和衰减远比紫外光及可见光弱。所以，即使火灾现场有大量烟雾，并且距红外探测器较远，红外感光探测器依然能接收到红外光。要指出的是，为区别背景红外辐射和其他光源中含有的红外光，红外感光探测器还要能够识别火光所特有的明暗闪烁现象，火光闪烁频率为 $3\sim30\text{Hz}$。

（2）紫外式感光探测器。对易燃、易爆物（汽油、酒精、煤油、易燃化工原料等）引发的燃烧，在燃烧过程中它们的氢氧根在氧化反应（即燃烧）中有强烈的紫外光辐射。在这种场合下，应用紫外式感光探测器。

6. 可燃气体探测器

对可燃性气体可能泄漏的危险场所（如厨房、燃气储藏室、油库、易挥发并易燃的化学品储藏室等）应安装可燃气体探测器，这样可以更好地杜绝一些重大火灾的发生。可燃气体探测器主要分为半导体型和催化型两种。

（1）半导体型可燃气体探测器。这种由半导体做成的气敏元件，对氢气、一氧化碳、天然气、液化气、煤气等可燃性气体有很高的灵敏度。该种气敏元件在 $250\sim300℃$ 下，遇到可燃性气体时，电阻减小，电阻减小的程度与可燃性气体浓度成正比。

（2）催化型可燃气体探测器。采用铂丝作为催化元件，当铂丝加热后，其电阻会随所处环境中可燃气浓度的变化而变化。具体检测电路多设计成电桥形式，检测用铂丝裸露在空气中，补偿用铂丝则是密封的，两者对称地接在电桥的两个臂上。环境中无可燃性气体时，电桥平衡无输出。当环境中有可燃性气体时，检测用铂丝由于催化作用导致可燃性气体无焰燃烧，铂丝温度进一步增大，使其电阻也随之增大，电桥失去平衡有报警信号输出。

7. 火灾探测器的选用

火灾探测器的选用应按照 GB 50116—2013《火灾自动报警系统设计规范》和 GB 50166—2019《火灾自动报警系统施工验收规范》的有关要求来进行。

火灾探测器的选用涉及的因素很多，主要有火灾的类型、火灾形成的规律、建筑物的特点以及环境条件等，下面进行具体分析。

（1）火灾类型及形成规律与探测器的关系。火灾分为两大类：一类是燃烧过程极短暂的爆燃性火灾；另一类是具有初始阴燃阶段，燃烧过程较长的一般性火灾。

对于第一类火灾，必须采用可燃气探测器实现灾前报警，或采用感光式探测器对爆燃性火灾瞬间产生的强烈光辐射做出快速报警反应。这类火灾没有阴燃阶段，燃烧过程中烟雾少，用感烟式探测器显然不行。燃烧过程中虽然有强热辐射，但总的来说感温式探测器的响应速度偏慢，不能及时对爆燃性火灾做出报警反应。

一般性火灾初始的阴燃阶段，产生大量的烟和少量的热、很弱的火光辐射，此时应选用感烟式探测器。单纯作为报警目的的探测器，选用非延时工作方式；报警后联动消防设备的探测器，则选用延时工作方式。烟雾粒子较大时宜采用光电感烟式探测器；烟雾粒子较小时由于对光的遮挡和散射能力较弱，光电式探测器灵敏度降低，此时宜采用离子式探测器。

火灾形成规模时，在产生大量烟雾的同时，光和热的辐射也迅速增加，这时应同时选用感烟、感光及感温式探测器，把它们组合使用。

（2）根据建筑物的特点及场合的不同选用探测器。建筑物室内高度的不同，对火灾探测器的选用有不同的要求。房间高度超过12m感烟探测器不适用，房间高度超过8m则感温探测器不适用，这种情况下只能采用感光探测器。

对于较大的库房及货场，宜采用线型激光感烟探测器，而采用其他点型探测器则效率不高。在粉尘较多、烟雾较大的场所，感烟式探测器易出现误报警，感光式探测器的镜头易受污染而导致探测器漏报。因此，在这种场合只有采用感温式探测器。

在较低温度的场所，宜采用差温或差定温探测器，不宜采用定温探测器。在温度变化较大的场所，应采用定温探测器，不宜采用差温探测器。

风速较大或气流速度大于5m/s的场所不宜采用感烟探测器，使用感光探测器则无任何影响。

最后要强调的是，在火灾探测报警与灭火装置联动时，火灾探测器的误报警将导致灭火设备自动启动，从而带来不良影响，甚至是严重的后果。这时对火灾探测器的准确性及可靠性就有了更高的要求，一般都采用同类型或不同类型的两个探测器组合使用来实现双信号报警，很多时候还要加上一个延时报警判断之后，才能产生联动控制信号。需要说明的是，同类型探测器组合使用时，应该一个具有高一些的灵敏度，另一个灵敏度则低一些。

5.2.3 火灾报警控制器

火灾报警控制器按用途来分有三种类型：区域火灾报警控制器、集中报警控制器和通用报警控制器。区域报警控制器是直接接收火灾探测器（或中继器）发来报警信号的多路火灾报警控制器。集中报警控制器是接收区域报警控制器发来的报警信号的多路火灾报警控制器。通用报警控制器是既可作区域报警控制器又可作集中报警控制器的多路火灾报警控制器。

1. 区域火灾报警控制器

总线制区域火灾报警控制器原理框图如图 5 - 10 所示。其核心控制器件为 CPU，接通电源后，CPU 立即进入初始化程序，对 CPU 本身及外围电路进行初始化操作。然后转入主程序的执行，对探测器总线上的各探测点进行循环扫描、采集信息，并对采集到的信息进行分析处理。当发现火灾或故障信息，即转入相应的处理程序，发出声光或显示报警，打印起火位置及起火时间等重要数据，同时将这些重要数据存入内存备查，并且还要向集中报警控制器传输火警信息。在处理火警信息时，必须经过多次数据采集确认无误之后，方可发出报警信号。

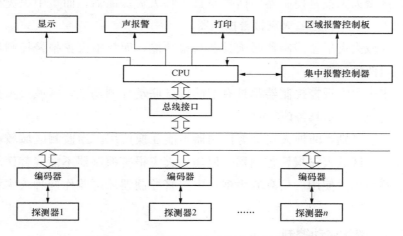

图 5 - 10 总线制区域火灾报警控制器原理图

2. 集中火灾报警控制器

集中火灾报警控制器的组成与工作原理和上述区域火灾报警控制器基本相同，除了具有声光报警、自检及巡检、计时和电源等主要功能外，还具有扩展了的外控功能，如录音、火警广播、火警电话、火灾事故照明等。

集中火灾报警控制器的作用是将若干个区域火灾报警控制器连成一体，组成一个更大规模的火灾自动报警系统。集中火灾报警控制器的原理框图如图 5 - 11 所示。

集中火灾报警控制器与区域火灾报警控制器的不同之处有以下几方面。

（1）区域火灾报警控制器范围小，可单独使用。而集中火灾报警控制器是监控整个系统的，不能单独使用。

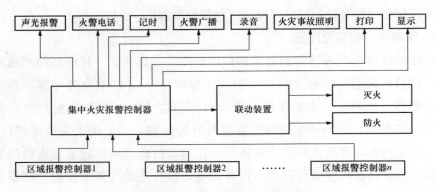

图 5-11　集中火灾报警控制器原理框图

（2）区域火灾报警控制器的信号来自各种火灾探测器，而集中火灾报警控制器的输入一般来自区域火灾报警控制器。

（3）区域火灾报警控制器必须具备自检功能，而集中火灾报警控制器应有自检及巡检两种功能。

（4）集中火灾报警控制器都具有消防设备联动控制功能，区域火灾报警控制器则不是所有的都具备该功能。

鉴于以上区别，两种火灾报警控制器不能互换使用。当监测区域较小时可单独使用一台区域火灾报警控制器。但集中火灾报警控制器不能代替区域火灾报警控制器而单独使用。只有通用型火灾报警控制器才可兼作两种火灾报警控制器使用。

5.2.4　消防联动控制

国家现行标准 GB 50116—2013《火灾自动报警系统设计规范》中明确规定，高层建筑的火灾报警控制系统应具备对室内消火栓系统、自动喷水灭火系统、防排烟系统、气体灭火系统、防火卷帘门和电铃等的联动控制功能。

（1）消防栓水泵联动控制。室内消防栓系统水泵启动方式的选择与建筑的规模和给水系统有关，以确保安全、电路设计简单合理为原则。

接收到火灾报警信号后，集中报警控制器联动控制消防泵启动，也可手动控制其启动。同时，水位信号反馈回控制器，作为下一步控制操作的依据之一。

（2）喷洒泵联动控制。出现火警后，火灾现场的喷淋头由于温度升高至60℃以上，使喷淋头内充满热敏液体的玻璃球受热膨胀而破碎，密封垫随之脱落，喷出具有一定压力的水花进行灭火。喷水后有水流流动且水压下降，这些变化分别可经过水流报警器和水压开关转换成电信号，送到集中报警控制器或直接送到喷洒泵控制箱，启动喷洒泵工作，保持喷洒灭火系统具有足够高的水压。

（3）排烟联动控制。防排烟系统电气控制的设计，是在选定自然排烟、机械排烟、自然与机械排烟并用或机械加压送风方式以后进行，排烟控制有直接控制方式和模块控制方式。直接控制方式：集中报警控制器收到火警信号后，直接产生控制信号控制排烟阀门开启，排烟风机启动，空调、送风机、防火门等关闭。同时接收各设备的反馈信号，监测各设备是否工作正常。模块控制方式：集中报警控制器收到火警信号后，发出控制排烟阀、排烟风机、空调、送风机、防火门等设备动作的一系列指令。在此，输出的控制指令是经总线传输到各控制模块，然后再由各控制模块驱动对应的设备动作。同时，各设备的状态反馈信号也是通过总线传送到集中报警控制器的。

（4）防火卷帘及防火门的联动控制。防火卷帘通常设置于建筑物中防火分区通道口外，可形成门帘式防火隔离。火灾发生时，防火卷帘根据火灾报警控制器发出的指令或手动控制，使其先下降一部分，经一定延时后，卷帘降至地面，从而达到人员紧急疏散，火灾区隔火、隔烟，控制烟雾及燃烧过程可能产生的有毒气体扩散并控制火势的蔓延。

电动防火门的作用与防火卷帘相同，联动控制的原理也类同。防火门的工作方式有平时不通电、火灾时通电关闭方式，以及平时通电、火灾时断电关闭两种方式。气体灭火系统用于建筑物内需要防水又比较重要的对象。如配电间、通信机房等。通常，气体管网灭火系统通过火灾报警探测器对灭火控制装置进行联动控制，实现自动灭火。

5.2.5 智能消防系统

1. 消防系统的智能化

智能消防系统的智能化程度涉及诸多方面的因素，包括火灾探测器的选用和电信号处理电路的设计、探测器与控制器之间信息通信方式的选择与实现，以及火灾探测与报警和消防设备联动控制等方面，而提高消防系统智能化最关键的问题是火灾信息判断处理。

对火灾探测器输出信号的识别处理方式主要有阈值比较方式、报警阈值自动浮动方式和分布智能方式。智能化程度较高的火灾模式识别方法开始在少数大中型消防系统中被应用。

（1）阈值比较方式。阈值比较方式是目前火灾探测器中普遍采用的方式，也是最早使用的火灾信息处理方式。当前广泛使用的可寻址开关量火灾报警系统、响应阈值自动浮动式火灾报警系统等都使用阈值比较方式。

感烟方式采用的是散射型光电感烟方式，具体采用双脉冲两次同步比较工作方式。无烟时，受光元件投有接收红外光；有烟时，光敏电流输出正比于烟浓度，如果在两个光脉冲周期时间内，经放大后的光敏输出信号都高于设定阈值，就产生报警输出。在此阈值可设置小一些，使灵敏度高一些，以作为早期火灾探测。感温探测器采用的是热敏电阻式定温探测，65℃动作，用于确认火灾后发出联动控制信号。

（2）报警阈值自动浮动方式。该方式的特点是灵敏度可通过火灾报警控制器中软件多级设置，并且可以容易实现对影响火灾探测器精度的环境温度、湿度、风速、污染等因素的自动补偿或人工补偿。因此，其智能化程度较上一种方式更高。该方式处理的火灾信息多为模拟量信号，例如离子感烟探测器输出的烟浓度模拟量。

（3）分布智能方式。该方式的目的是让火灾传感器具备一定的智能和判断功能，以构造简洁为标准，减少从终端传感器或探测器向控制器的信息传输量和降低传输速度。采用分布智能方式的智能消防系统中，每个火灾传感器或探测器配置一片简单的微处理器，取代探测器硬件电路进行数据处理并进行简单的分析判断，提高探测器有效数据输出。采用分布智能方式的智能消防系统高层建筑中，能够迅速发现初期火灾，杜绝误报警。在组合使用多种类型火灾探测器的时候分布智能方式的上述优点更为突出。

现已面市的智能式离子感烟探测器，由于内置CPU，故具有传统火灾探测器无法相比的多种功能。

1）灵敏度自动调整功能。该功能即为报警阈值自动浮动方式在单个探测器上的实现。探测器本身可以对探测信号进行连续的智能模拟量处理，当灵敏度阈值超出允许范围时，自动进行干扰参数计算，调整报警灵敏点，做到自适应所处的环境。

2）自动诊断功能。采用综合诊断方式进行预防性维护，通过自动修正检测值，确保对探测器电气性能进行诊断，确定探测器的老化程度。

3）探头污染自动报警功能。通过自动修正灵敏度，补偿环境条件变化，消除干扰和灰尘积累所带来的影响，可在相当长时间内做到免维护运行。一旦自动修正已无法满足灵敏度要求时，发出过脏报警信号，提醒人们进行清洁处理。

（4）火灾模式识别方式。火灾模式识别的主要思想是，在火灾报警控制器的计算机内存中存入各种火灾和非火灾性燃烧的特征值。由探测器探测到的各类表征火灾的特征参数（烟浓度、温度等），送入火灾报警控制器或在智能探测器中进行初级智能处理。把火灾探测器的测量值与计算机内存储的火灾特征值进行多级比较分析，对火灾的真实性做出正确判断。

2. **智能消防系统与设备自动化系统的联网**

智能消防系统可以自成体系进行运作，实现火灾信息的探测、处理、判断并进行消防设备的联动控制。同时，智能消防系统可以与 BAS 和 OAS 进行联网，通过网络实现远端报警和信息传送，向当地消防指挥中心及有关方面通报火灾情况，并可通过城市信息网络与城市管理中心、城市电力供配调度中心、城市供水管理中心等共享数据和信息。在火灾报警之后，综合协调城市供水、供电和道路交通等方面的运作状况，为有效灭火提供充足的供水和供电，为消防人员及消防车的及时到场提供交通畅通的保障，确保及时有效地扑灭火灾，最大限度地减小火灾的损失。

智能消防系统与 BAS 和 OAS 的联网，并通过它们与公共信息网联网的实现，综合了计算机网络、智能通信技术、多媒体技术、卫星通信技术及有线电视技术等多种高新技术，使得智能消防系统的功能更为丰富也更为强大。首先，它能为消防设备的监测、维护和最佳运行提供丰富的计算机界面、楼宇火灾模拟软件及相应的消防专家系统，为楼宇消防管理人员的培训、设备监测管理和各种假想条件下初期火灾扑救方案的设计服务。其次，专业消防监督管理人员可以通过计算机网络系统查阅重点建筑和重点防火单位的防火资料和设备运行状态记录，交流分析各个建筑和各个单位的火灾特点和灭火预设方案，改变以往仅靠现场走访和检查的防火管理方式，构成高效的防火监督管理系统。

消防指挥系统、防火管理系统和城市信息系统联网，为消防指挥提供更多的手段和条件。通过计算机网络分级管理、有线通信结合无线通信、卫星全球定位系统（GPS）的应用，使得消防车辆、消防人员有效合理调配，及火灾信息的更新可以及时进行，确保火灾被迅速扑灭并最大限度地减少人员的伤亡和财产的损失。

📝 习题

1. 如何理解智能楼宇的安防系统是一个有功能分层的体系？

2. 简述门禁系统的组成。

3. 试通过一个典型的案例理解视频监控系统的功能以及它是如何实现这些功能的。

4. 简述防盗报警系统的组成。

5. 简述消防系统的构成。

6. 简述火灾探测器的分类。

第6章
基于BACnet的系统集成技术

　　早期的智能建筑楼宇自控领域，人们并未意识到互操作和系统集成的重要性，各设备生产厂商独立开发 DDC 设备和系统，并形成了彼此独立的专用 DDC 系统，结果导致不同厂商的 DDC 系统很难进行系统集成，这不仅严重阻碍了楼宇自控系统的运行效率和维护管理，而且每个 DDC 系统的运行、维护和升级都必须依赖原 DDC 系统厂商，从而使用户和业主严重受制于原 DDC 系统厂商，极大地损害了用户和业主的利益，不利于公平竞争，阻碍了楼宇自控的发展。解决问题的方法之一就是制定一个被业界所公认的楼宇自控网络通信协议标准，大家都使用相同的通信协议标准，方便将不同厂家的设备集成到一个系统中，BACnet 标准就是在这个背景下产生的。

6.1　BACnet 简介

　　BACnet（Building Automation and Control Network）是一种为楼宇自动控制网络所制定的数据通信协议，它由美国冷暖空调工程师协会组织的标准项目委员会 135P（Standard Project Committee：SPC 135P）于 1995 年 6 月制定。BACnet 标准产生的背景是用户对楼宇自动控制设备互操作性（Interoperability）的广泛要求，即将不同厂家的设备组成一个一致的自控系统。BACnet 实现楼宇自控设备的互操作性的思想是这样的，一般楼宇自控设备从功能上讲分为两部分，一部分专门处理设备的控制功能，另一部分专门处理设备的数据通信功能，不同厂商生产的设备使用各自专门的数据通信的方式，所以不同厂商的设备之间没有很好的互操作性。BACnet 就是要建立一种统一的数据通信的标准，用于设备的通信部分，从而使得按这种标准生产的设备，都可以进行通信，实现互操作性。BACnet 标准只是规定了楼宇自控设备之间要进行"对话"所必须遵守的规则，并不涉及如何实现这些规则，各厂商可以用不断进步的技术来开发，从而使得整个领域的技术不断进步。

　　BACnet 标准作为楼宇自控网数据通信协议，其作用是将各厂商的楼宇自控设备集成为一个高效的、统一的和具有竞争力的自控网络系统。BACnet 标准与其他标准最大的不同点是其表示形式。它将各种楼宇设备的功能、内部配置和组成保持一致，相当于把不同楼宇设备按固定模型来处理，虽然不灵活，但是使得固定模型生产的设备具有互操作性。

6.1.1 BACnet 协议模型

SPC 征集了各方面的意见，同时参考了国际上各种已成文的或是事实上的数据通信标准，讨论得出了一个具有以下特性的网络协议模型。

（1）所有的网络设备，除了主从/令牌传递式从属机（Master - Slave/Token - Passing Slaves，MS/TP slaves）以外，都是对等的（Peer）。当然某些同等设备可能比其他具有更多的特权（Privilege）和职责（Responsibility）。

（2）每一个网络设备都称为一个对象（Object）的实体（Entity），这是一个具有网络访问特征的集合模型。每个对象又用一些属性（Property）来描述，这些属性表示了设备的硬件、软件以及操作的各个方面。在不需要了解设备内部设计或配置细节的情况下，对象提供了识别和访问设备信息的方法。尽管该标准规定了广泛的应用对象的类型以及它们的属性，但是一旦需要，利用开发工具仍可以自由地增加新的对象类型。

（3）通信功能是通过读写某些对象的属性，以及利用其他协议提供的服务（Service）来完成的。尽管该标准规定了一套详尽的服务，但是一旦需要，该标准的机制也同样允许利用开发工具增加新的服务。

（4）设备的完善性（Sophistication），即实现特定服务请求或理解特定对象类型种类的能力，是由设备的一致性类别（Conformance Class）所反映的。每一种类别定义了一个包括服务、对象、属性的最小集合，声明为某一类别的设备必须支持其相应的集合。

（5）由于该标准遵循了 ISO 的分层通信体系结构的概念，因此使用不同的网络访问方法和物理介质可以交换相同的报文。这样可以根据传输速度和吞吐量的要求，采用相宜的开销来配置 BACnet 网络。

（6）该标准是为暖气、通风、空调、制冷控制设备所设计的，同时它也为其他楼宇控制系统的集成提供了基本原则，例如照明、保安、消防系统等。虽然这些扩展超出了该标准的范围，但实现起来却简单明了。并且，标准中定义的许多对象和服务也可以不加修改地被应用。当然，一旦需要这些其他类型的楼宇控制功能，也可以简单方便地定义新的对象和服务。

（7）该标准的目的是为暖气、通风、空调、制冷控制设备和其他楼宇自控设备的监控定义数据通信的服务和协议。除此之外，标准还定义了抽象的、面向对象的表示法，用来描述这些设备间的信息通信，以便于在楼宇中使用数字控制技术。

所有的通信协议都是一个解决各种信息交换问题的方案的集合，并且随着时间的推移和技术的进步而不断改变，BACnet 网络同样也不例外。

6.1.2 BACnet 协议的体系结构

国际标准化组织在制定计算机网络通信协议标准时定义了一个模型，称为开放式系统互联参考模型（OSI 模型），模型的目的是解决计算机与计算机之间普遍的通信问题，并将这个复杂的问题分解成 7 个小的、易解决的子问题，每个子问题只与某些通信功能相关联，如图 6-1 所示。这样每个子问题便形成了协议体系结构中的一层。任何两个遵循该模型及有关标准的设备或系统，都可以实现互联和互操作。

图 6-1　开放式系统互联基本参考模型

SPC 制定 BACnet 标准时，确定 BACnet 作为一种开放性计算机局域网协议，它仍然采用 OSI 模型的分层通信体系结构的概念。在确定分层的层数时，考虑了下列两个因素：第一，OSI 模型的实现需要很高的费用，实际上在绝大部分楼宇自控系统应用中也并不需要这么多的层次。但是从 OSI 的功能性方面考虑，经过简化后，OSI 模型仍然是设计楼宇自控协议的一个很好参考，如果只包含 OSI 模型中被选择的层次，其他各层则去掉，这样减少了报文长度，降低了通信处理开销，同时也会节约楼宇自控工业的生产成本。第二，如果能够充分利用现有的、易用的、广泛使用的局域网技术，如 Ethernet、ARCNET 和 LonTalk，不但可以降低成本，同时也有利于性能的提高。

由此，SPC 确定 BACnet 标准协议体系结构为一个包含 4 个层次的分层体系结构，这 4 个层次相对于 OSI 模型中的物理层、数据链路层、网络层和应用层，BACnet 标准定义了自己的应用层和网络层，对于其数据链路层和物理层，最初提供了以下 5 种选择方案。

第 1 种选择是 ISO 8802 - 2 类型 1 定义的 LLC 协议，加上 ISO 8802 - 3MAC 协议和物理层协议。ISO 8802 - 2 类型 1 提供了无连接不确认的服务，ISO 8802 - 3 则是著名的以太网协议的国际标准。

第 2 种选择是 ISO 8802 - 2 类型 1 定义的 LLC 协议，加上 ARCNET（ATA/ANSI 878.1）。

第 3 种选择是主从/令牌传递（MS/TP）协议加上 EIA - 485 协议。MS/TP 协议是专门针对楼宇自控设备设计的，它通过控制 EIA - 485 的物理层，向网络层提供接口。

第 4 种选择是点对点（PTP）协议加上 EIA - 232 协议，为拨号串行异步通信提供了通信机制。

第 5 种选择是 LonTalk 协议。

这些选择都支持主/从 MAC、确定性令牌传递 MAC、高速争用 MAC 以及拨号访问。拓扑结构上，支持星型和总线型拓扑；物理介质上，支持双绞线、同轴电缆、光缆。

其体系结构层次图如图 6 - 2 所示。

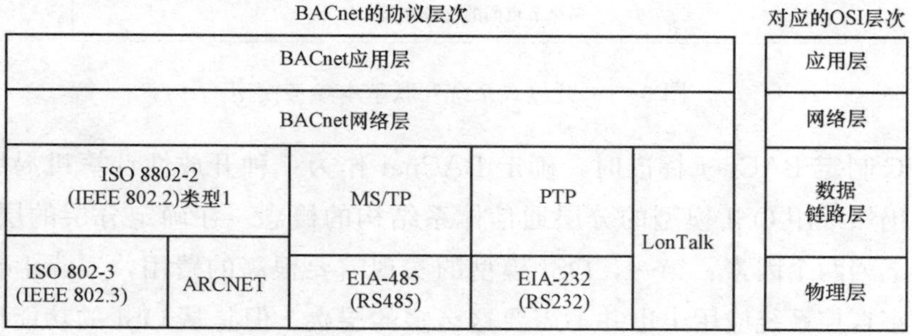

图 6 - 2　BACnet 简化的体系结构层次图

BACnet 的特征主要有以下两点。

（1）BACnet 网络是一种局域网。即使在某些应用中，楼宇中设备间远距离的通信必不可少时，这一点仍然是不变的。这种远距离的通信功能，由电信网来实现。通信过程中要解决的路由、中继、可靠传输等问题，都由电信网来处理。在此电信网可看成 BACnet 网络外部的部分。

（2）BACnet 设备是静态的，即在空间上，它们不会经常被移来移去。在要完成的功能上，从某种意义上说也是不变的，即不会今天生产的设备的功能是这样，明天就完全不同了。

在充分了解 BACnet 网络的特征后，就可讨论 OSI 模型的各层在 BACnet 网络中的适用性了。OSI 模型的物理层提供了设备间的物理连接，以及传输载波信号的方式。显然在 BACnet 协议中，物理层是必不可少的。

OSI 模型的数据链路层，负责将数据组织成帧（Frame）或分组（Packet）、管理通信介质的访问、寻址（Address），以及完成一些错误校正（Error Recovery）和流量控制。这些都是 BACnet 协议所需要的，因此数据链路层也是必不可少的。

OSI 网络层的功能，包括将全局地址解析为局部地址，在一个或多个网络中进行报文的路由，协调不同类型网络的差异（如不同网络所允许的最大报文长度）、序列控制、流量控制、差错控制，以及多路复用。由于 BACnet 网络的拓扑特点，在各个设备之间只存在一条逻辑通路，这样便不需要最优路由的算法。BACnet 网络是由中继器或网桥互联起来的一个或多个网段所组成的网络，它具有单一的局部地址空间。在这样一种单一网络中，许多 OSI 网络层的功能也变得多余，或者与数据链路层相重复。当然在某些 BACnet 网络系统中，网络层也可能是必不可少的。例如，在一个 BACnet 的网际网（Internetwork）中，当两个或多个网络使用了不同的 MAC 层时，便需要区别局部地址和全局地址，这样才能将报文路由到正确的网络上去。在 BACnet 协议中，通过定义了一个包含必要的寻径和控制信息的网络层头部，来完成这种简化了的网络层功能。

传输层主要是负责提供可靠的端到端的报文传输、报文分段、序列控制、流量控制，以及差错校正。传输层的许多功能与数据链路层相似，只是在作用范围上有所不同。传输层提供的是端到端的服务，而数据链路层则提供的是单一网络上点到点的服务。由于 BACnet 支持多种网络的配置，因此协议必须提供传输层端到端的服务。在 BACnet 网络中要提供三个方面的传输层的功能，第一是可靠的端到端传输和差错校正功能，第二是报文分段和端到端的流量控制，第三是实现报文的正确重组，序列控制。由于 BACnet 是建立在无连接的通信模型基础上的，因此所需的服务大大减少，并且可以被高层来实现，所以，传输层的这些功能可以通过 BACnet 应用层来实现，这样，在 BACnet 协议体系中不单独设置传输层，相应的功能放在应用层中完成，从而节省了通信开销。

会话层的功能是在通信双方之间建立和管理长时间对话。包括建立同步标志点，用来在出错时回复到前一个标志点，以避免对话重新开始。但在一个BACnet 网络中，绝大部分的通信是很简短的，比如读写一个或一些值，通知某个设备某个警报或事件，或者更改某个设定值。当然长时间的信息交换也会偶然发生，比如上载或下载某个设备。由于绝大部分事务处理都是简短的，会话层的服务极少用到，再考虑到带来的开销，因此 BACnet 标准中不包括这层。

表示层为通信双方提供了屏蔽下层传送语法的服务。这种传送语法是用来将应用层中抽象的用户数据表示，变成适合下层传输的字节序列。但当只存在一种传送语法时，表示层的功能便减少到对应用程序的数据进行编码。由于BACnet 在应用层中定义了一个固定的编码方案，因此一个独立的表示层也变得不再被需要。

协议的应用层为应用程序提供了完成各自功能所需的通信服务。在此基础上，应用程序可以监控 HVAC 和其他楼宇自控系统。显然应用层是本协议所必需的。

从以上讨论中，可以得到以下几点。

（1）实现一个完全的 OSI 七层体系结构需要大量的资源和开销，因此它对于目前的楼宇自控系统是不适用的。

（2）根据 OSI 模型，采用现有的计算机网络技术将会带来以下好处：节约成本，便于与其他计算机网络系统集成。

（3）根据楼宇自控系统的环境及要求，可以通过去除 OSI 某些层的功能来简化 OSI 模型。

由物理层、数据链路层、网络层和应用层组成的一个简化体系结构，是当今楼宇自控系统的最佳解决方案。

6.1.3 BACnet 网络的拓扑结构

为了应用的灵活性，BACnet 并没有严格规定网络的拓扑结构。BACnet 设备可以通过专线或拨号异步串行线，与四种局域网之一进行物理相连。而这些网络可以通过 BACnet 路由器或一对半路由器进一步互联。

在 BACnet 网络中，定义了如下这样一些拓扑结构。

物理网段（Physical Segment）：直接连接一些 BACnet 设备的一段物理介质。

网段（Segment）：多个物理网段通过中继器在物理层连接，所形成的网络段。

网络（Network）：多个 BACnet 网段通过网桥互连而成，每个 BACnet 网络都形成一个单一的 MAC 地址域。这些在物理层和数据链路层上连接各个网段的设备，可以利用 MAC 地址实现报文的过滤。

网际网（Internetwork）：将使用不同 LAN 技术的多个网络，用 BACnet 路由器互联起来，便形成了一个 BACnet 网际网。在一个 BACnet 网际网中，任意两个节点之间恰好存在着一条报文通路。这些概念如图 6 - 3 所示。

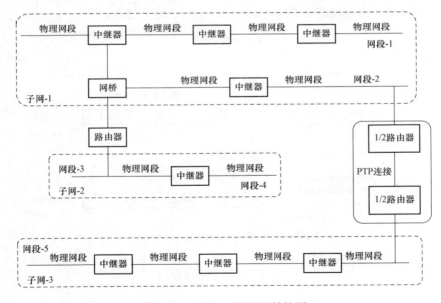

图 6 - 3 BACnet 网际网结构图

6.1.4 BACnet 的协议栈和数据流

在 BACnet 中，两个对等应用进程间的信息交换，依然按照 OSI 技术报告中关于 ISO 的服务惯例（ISO TR 8509），被表示成抽象的服务原语的交换。BACnet 定义了四种服务原语——请求、指示、响应和证实原语，用来传递某些特定的服务参数。而包含这些原语的信息，又是由 BACnet 标准中定义的各种协议数据单元（Protocol Data Unit，PDU）来传递的。

当应用程序需要同远地的应用进程通信时，它通过调用 API 访问本地的 BACnet 用户单元（应用层中为用户应用程序提供服务的访问点）。API 的某些参数如接收服务请求的设备的标志号（或地址）、协议控制信息等，将直接下传到网络层或数据链路层。而其余参数将组成一个应用层服务原语，通过 BACnet 的用户单元传到 BACnet 的应用服务单元（应用层中利用下层服务完成应用层服务的部分）。

从概念上来讲，由应用层服务原语产生的应用层协议数据单元（APDU），构成了网络层服务原语的数据部分，并通过网络层服务访问点下传到网络层。同样，这个请求将进一步下传到本地设备协议栈的以下各层。于是，报文就这样被传送到远地的设备，并在远地设备协议栈中逐级上传，最后指示原语看起来似乎是直接从远地的 BACnet 应用服务单元上传到远地的 BACnet 用户单元。任何从远地设备发回的响应，也是以该方式回传给请求设备的。整个过程如图 6-4 所示。

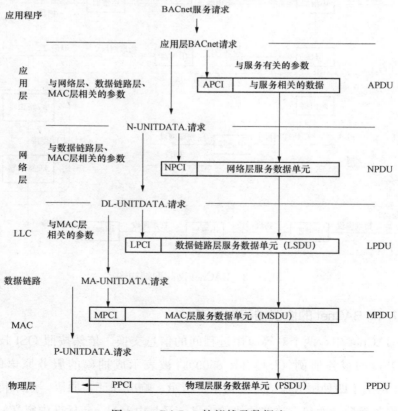

图 6-4　BACnet 协议栈及数据流

6.2 BACnet 协议的应用层规范

BACnet 网络的应用层协议要解决三个问题，向应用程序提供通信服务的规范，与下层协议进行信息交换的规范，和与对等的远程应用层实体交互的规范。

应用进程是指为了实现某个特定的应用（如节点设备向一个远端的温度传感器设备请求当前温度值）所需要的进行信息处理的一组方法。一般来说，这是一组计算机软件。

应用进程分为两部分，一部分专门进行信息处理，不涉及通信功能，这部分称为应用程序。另一部分处理 BACnet 通信事务，称为应用实体。应用程序与应用实体之间通过 API 进行交互。BACnet 应用层协议只对应用实体进行规范，不涉及应用程序和 API。但在具体实现过程中，API 一定是某个函数、过程或子程序的调用。

图 6-5 给出了这些概念，图中阴影部分是应用进程位于 BACnet 应用层中的应用实体部分。

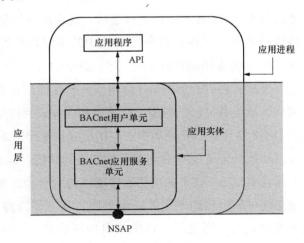

图 6-5　BACnet 应用进程

应用实体本身又由两部分组成，分别是 BACnet 用户单元和 BACnet 应用服务单元（ASE）。应用服务单元是一组特定内容的应用服务，这些应用服务包括报警与事件服务、文件访问服务、对象访问服务、远程设备管理服务、虚拟终端服务和网络安全性。用户单元的功能是支持本地 API，负责保存事务处理的上下文信息，产生请求标志符（ID），记录标志符所对应的应用服务响应，维护超时重传机制所需的超时计数器，以及将设备的行为要求映射成为 BACnet 的对象。

BACnet 设备是指任何一种支持用 BACnet 协议进行数字通信的真实的或者虚拟的设备。一个 BACnet 设备有且只有一个设备对象，而且被一个网络号和一个 MAC 地址唯一确定。在大多数情况下，一个物理设备就是一个 BACnet 设备，例如一个支持 BACnet 协议通信的温度传感器就是一个 BACnet 设备。但是也可能有一个物理设备具有多个虚拟的 BACnet 设备的功能，在 BACnet 标准中对此进行了详细规范。

当一个 BACnet 设备中的应用程序需要与网络中其他 BACnet 设备中的应用程序进行通信时，应用程序只需通过调用 API 访问本地的 BACnet 用户单元来实现。例如，一个 BACnet 设备的应用程序要向一个远地设备的应用程序发送一个请求服务信息，它调用 API，并将相应的参数填入 API 中。API 中的某些参数如服务请求接收设备的标志号（或地址）、协议控制信息等，将直接下传到网络层或数据链路层；其余参数则组成一个应用层服务原语，通过 BACnet 用户单元传到 BACnet 应用服务单元，形成应用层协议数据单元（APDU）。APDU 则通过网络层的服务访问点（NSAP）下传到网络层，成为网络层服务原语的数据部分。这个请求将进一步下传到本地设备协议栈中的下层，最终由物理层传送到远地设备，并通过远地设备协议栈逐级上传到远地用户单元。从远地设备看起来，指示原语是直接从它自己的 BACnet 应用服务单元传到其 BACnet 用户单元的。同样，任何从远地设备发回的响应，也是以相同方式回传给请求设备。

BACnet 应用层协议包含了 OSI 模型中的应用层到传输层中的相应内容，所以除了应用层服务的功能外，还要有端到端可靠传输的功能。因此，BACnet 应用层规范就是为了保证 BACnet 设备的应用程序能够与网络中远地 BACnet 设备的应用程序进行端到端可靠通信而制定的一组规则，其主要内容包括：BACnet 应用层提供的服务类型，上下层之间交换的接口控制信息，和对等层协议数据单元的传输机制。

6.2.1　BACnet 应用层服务类型

BACnet 的应用层提供两种类型的服务，分别是证实服务和非证实服务。下面列出各种服务原语：

CONF_SERV. response CONF_SERV. confirm

CONF_SERV. request CONF_SERV. indication

UNCONF_SERV. request UNCONF_SERV. indication

SEGMENT_ACK. request SEGMENT_ACK. indication

ERROR. request ERROR. indication

REJECT. request REJECT. indication

ABORT. request ABORT. indication

CONF_SERV 的标识表明使用的是 BACnet 证实服务 PDU。UNCONF_SERV、SEGMENT_ACK、ERROR、REJECT 和 ABOUT，分别表明使用的是非证实服务 PDU、分段回应 PDU、出错 PDU、拒绝 PDU 和放弃 PDU，后面这些都是非证实服务类型。

证实服务是建立在客户/服务器通信模型的基础上的，客户端通过某个服务请求实例，向服务器请求服务，而服务器则通过响应请求来为客户端提供服务，如图 6-6 所示。在交互过程中，担当客户角色的 BACnet 用户称为请求方 BACnet 用户；担当服务器角色的 BACnet 用户称为响应方 BACnet 用户。

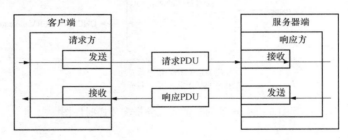

图 6-6 客户与服务器的关系

证实服务的具体过程如下：由请求方 BACnet 用户发出的一个 CONF_SERV. request 原语，形成请求 PDU 发送给响应方 BACnet 用户。当该请求 PDU 到达响应方 BACnet 用户时，响应方 BACnet 用户则收到一个 CONF_SERV. indication 原语。同样，由响应方 BACnet 用户发出的一个 CONF_SERV. response 原语，形成响应 PDU 回传给请求方 BACnet 用户。当响应 PDU 到达请求方 BACnet 用户时，请求方 BACnet 用户则收到一个 CONF_SERV. confirm 原语。因此，整个过程中请求方 BACnet 用户和响应方 BACnet 用户都要接收和发送 PDU，如图 6-7 所示。

在非证实服务中，不存在上述客户/服务器模型、"请求方 BACnet 用户"和"响应方 BACnet 用户"等概念，只有"发送方 BACnet 用户"和"接收方 BACnet 用户"。前者指的是发送 PDU 的 BACnet 用户，后者指的是当一个 PDU 到达时，接收到一个指示或证实的 BACnet 用户，如图 6-8 所示。

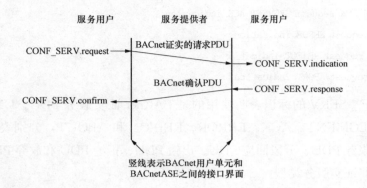

图 6 - 7　正常的证实服务报文传递时序图

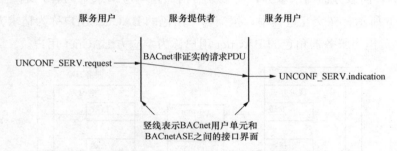

图 6 - 8　正常的非证实服务报文传递时序图

6.2.2　BACnet 应用层报文分析

1. 应用层接口控制信息

除了服务原语和服务参数外，应用实体还通过 API 与应用程序交换各种接口控制信息（ICI）参数，其具体内容取决于服务原语的类型。应用实体接收到的 ICI 参数将下传到下面各层，以便于各层 PDU 的构建。而应用实体回传给应用程序的 ICI 参数，则包含了其以下各层从各自的 PDU 中得到的信息。

通过 API 与各种服务原语交换信息的 ICI 参数如下。

"目的地址"（DA）：将要接收服务原语设备的地址。其格式（如设备名称、网络地址等）只与本地有关。这个地址也可以是多播地址、本地广播地址或全局广播地址类型。

"源地址"（SA）：发送服务原语的设备的地址。其格式只与本地有关。

"网络优先权"（NP）：表示网络优先权的参数。

"需回复数据"（DER）：一个逻辑值参数，用来指明某个服务是否需要一个回复服务原语来确认。

2. 应用层协议数据单元的编码

在 BACnet 中，使用 APDU 来传递包含在应用服务原语和相应的参数中的信息。BACnet 选择 ISO Standard 8824 规范中的方法来表征 BACnet 服务的数据内容。并且 BACnet 规定了 APDU 的编码内容，这些编码详细内容请参见 BACnet 标准。

BACnet 的 APDU 由 PCI 和用户数据两部分组成。PCI 中包含进行应用层协议操作所需要的数据，这些数据包括 APDU 的类型、匹配服务请求和服务响应的信息、执行分段报文重组的信息。这些信息包含在报文的头部，也称为 APDU 的固定部分。用户数据中包含每种服务请求和服务响应的具体信息，这部分也称为 APDU 的可变部分。

3. BACnet 报文的分段

为了实现长报文（长度大于通信网络、收/发设备所支持的长度）的传输，有必要对报文进行分段。在 BACnet 体系结构中，不存在单独的传输层，因此报文分段不是由传输层实现，而是由应用层来完成。并且，在 BACnet 中只有 Confirmed _ Request 和 Complex _ ACK 报文可能需要分段，因此分段还是 BACnet 的一个可选特性。

（1）报文分段的原则。每个由 BACnet 报文编码而成的数据流序列，按下面规则进行分段，然后再在网上传输。

1）一个完整的报文尽可能作为一个 APDU 发送。

2）当一个完整的报文不可能作为一个 APDU 发送时，则应分段成最少个数的多个 APDU 发送。

3）一个报文分段的长度（以 bit 为单位）应是 8 的整数倍，即对报文进行分段时，字节是最小的分割单位。

（2）BACnet APDU 最大长度的确定。在 BACnet 中，APDU 的长度也是不固定的，而是定义了一个确定 APDU 最大长度的原则，即 APDU 最大长度应是以下长度值中的最小值。

1）设备所能发送的 APDU 的最大长度。一般与本地设备的缓冲区大小等本地因素有关。

2）BACnet 网际网所能传输到远地设备的 APDU 的最大长度，一般由本地、远地以及中间传输网络的数据链路所决定。

3）远地设备所能接收的 APDU 的最大长度，不能小于 50 个字节。

（3）与分段有关的 PCI。为了支持报文分段，BACnet 协议在 BACnet‐Confirmed‐Request‐PDU 和 BACnet‐ComplexACK‐PDU 的头部，定义了 4 个与分段有关的协议控制信息参数。其中两个是布尔型参数，另两个是八位二进制无符号整数。这些参数可以使接收方对到达的分段进行正确的重组，从而保证端到端的可靠传输。

6.2.3　BACnet APDU 的传输

BACnet 的 APDU 收发协议的详细细节，包含在 BACnet 复杂的事务状态机制（Transaction State Machine，TSM）中，以下的讨论旨在对几种主要 APDU 的传输过程有整体的认识。

1. 证实请求报文的传输

客户端设备在传输了一个完整未分段的证实请求报文（Confirmed‐Request Message）后，或在等待接收分段证实请求报文最后一个分段所对应的确认信息时，将启动一个计时器。该计时器用来计量对请求报文回应的时间。一旦收到了针对该请求报文所发的出错 APDU、拒绝 APDU、放弃 APDU、简单回应 APDU 或复杂回应 APDU，则停止计时，同时通知客户应用程序。如果计时器的时间值超出了客户设备对象的 APDU_TimeOut 属性值，则整个报文重新发送，计时器重新计时。所有报文的超时重传均按此过程进行，直至重传次数超出了客户端设备对象"APDU 重传次数"属性所规定的次数。若超出规定值仍未收到响应，该报文将被丢弃，同时通知客户应用程序。

2. 分段证实请求报文的传输

客户端设备在发送分段证实请求（Segmented Confirmed‐Request Message）PDU 的第一个分段之前，首先选择一个预设窗口值，以表示它在收到一个分段回应之前，一次准备发送的报文分段最大个数。它通常由报文分段的"建议窗口尺寸"参数表示，取值范围为 1～127，在该处其具体取值只与客户端有关。在传输完第一个分段后，客户端设备将启动一个计时器，用来计量对报文分段回应的时间。一旦收到了针对该报文分段所发的拒绝 APDU、放弃 APDU 或分组回应 APDU，则停止计时，同时通知客户应用程序。如果计时器的时间值超出了客户设备对象的 APDU_Segment_TimeOut 属性值，则这个分段将重新发送，计时器重新计时。所有报文分段的超时重传均按此过程进行，直至重传次数超出了客户端设备对象中"APDU 重传次数"属性所规定的次数。若超出规定值仍未收到响应，该报文将被丢弃，同时通知客户应用程序。

当服务端设备收到分段证实请求 PDU 的第一个分段后，将会选择一个实际窗口值，以表示它在发送一个分段回应前，一次准备接收的报文分段最大个数。同样，该值的取值范围也规定在 1～127，同时它还不能大于证实请求 PDU 中的预设窗口值，在该处其具体取值只与服务器端有关。

在收到第一个分组回应 APDU 后，客户端设备从中得到服务器端设备的实际窗口值，并将该值设置成它的实际窗口值。这样，客户端设备和服务器端设备的实际窗口值大小一致。客户端便可以在收到一个分段回应 APDU 之前，一次发送多个分段；服务器端也可以在发送一个分段回应 APDU 之前，一次接收多个分段。客户端发送完整个报文或发送了窗口值个数的多个分段后，将启动一个计时器，用来计量对这些报文分段回应的时间。一旦收到了针对这些报文分段所发的拒绝 APDU、放弃 APDU 或分组回应 APDU，则停止计时。如果计时器的时间值超出了客户设备对象的 APDU _ Segment _ TimeOut 属性值，则这些分段将重新发送，计时器重新计时。所有报文分段的超时重传均按此过程进行，直至重传次数超出了客户端设备对象中“APDU 重传次数”属性所规定的次数。若超出规定值仍未收到响应，该报文将被丢弃，同时通知客户应用程序。

客户端在发送分段的过程中，可能会收到拒绝 APDU、放弃 APDU 或分段回应 APDU。在这种情况下，收到拒绝 APDU 或放弃 APDU 将会中止请求的传输；收到分段回应 APDU，将会作为序号等于或小于该 APDU 中分段数参数值的所有分段的确认，而那些没有被确认的分段将按上述过程重传。

3. 分段复杂回应报文的传输

分段复杂回应报文（Segmented ComplexACK Message）的传输过程与分段证实请求报文的传输过程相类似，主要不同之处如下。

（1）在分段复杂回应报文的传输过程中，由服务器端设备发送复杂回应报文的分段，由客户端设备接收并发分段回应 APDU。

（2）在分段复杂回应报文的传输过程中，客户端设备只能回应放弃 APDU 或分段回应 APDU，而不能回应拒绝 APDU。

4. 分段回应 APDU 的传输

分段回应 APDU 是分段接收方设备用来回应发送方的信息。在以下 4 种情况下，设备需传输一个 SegmentACK。

（1）设备收到报文的第一个分段。

（2）设备收到未确认的、有序的、数量为实际窗口值的多个报文分段构成的序列。

（3）设备收到一个乱序分段报文（可能表明丢失了某个分段）。

（4）设备收到报文的最后一个分段。

6.2.4　与传输有关的其他问题

1. 事务状态机制的中止

在一个证实请求的服务过程中，客户端与服务器端都将创立各自的事务状态机制，以便针对各种情况分别进行处理。该事务状态机制的终止由一些条件所决定。

对于客户端，当出现以下几种情况时，事务处理终止，并结束该事务状态机制。

（1）当收到服务器端设备发来的简单回应、不分段复杂回应、出错、拒绝或放弃 APDU 时。

（2）收到服务器发来的分段复杂回应 APDU 的最后一个分段，并发送了相应的分段回应 APDU 后。

（3）当超时重传次数用尽后。

（4）在向服务器发送了包含该事务处理过程标志符的放弃 APDU 后。

当服务器端出现以下几种情况时，将终止事务处理，同时结束该事务状态机制。

（1）当向客户端设备发送完简单回应、不分段复杂回应、出错、拒绝或放弃 APDU 后。

（2）当收到客户端设备发来的针对分段复杂回应 APDU 的最后一个分段的回应 APDU 后。

（3）当接收到客户端发来的包含该事务处理过程标志符的放弃 APDU 后。

（4）在传输一个分段复杂回应 APDU 的过程中，超时重传次数达到规定值仍未成功时。

2. 重复报文的处理

在一个事务处理过程中，由于使用了 BACnet 的出错重传机制，设备不可避免地会接收到重复的报文或报文分段。对此，BACnet 协议中是按以下各种可能出现的情况分别处理的。

（1）服务器接收到一个重复的证实请求报文。这时，如果服务器具有识别重复证实请求报文的能力，则该重复报文将被服务器丢弃。否则，服务器仍会响应这个重复的证实请求报文。这样的话，客户端应当根据响应中的标志符不与任何一个当前的事务状态机制绑定，来忽略该重复响应。

（2）服务器接收到一个重复的证实请求报文分段，即已经收到该分段并发送了分段确认。在这种情况下，服务器应忽略该重复分段并回传一个适当的分段回应 APDU。判断分段是否重复的依据是：任何一个分段都可以由其对等方地址、标志符以及分段序号唯一确定。

（3）客户端接收到一个重复的复杂回应分段，即该分段已经收到并确认了。客户端应忽略该重复分段并回传一个适当的分段回应 APDU。

（4）设备接收到一个重复的分段确认 APDU。这时，该设备应忽略重复的分段确认 APDU。

3. 资源的回收

上述 BACnet 的出错重传过程，其具体实现需要客户和服务器两端提供一定的资源。这些资源通常是事务处理的各个细节，包括事务状态机制、计时器以及 APDU 或 APDU 分段缓冲区等。当出错重传过程失败时，这些相关的资源也变得失效，应被释放掉。资源释放的具体细节取决于系统的具体设计。作为建议，BACnet 协议给出了资源失效而应释放的依据：

（1）客户端收到对一个证实请求 APDU 的完整响应后。

（2）在客户端，当一个证实请求 APDU 被重发了"APDU 重发次数"属性所规定的次数，但仍未成功时。

（3）在客户端，当一个证实请求 APDU 分段被重发了"APDU 重发次数"属性所规定的次数，但仍未成功时。

（4）在服务器端，当发送了对某个证实请求 APDU 的响应并收到相应的分段回应后。

BACnet 的创新之处是采用面向对象的方法定义 BACnet 应用层，根据 BACnet 体系结构应用层属于互操作信息处理层，主要功能是对互操作信息的语义进行定义和解释，并执行相应的互操作处理过程，因而应用层的功能主要有两个：一是定义楼宇自控设备的信息模型——BACnet 对象模型；二是定义面向应用的通信服务。在 BACnet 标准中，对象与服务是密切相关的，是该标准中定义互操作功能的两个主要内容。这两个基本概念是 BACnet 标准中最重要和最具特色的内容，认识和理解这两个概念是深入研究 BACnet 标准的基础。

6.3 BACnet 的对象模型及其属性

在楼宇自控网络中，各种设备之间要进行数据交换，为了能够实现设备的互操作，所交换的数据必须使用一种所有设备都能够理解的"共同语言"。BACnet 的最成功之处就在于采用了面向对象的技术，定义了一组具有属性的对象（Object）来表示任意的楼宇自控设备的功能，从而提供了一种标准的表示楼宇自控设备的方式。在 BACnet 中，所谓对象就是在网络设备之间传输的一组数据结构，对象的属性就是数据结构中的信息，设备可以从数据结构中读取信息，可以向数据结构写入信息，这些就是对对象属性的操作。BACnet 网络中的设备之间的通信，实际上就是设备的应用程序将相应的对象数据结构装入设备的 APDU 中，按照前面章节中所叙述的规范传输给相应的设备。对象数据结构中携带的信息就是对象的属性值，接收设备中的应用程序对这些属性进行相关的操作，从而完成信息通信的目的。

6.3.1 BACnet 的对象定义

BACnet 最初定义了 18 个对象，表 6-1 给出了这些对象的名称和应用实例。

表 6-1 BACnet 定义的对象名称及其应用实例

对象名称	应用实例
模拟输入（AnalogInput）	传感器输入
模拟输出（AnalogOutput）	控制输出
模拟值（AnalogValue）	设置的阈值或其他模拟控制系统参数
数字输入（BinaryInput）	开关输入
数字输出（BinaryOutput）	继电器输出
数字值（BinaryValue）	数字控制系统参数
时序表（Calendar）	为按事件执行程序定义的日期列表
命令（Command）	为完成诸如日期设置等特定操作而向多设备的多对象写多值
设备（Device）	其属性表示设备支持的对象和服务以及设备商和固件版本
事件登记（EventEnrollment）	描述可能处于错误状态的事件（如"输入超出范围"），或者其他设备需要的报警。该对象可直接通知一个设备，也可用通知类（Notification Class）对象通知多对象
文件（File）	允许读写访问设备支持的数据文件
组（Group）	提供在一个读单一操作下访问多对象的多属性
环（Loop）	提供标准化地访问一个控制环
多态输入（Multi-stateInput）	表述一个多状态处理程序的状况，如冰箱的开、关和除霜循环等

续表

对象名称	应用实例
多态输出（Multi‐stateOutput）	表述一个多状态处理程序的期望状态，如冰箱的开始冷却时间、开始除霜时间等
通知类（NotificationClass）	包含一个设备列表，其中包括如果一个事件登记对象确定有一个警告或报警报文需要发送则将要送给的那些设备
程序（Program）	允许设备中的一个程序开始、停止、装载、卸载，以及报告程序当前状态等
时间表（Schedule）	定义一个按周期的操作时间表

随着 BACnet 标准应用的深入，为了提高应用效率和增强应用的灵活性，BACnet 标准不断增加新的标准 BACnet 对象类型，如 Averaging、Multi‐state Value 等对象。同时随着 BACnet 标准应用范围的加大，也不断增加新的标准对象类型。例如，为了更好地应用于门禁安防系统，在消防与安防工作组（LSS-WG）的建议下除增加了消防与生命安全有关的对象（Life Safey Point、Life Saley Zone）类型外，又新增了几个与门禁系统有关的对象类型（Access Point、Acess Zone、AcessRight 等）；为了更好应用于照明系统，照明应用工作组也提议增加"LightingOutput 对象"类型。BACnet 标准具有不断增加新对象类型的扩展特性是该标准面向对象信息模型所支持的特征。

当定义了标准 BACnet 对象类型后，就可以用标准 BACnet 对象实例组合对具体的楼宇自控设备进行描述和表示。例如，一个智能温度传感器就可以简单地用一个 DEV 对象实例和一个 AI 对象实例组合进行表示。假设楼宇自控设备有三个模拟量输入测量点、两个模拟量控制输出点和一个闭环控制逻辑，如果不考虑其他的楼宇自控系统功能（如自动报警、日程计划等功能），则可以用 DEV、AI、AI、AI、AO、AO 和 Loop 共 7 个标准 BACnet 对象实例组合进行表示。

6.3.2 BACnet 对象的属性

BACnet 要求每个 BACnet 设备都要有一个设备对象，设备对象包含此设备和其功能的信息。当一个 BACnet 设备要与另一个 BACnet 设备进行通信时，它必须要获得该设备的设备对象中所包含的信息，表 6‐2 给出设备对象的属性描述。

表 6 - 2   设备对象的属性

属性标识符		属性的意义	特征
属性标识	标识含义		
Object _ Identifier	对象标识符	一个用来标识对象的数字代码	R
Object _ Name	对象名称	标识对象名称的字符串	R
Object _ Type	对象类型	表示对象的类型，值为 DEVICE	R
System _ Status	系统状态	表示设备的物理和逻辑状态	R
Vendor _ Name	设备商名	标识生产厂商的字符串	R
Vendor _ Identifier	设备商标识符	由 ASHRAE 分配的生产商标识代码	R
Model _ Name	型号名称	由生产商分配的表示设备型号的字符串	R
Firmware _ Revision	固件版本	由生产商分配的表示安装在设备中的固化软件的版本	R
Application _ Software _ Version	应用软件版本	表示安装在设备中的应用软件的版本	R
Location	位置	表示设备的物理位置的字符串	O
Description	描述	表示设备功能的字符串	O
Protocol _ Version	协议版本	表示设备所支持的 BACnet 协议的版本	R
Protocol _ Conformance _ Class	协议一致类别	表示设备支持的一组标准协议服务和对象类型	R
Protocol _ Service _ Supported	协议服务支持	表示设备的协议实现所支持的标准协议服务	R
Protocol _ Object _ Types _ Supported	协议对象类型支持	表示设备的协议实现所支持的标准对象类型	R
Object _ List	对象列表	列出设备中的可被 BACnet 服务访问的所有对象的标识符	R
Max _ APDU _ Length _ Accepted	最大应用层协议数据单元长度支持	表示在一个应用层协议数据单元所能装载的最大的字节数	R
Segmentation _ Supported	分段支持	表示设备是否支持报文分段，分段传输和分段接收	R
VT _ Classes _ Supported	虚拟终端类型支持	设备支持的终端类型	O
Active _ VT _ Sessions	活动虚拟终端会话	表示任何给定时间活动的网络可访问的虚拟终端	O

续表

属性标识符		属性的意义	特征
属性标识	标识含义		
Local _ Time	本地时间	—	O
Local _ Date	本地日期	—	O
UTC _ Offset	时差	本地时间与国际标准时间的时差	O
Daylight _ Savings _ Status	夏令时状态	是否是夏令时	O
APDU _ Segment _ Timeout	APDU 分段超时	以毫秒表示对 APDU 分段超时重传的等待时间	O
APDU _ Timeout	APDU 超时	以毫秒表示对 APDU 超时重传的等待时间	R
Number _ Of _ APDU _ Retries	APDU 重传次数	表示重传 APDU 的最大次数	R
List _ Of _ Session _ Keys	会话密钥列表	用于与其他 BACnet 设备进行通信的密钥列表	O
Time _ Synchronization _ Recipients	时间同步容器	表示设备使用时间同步服务的限制	O
Max _ Master	最大主节点数	表示在 MS/TP 网络中的最大主节点数	O
Max _ Info _ Frame	最大信息帧数	表示在 MS/TP 网络中节点在掌握令牌时能够发送的信息帧的最大数量	O
Device _ Address _ Binding	设备地址捆绑	对象标识符与设备地址捆绑的列表	R

所有对象均由对象标识符属性所引用。每个 BACnet 设备的对象均有一个唯一的对象标识符属性值。将一个对象的对象标识符与具有系统全局唯一性质的 BACnet 设备对象标识符结合使用，就提供了一种在整个控制网络中引用每个对象的机制。

每个对象都有一组属性，属性的值描述对象的特征。在 BACnet 中，对于每个对象来说，属性分为必需的和可选的两种。用三个字母表示属性的类型，其意义分别是：O 表示此属性是可选的，R 表示此属性是必需的且是用 BACnet 服务可读的，W 表示此属性是必需的且是用 BACnet 服务可读和可写的。

从表 6-2 中可以看到，虽然设备对象的属性很多，但是大部分是在出厂时就写定了的，且是只读属性。另一点要注意的是，设备对象的"对象标识符"属性中的设备实例标号必须是在整个 BACnet 互联网中唯一的，这样才能在安装系统时标识设备。

表中的前三项属性，即"对象标识符""对象名称"和"对象类型"是

BACnet 设备中的每个对象必须具有的属性。"对象标识符"是一个 32 位的编码，用来标识对象的类型和其实例标号，这两者一起可以唯一地标识对象；"对象名称"是一个字符串，BACnet 设备可以通过广播某个"对象名称"而建立与包含有此对象的设备的联系，这将使整个系统的设置大为简化；"设备对象"的属性向 BACnet 网络表述了设备的全部信息。例如，"对象列表"属性提供了设备中包含的每个对象的列表。

6.3.3　BACnet 对象的分类介绍

1. 输入/输出值对象类型及其属性

在楼宇自动控制系统中，设备的输入/输出值是一类基本的参数。BACnet 定义了 6 个输入/输出值对象，分别是模拟输入对象、数字输入对象、模拟输出对象、数字输出对象、模拟值对象和数字值对象。这些对象全面地定义了 BACnet 设备之间交换关于与控制单元有关的信息时所采用的"共同语言"。模拟输入和数字输入是物理设备或者硬件的输入信号参数，模拟输出和数字输出是物理设备或者硬件的输出信号参数，模拟值和数字值是存储在 BACnet 设备中的控制系统参数。表 6-3 给出了这些对象的属性描述。

表 6-3　　　　　　　　　　输入/输出值对象的属性

属性		模拟输入	模拟输出	模拟值	数字输入	数字输出	数字值
属性标识	标识含义						
Object _ Identifier	对象标识符	R	R	R	R	R	R
Object _ Name	对象名称	R	R	R	R	R	R
Object _ Type	对象类型	R	R	R	R	R	R
Present _ Value	当前值	R	W	W	R	W	R
Description	描述	O	O	O	O	O	O
Device _ Type	设备类型	O	O	×	O	O	×
Status _ Flags	状态标志	R	R	R	R	R	R
Event _ State	事件状态	R	R	R	R	R	R
Reliability	可靠性	O	O	O	O	O	O
Out _ Of _ Service	脱离服务	R	R	R	R	R	R
Update _ Interval	更新间隔	O	×	×	×	×	×
Units	单位	R	R	R	×	×	×
Min _ Pres _ Value	最小值	O	O	×	×	×	×
Max _ Pres _ Value	最大值	O	O	×	×	×	×

属性		模拟输入	模拟输出	模拟值	数字输入	数字输出	数字值
属性标识	标识含义						
Resolution	分辨率	O	×	×	×	×	×
Priority _ Array	优先值数组	×	R	O	×	R	O
Relinquish _ Default	释放缺省	×	R	O	×	R	O
COV _ Increment	COV 增量	O	O	O	×	×	×
Polarity	极性	×	×	×	R	R	×
Inactive _ Text	非活动文本	×	×	×	O	O	O
Active _ Text	活动文本	×	×	×	O	O	O
Change _ Of _ State _ Time	状态改变时间	×	×	×	O	O	O
Change _ Of _ State _ Count	状态改变次数	×	×	×	O	O	O
Time _ Of _ State _ Count _ Reset	改变时间置 0	×	×	×	O	O	O
Elapsed _ Active _ Time	现值活动累计	×	×	×	O	O	O
Time _ Of _ Active _ Time _ Reset	活动时间置 0	×	×	×	O	O	O
Minimum _ Off _ Time	非活动最小值	×	×	×	×	O	O
Minimum _ On _ Time	活动最小值	×	×	×	×	O	O
Time _ Delay	时间延迟	O	O	O	O	O	O
Notification _ Class	通知类	O	O	O	O	O	O
High _ Limit	高值极限	O	O	O	×	×	×
Low _ Limit	低值极限	O	O	O	×	×	×
Deadband	极限宽度	O	O	O	×	×	×
Limit _ Enable	极限使能	O	O	O	×	×	×
Alarm _ Value	报警值	×	×	×	O	O	O
Event _ Enable	事件使能	O	O	O	O	O	O
Acked _ Transition	要求变换	O	O	O	O	O	O
Notify _ Type	通知类型	O	O	O	O	O	O

（1）对象标识符属性。这个属性的类型是 BACnet 对象标识符类型，是一个用来标识对象的数值代码。在有这个属性的 BACnet 设备中是唯一的。

（2）对象名称属性。这个属性的类型是字符串类型，表示对象名称，在有这个属性的 BACnet 设备中是唯一的。对象名称中的字符必须为可打印字符，字符串最小长度为一个字符。

（3）对象类型属性。这个属性的类型是 BACnet 对象类型，表示在某个特别对象类型分类中的隶属关系。

(4) 当前值属性。这个属性的类型是实数类型，以工程单位表示输入测量的当前值。当脱离服务为 TRUE 时，当前值属性是可写的。

(5) 描述属性。这个属性的类型是字符串类型，是一个由可打印字符组成的字符串，其内容不作规定。

(6) 设备类型属性。这个属性的类型是字符串类型，是一段映射为这个模拟输入对象的物理设备的文本描述。通常用于描述与模拟输入对象对应的传感器型号。

(7) 状态标志属性。这个属性的类型是 BACnet 状态标志类型，表示 4 种布尔标志，这些标志表示模拟输入设备运行时刻的状况。三个标志与这个对象的其他属性值有关。通过读取与这些标志相关的属性值可以获取更详细的状态。这 4 个标志是：

﹛报警中，故障，管制，脱离服务﹜

报警中（IN_ALARM）：如果事件状态属性值为正常（NORMAL）则为 FALSE（0），否则为 TRUE（1）。

故障（FAULT）：如果可靠性属性存在并且其值不是未发现故障，则为 TRUE（1），否则为 FALSE（0）。

管制（OVERRIDDEN）：如果某值被与 BACnet 设备本身的有关机制所管制，则为 TRUE（1）。在此情况下，管制表示当前值和可靠性属性值不再随物理设备的输入变化而变化。

脱离服务（OUT_OF_SERVICE）：如果脱离服务（Out_Of_Service）属性值为 TRUE 则为 TRUE（1），否则为 FALSE（0）。

(8) 事件状态属性。这个属性的类型是 BACnet 事件状态类型，用于检测对象是否处于事件活动状态。如果对象支持内部报告，这个属性表示对象的事件状态。如果对象不支持内部报告，这个属性的值为正常。

(9) 可靠性属性。这个属性的类型是 BACnet 可靠性类型，表示当前值或物理输入设备的运行是否可靠，如果不可靠，则指明原因。这个属性有下列值：

﹛未发现故障，无传感器，超出范围，低于范围，开路，短路，其他不可靠﹜

(10) 脱离服务属性。这个属性的类型是布尔类型，当脱离服务为 TRUE 时，当前值属性与物理输入设备分离，并不会随着物理输入设备的改变而变化。当脱离服务为 TRUE 时，可靠性属性和对应的状态标志属性中的故障标志的状态也与物理输入设备分离。当脱离服务为 TRUE 时，当用于模拟专门的固定条件或用于测试时，当前值与可靠性属性可以为任何值。而其他依靠当前值或可靠性属性的功能将响应这些变化，就像这些变化发生在输入中一样。

(11) 更新间隔属性。这个属性的类型是无符号整型类型，表示在正常运行时两次正常更新当前值之间的最大时间间隔（以百分之一秒为单位）。

(12) 单位属性。这个属性的类型是 BACnet 工程单位类型，表示对象的测量单位。

(13) 最小值属性。这个属性的类型是实数类型，表示当前值属性的最小可靠数值（用工程单位表示）。

(14) 最大值属性。这个属性的类型是实数类型，表示当前值属性的最大可靠数值（用工程单位表示）。

(15) 分辨率属性。这个属性的类型是实数类型，表示当前值属性中以工程单位可分辨的最小变化（只读）。

(16) COV 增量属性。这个属性的类型是实数类型，定义当前值属性的最小改变值，这个最小改变值将导致向 COV 客户发布 COV 通告（COVNotification）。如果对象支持 COV 报告，则必须具备这个属性。

(17) 时间延迟属性。这个属性的类型是无符号整型类型，定义从当前值属性处于由高阈值和低阈值确定的范围之外开始，到生成一个进入异常（TO_OFFNORMAL）事件之间的最小时间间隔（以秒为单位），或者从当前值属性进入由高阈值和低阈值确定的范围（包括阈值宽度属性值确定的范围）之内时，到生成一个进入正常（TO_NORMAL）事件的最小时间间隔（以秒为单位）。如果对象支持内部报告则必须具备这个属性。

(18) 通告类属性。这个属性的类型是无符号整型类型，用于定义这个对象处理和生成事件通告时的通告类别。这个属性缺省引用有相同通告类属性值的通告类对象。如果对象支持内部报告则必须具备这个属性。

(19) 高阈值属性。这个属性的类型是实数类型，定义生成一个事件的当前值属性的上限值。如果对象支持内部报告则必须具备这个属性。

1）生成进入异常事件条件。进入异常事件在达到下列三个条件的情况下生成。

①当前值超过高阈值一段由时间延迟属性确定的最小时间间隔的时间。

②阈值使能属性设置为高阈值使能（High Limit Enable）标志。

③事件使能属性设置为进入异常标志。

2）生成进入正常事件条件。一旦当前值超过高阈值之后，只有在当前值下降到低于（高阈值－阈值宽度）之后，才能生成进入正常事件。进入正常事件在达到下列三个条件的情况下生成。

①当前值下降到低于（高阈值 － 阈值宽度）之后一段由时间延迟属性确定的最小时间间隔的时间。

②阈值使能属性设置为高阈值使能标志。

③事件使能属性设置为进入正常标志。

（20）低阈值属性。这个属性的类型是实数类型，定义生成一个事件的当前值属性的下限值。如果对象支持内部报告则必须具备这个属性。

1）生成进入异常事件条件。进入异常事件在达到下列三个条件的情况下生成。

①当前值低于低阈值一段由时间延迟属性确定的最小时间间隔的时间。

②阈值使能属性设置为低阈值使能标志。

③事件使能属性设置为进入异常标志。

2）生成进入正常事件条件。一旦当前值低于低阈值之后，只有在当前值上升到高于（低阈值＋阈值宽度）之后，才能生成进入正常事件。进入正常事件在达到下列三个条件的情况下生成。

①当前值上升到高于（低阈值＋阈值宽度）之后一段由时间延迟属性确定的最小时间间隔的时间。

②阈值使能属性设置为低阈值使能标志。

③事件使能属性设置为进入正常标志。

（21）阈值宽度属性。这个属性的类型是实数类型，定义高阈值属性和低阈值属性之间的一个宽度范围值。如果要生成一个进入正常的事件，当前值属性值必须维持在这个范围之内。进入正常事件在达到下列5个条件的情况下生成。

1）当前值低于（高阈值－阈值宽度）。

2）当前值高于（低阈值＋阈值宽度）。

3）当前值维持在这个范围之内一段由时间延迟属性确定的最小时间间隔的时间。

4）阈值使能属性设置为高阈值使能或者低阈值使能之一的标志。

5）事件使能属性设置为进入正常标志。

如果对象支持内部报告则必须具备这个属性。

（22）阈值使能属性。这个属性的类型是 BACnet 阈值使能类型，用两个标志分别表示使能或者禁止对于高阈值异常事件和低阈值异常事件以及各自返回到正常事件的报告。如果对象支持内部报告则必须具备这个属性。

（23）事件使能属性。这个属性的类型是 BACnet 事件转换比特类型，用三个标志分别表示使能或者禁止对于进入异常、进入故障（TO＿FAULT）和进入正常事件的报告。在模拟输入对象环境中，向高阈值和低阈值的事件状态的转换称为异常事件。如果对象支持内部报告则必须具备这个属性。

（24）确认转换属性。这个属性的类型是 BACnet 事件转换比特类型，用三个标志分别表示收到对于进入异常、进入故障和进入正常事件的确认。在模拟输入对象环境中，向高阈值和低阈值的事件状态的转换称为异常事件。这些标志将在相应事件出现的情况下被清除，并在下列任一条件下设置：

1）收到相应的确认；

2）如果事件使能属性中相应的标志未设置时，事件发生（即在这种情况下，不会产生事件通告，因此也不会产生确认）；

3）如果事件使能属性中设置了相应的标志，并且在通告类对象的确认转换属性中未设置相应标志时，事件发生（即无确认产生）。

如果对象支持内部报告则必须具备这个属性。

（25）通告类型属性。这个属性的类型是 BACnet 通告类型，表示对象生成的通告是事件（Events）还是报警（Alarms）。如果对象支持内部报告则必须具备这个属性。

图 6 - 9 是一个模拟输入对象的举例，它描述一个气体温度传感器的模拟传感输入信号。

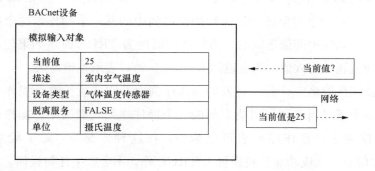

图 6 - 9　BACnet 的模拟输入对象举例

这个对象可能驻留在连接传感器的节点设备中，也可能驻留在作为 BACnet 设备的智能传感器中。如何实现这些是各生产厂家自己解决的问题。图 6-9 表示网络设备可以通过 5 个属性访问该对象，其中描述、设备类型和单位属性值是在设备安装时设定的，而当前值和脱离服务属性值表示设备的当前状态。还有一些属性（模拟输入对象最多可以有 25 个属性）没有在此图中显示出来，它们的值可能是在设备出厂时设定的。图中还表示通过网络有一个询问此对象当前值的请求和此设备的应答，这些就是对属性的操作。

2. 命令对象类型

命令对象类型定义为一个标准对象，其属性反映了多操作命令过程的外部可见一致性代码。命令对象的作用是，根据写入命令对象自己的当前值属性中的操作代码（Actioncode），向一组对象属性写入一组值。无论何时，只要命令对象的当前值属性被写入，就会触发命令对象采取一组改变其他对象的属性值的操作。

通常，命令对象用于表示有多变量的复杂场合，尤其适用于表示有多状态的场合。某个楼宇中有个特殊区域，可能有三种状态："无人"状态、"保暖"状态和"有人"状态。为建立各状态的运行环境，需要将大量对象的属性设置成为一组已知数值。如，当处于"无人"状态时，温度设定值可能为 18°，并且灯是关的；而当处于"有人"状态时，温度设定值可能为 24°，并且灯是开的；等等。

命令对象定义了某一状态与一组数值间的关系，这些数值将写入实现这一状态的一组不同对象的属性中。通常，命令对象是被动的。当命令对象的处理中属性为 FALSE 时，表示该对象正在等待其当前值属性被写入一个数值。在当前值属性被写入一个数值后，命令对象执行一系列操作。当处理中属性为 TRUE 时，表示命令对象已开始执行操作序列中的某一个操作，这个操作是根据写入当前值属性中的值选取的。当处理中属性为 TRUE 时，如果使用写属性服务向当前值属性写入值，均会返回 Result（一），表示拒绝写入。

当前值属性值确定在命令对象的操作序列中，应该执行哪个操作。这些操作定义在一个通过当前值可以检索到的一个操作序列表数组中。操作属性包含这个操作序列表。操作序列表可以为空，在这种情况下，除了处理中返回 FALSE 和所有写入成功属性被设置为 TRUE 外，不会产生任何操作。如果操作序列表不为空，那么对于操作序列表中的每个操作，命令对象将向某个 BACnet

设备中的某个对象的某个属性写入一个相应的值。

另外，命令对象不保证每次写操作都会成功，并且只要有一个写操作失败时，就不会使那些成功写入的属性回复到以前的值。如果发生任何写的操作失败，所有写入成功属性设置为 FALSE，并且 BACnet 操作命令的写入成功标志也设置为 FALSE。对于操作失败的 BACnet 操作命令，如果失败退出标志为TRUE，那么操作序列表中所有后续的 BACnet 操作命令都应把它们的写入成功标志设置为 FALSE。如果某个写入成功，那么该 BACnet 操作命令的写入成功标志设置为 TRUE。如果所有的写入都成功，则所有写入成功属性设置为TRUE。一旦所有的写操作都通过命令对象处理完成，则处理中属性重新回到FALSE，命令对象处于被动状态并等待下一指令。

特别值得注意的一种情况是，写入当前值属性的那个值不是触发任何其他操作的值，而是触发写自己本身的操作。例如在这种情况下，如果当前值属性为 5 且又被写入 5，那么操作序列表中的第 5 个操作将再次执行。向当前值属性中写入 0 时，则无操作产生，与调用空操作序列表的结果相同。

命令对象是一个功能强大的对象，可以有许多应用。但如果配置不合适，命令对象也会导致系统混乱甚至使系统瘫痪的负面效应。由于命令对象可以操作其他对象的属性，它也可以操作本身。因此，处理中属性用于联锁以防止命令对象自我操作。但命令对象还是可以命令另一个命令对象，而这另一个命令对象又可以操作其他命令对象，等等。因此存在这样的可能性，一些命令对象形成了命令对象组，在循环引用的情况下，有可能发生导致系统混乱的负作用。当引用在另一个 BACnet 设备中的对象时，时间延迟可能增大，这将导致在循环引用错误配置的命令对象间的不确定行为的发生。因此，配置那些引用其他BACnet 设备中对象的命令对象时，要特别小心。常用属性如下。

（1）当前值属性。这个属性的类型是无符号整型类型，表示命令对象将采取或已采取何种操作。无论何时，只要写入当前值，都将触发命令对象执行改变一组其他对象属性值的一系列操作。

当前值可以写入从 0 到操作属性所支持的最大操作值的任意值。在当前值被写入时，命令对象执行一系列操作。当前值属性值确定在命令对象的操作序列中，当前应该执行哪个操作。这些操作定义在操作属性中，后者是一个关于要执行的操作的序列表数组，这个数组可以通过向当前值属性写入的值进行索引。操作序列表数组可以为空，表示无操作发生。如果操作序列表数组不为空，那么对于操作序列表中的每个操作，命令对象将向某个 BACnet 设备中的某个对象的某个属性写入一个相应的值。

（2）所有写入成功属性。这个属性的类型是布尔类型，表示当前值属性写入时触发的操作序列是否成功完成。当处理中属性为 TRUE 时，这个属性设置为 FALSE。如果所有的操作都成功完成，那么设置本属性为 TRUE，同时设置处理中属性为 FALSE。因此，在处理中为 TRUE 时，这个属性不能指出当前或以前操作是否成功完成。

（3）操作属性。这个属性的类型是 BACnet 操作序列表的 BACnet 数组类型，定义为操作序列表的数组。这些操作序列表可以通过写入在当前值属性中的值索引。操作序列表可以为空，在这种情况下，除了处理中返回 FALSE 和所有写入成功属性被设置为 TRUE 外，不会产生任何操作。如果操作序列表不为空，那么对于操作序列表中的每个操作，命令对象将根据 BACnet 操作命令中的规定向某个 BACnet 设备中的某个对象的某个属性写入一个相应的值。每个写操作执行的顺序与使用读属性服务读取 BACnet 操作命令序列表中的元素所得到的顺序相同。当前值属性值为 0 时，表示没有进行任何操作，其行为与空序列表相同。通过读取操作属性的 0 号下标的数组元素，可以获得所定义的操作序列表的数目。

每一个 BACnet 操作命令就是一个关于向一个对象的一个属性写入一个值的规范说明。BACnet 操作命令由 9 个部分组成，分别是 BACnet 设备标识符（可选）、对象标识符、属性标识符、条件属性数组索引、要写入的数值、条件优先级、写入延迟时间（可选）、中途退出标志和成功写入标志。

（4）操作文本属性。这个属性的类型是字符串的 BACnet 数组类型，用文本字符串描述当前值的可能取值。字符串的内容不受限制。

3. 时序表和时间表对象类型

时序表对象用来表示一个日期列表，可以包含一些有特定事件发生的日期，例如节假日等。

时间表对象用来表示一个周期性的时间表，在每个时间表内，都进行相同的操作。此对象也可用作周期性地向某个对象的某个属性写入某特定值。

时间表对象类型定义了一个标准对象，用于描述一个周期性的时间表。这个时间表中确定了某事件在一个日期范围内可能重复发生，同时表示有些日期是事件不发生的日期。时间表对象还用于把预定时间和在该时间内向特定对象的特定属性写入的特定值这样两个事务绑定。

时间表按天来分配，有两种形式：正常日（工作日）和例外日。

时间表对象虽然以一个星期作为控制过程或操作表的周期，但操作表的每一项定义的是一天中的所有操作过程。因此在相邻两天中，前一天所有操作过程中最后一个控制过程通常为后一天的操作过程中第一个操作的起点，若不能作为后一天第一个操作的起点，则必须在后一天的操作表中加入 00∶00 时刻的操作过程，将控制系统的状态调整为所有操作过程的起始状态。

与 Calendar 对象和 Command 对象相比，该对象既定义了日期，又定义了操作的过程，且要求在定义的日期和时间上自动进行操作。

由于篇幅所限，其属性见 BACnet 规范。

4. 事件登记对象类型

将任何一个对象的任何一个属性的值发生偏离预设值的变化称为事件。事件登记对象包含在 BACnet 系统中管理事件所要求的信息。这些信息包括事件的定义和当该事件发生时将要通知的设备以及通知报文的内容等。

事件登记对象包含事件类型描述、事件发生时须确定的参数和时间发生时必须通告的设备。一个通告类对象也可以用于确定事件通告的接收者。如果一个设备是通告的接收者或者是由事件登记对象所引用的通告类对象中的接收者，那么该设备被登记为事件通告设备。

该对象的主要作用是定义事件类型和时间通告的接受者。从广义的角度看，任何的 BACnet 对象属性的改变均称为事件或当作事件处理。如果预定义了事件产生的条件算法，若对象属性的变化也满足这个条件算法，则这个对象属性的变化就称为一个事件。其中不同的条件算法就称为事件类型。事件类型是有参数的，不同类型参数不同。事件的详细内容可参见 BACnet 规范。事件的接受者可以在该对象的 Recipicent 属性中定义，也可以引用一个 Notification Class 对象。

由于篇幅所限，其属性请参见 BACnet 规范。

5. 文件、组和环对象类型

文件对象表示用 BACnet 文件服务可以访问的数据文件的性质，它的一个重要的属性是文件访问方式属性，其值有记录访问、流访问、记录与流访问。

这个属性的类型是 BACnet 文件访问方法类型，表示本对象支持的文件访问的类型。本属性的可能取值为：

{记录访问（RECORD_ACCESS）、流访问（STREAM_ACCESS）、记录

和流访问（RECORD_AND_STREAM_ACCESS)}。

组对象用来简化 BACnet 设备之间信息交换的处理过程，其方法是使用一种简记的方式来标识一个组中的所有成员。该对象描述了一个或多个对象的属性及其值。其作用是通过一次 BACnet 服务（如 ReadProperty 服务）读取该对象描述的一个或多个属性值。因此可以理解为该对象提供一次访问多个属性的快捷方式。（所以此对象是用于"读"一组对象属性值，而 Command 对象则用于"写"一组对象的属性值。）

环对象表示任何形式的反馈控制环路。该对象描述一个完整的反馈控制环。其主要属性状态标志属性定义如下。

状态标志表示环对象运行的状况。标志与这个对象的其他属性值有关。通过读取与这些标志相关的属性值可以获取更详细的状态。标志是：

〔报警中，故障，管制，脱离服务〕

该对象属性很多，这里不一一介绍了，其他属性请参见 BACnet 规范。

6. 多态输入/输出对象类型

多态输入对象表示对象所驻留的 BACnet 设备中的一个运算程序的结果。例如，多态输入对象的状态（用它的当前值属性表示）可以是多个二进制输入值的逻辑和，或者是一个或多个模拟输入的阈值，或者是一个数学计算的结果。

多态输入对象类型定义了一个标准对象，它的当前值属性表示对象驻留的 BACnet 设备内算法处理的结果。算法处理方法由生产商自行确定。例如，多态输入对象的状态或当前值可能是多个二进制输入的逻辑组合，或者是多个模拟输入的阈值，或者是一个数学计算的结果。当前值属性是一个表示状态的整型数。状态文本属性对每个状态进行了描述。

多态输出对象表示对象所驻留的 BACnet 设备中一个或者多个物理输出或处理程序的期望的状态。当前值属性是一个无符号整数，表示对象的状态。例如，某个状态可以代表某些物理输出的活动/非活动情况，或者某个模拟输出的值。

多态输出对象类型定义了一个标准对象，它的属性表示这个对象驻留的 BACnet 设备内的处理程序或一个或多个物理输出的期望状态。特定状态的实际功能由生产商自行确定。例如，特定当前值属性是一个表示状态的无符号整型数。状态文本属性对每个状态进行了描述。

由于篇幅所限，其属性请参见 BACnet 规范。

7. 通知类对象类型

通告类对象类型定义了一个标准对象，表示在 BACnet 系统内事件通告发布所需的信息。通告类对事件起始的对象特别有用，它提供了如何处理通告、怎样规划通告目标以及怎样获得确认的方式。

一个通告类规范事件通告根据进入异常、进入故障、进入正常事件在处理中如何实现优先机制，事件目录是否需要确认（几乎总是由操作员完成），以及哪个目标设备和处理程序应当接收通告这些事宜。

优先机制提供了一种方式，保证重要的报警或事件通告不会出现不必要的延迟。优先值取值范围是 $0\sim255$。较小的数值表示较高的优先级。在通告类中优先级可以分配给进入异常、进入故障、进入正常事件。

确认的目的是保证通告已被其他代理处理，而不仅仅是简单的被设备正确收到。在大多数情况下，确认来自操作员。在通告类中，进入异常、进入故障、进入正常事件可以要求单独确认也可以不要求。

经常需要将事件通告发送给多个目的地址，或者根据日期与时间的不同发送事件通告给不同的地址。通告类可以根据时间、日期和处理类型定义一个目的地址列表。目的地址定义了一组日期（从星期一到星期日），在这组日期中，这个目的地址对于通告类对象来说是可用的。另外，每个目的地址还定义了起止时间，表示在一周内这些天的这些时候，目的地址对于通告类对象可用。如果使用通告类对象的事件发生，并且发生的日期处于给定目的地址定义的有效日期内，而且发生的时间也处于给定目的地址所定义的时间窗口内，那么就会向该地址发送通告。目的地址可以进一步与进入异常、进入故障、进入正常事件传输相结合，满足具体的应用要求。

目的地址定义了接收通告并进行处理的接收设备。使用只对目标设备有意义的数字句柄来表示处理过程。对于这些句柄的管理由生产商自行确定。接收设备可以通过它独一无二的设备对象标识符或者 BACnet 地址来确定。对于后者，将用到专门的节点地址、多播地址、广播地址。目的地址还可以进一步规定是否需要使用确认或不确认的事件通告。

由于篇幅所限，其属性见 BACnet 规范。

8. 程序对象类型

该对象描述一个应用程序或进程。对程序或进程的描述在操作系统中是一个重要的数据结构，不同的操作系统描述的方式和内容均有所不同。但从应用的角度来看，一个应用程序或进程在不同的操作系统均有共同的特性，这些共同的特性就是该对象描述的内容。程序对象表示在 BACnet 设备中运行的应用程

序的外部可见特征。程序对象的属性向网络提供了一个应用程序的一些参数的
表征。在程序对象的属性中有两个属性特别重要，它们是程序状态（Program_
State）属性和程序改变（Program_Change）属性。程序状态属性反映该对象
所表示的应用程序执行过程的逻辑状态。程序状态属性有 6 个属性值，分别是
IDLE（程序没有执行），LOADING（正在装载应用程序），RUNNING（正在
执行应用程序），WAITING（运行的程序正在等待某个外部事件），HALTED
（由于某个错误导致运行程序中止）和 UNLOADING（运行程序按要求被终
止）。程序改变属性用来请求改变该对象所表示的程序的运行状态。程序改变属
性有 6 个属性值，分别是 READY（这是正常状态，表示准备接收改变请求并执
行），LOAD（如果还没有装载应用程序，则请求装载应用程序），RUN（如果
还没有运行应用程序，则请求应用程序开始执行），HALT（请求应用程序暂停
执行），RESTART（请求应用程序从初始点开始重新运行）和 UNLOAD（请
求应用程序终止运行并且卸载），如图 6-10 所示。

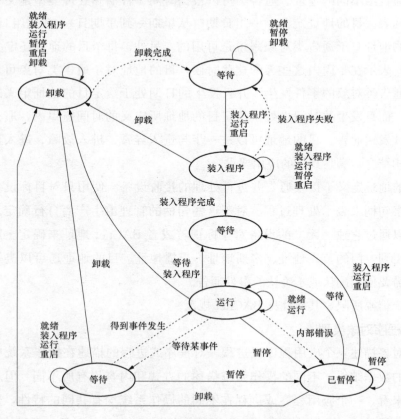

图 6-10 程序状态转换图

138

Program 对象和 File 对象是 BACnet 标准对象中描述操作系统中程序（或进程）和文件两个核心（Core）实体的对象。同理，BACnet 服务对 Program 对象属性的操作最终由操作系统本身来完成。

（1）程序状态属性。这个属性的类型是 BACnet 程序状态类型，反映本对象所代表的运行应用程序的进程的当前逻辑状态。本属性为只读属性，可能取值如下。

空闲（IDLE）：进程未运行。

装入程序（LOADING）：正在装入应用程序。

运行（RUNNING）：进程当前正在运行。

等待（WAITING）：进程正在等待某个外部事件。

已暂停（HALTED）：由于某个错误导致进程暂停。

卸载（UNLOADING）：请求进程终止。

进程的三个状态之间的转换如下。

（2）程序改变属性。这个属性的类型是 BACnet 程序请求类型，用于请求改变本对象所代表的进程的运行状态。程序改变属性提供了改变进程的运行状态的方法。进程也可以将改变它自己的状态作为一个运行结果。本属性可能取值如下。

就绪（READY）：这是正常状态，表示准备接收改变请求。

装入程序（LOAD）：如果还未装载应用程序，则请求装入应用程序。

运行（RUN）：如果还未运行进程，则请求进程开始执行。

暂停（HALT）：请求进程暂停运行。

重启（RESTART）：请求进程从初始点开始重新运行。

卸载（UNLOAD）：请求进程暂停运行并且卸载。

归纳 BACnet 对象模型，可以看出，在传统自动控制工业领域中，一直使用"点"这个通用术语来描述诸如传感器输入、控制输出或者控制值等这些参数类型，而且不同厂家的设备对这些参数特征的表示也使用各自不同的方法。BACnet 定义一个标准对象集合表示楼宇自控网络中参数类型，每个 BACnet 设备中都具有一些（至少一个）对象。每个对象有一个标准属性集合，向网络中的其他设备描述对象和其当前状态。其他 BACnet 设备通过操作属性实现对象控制，从而达到信息交换和分布控制的目的。

BACnet 设备的功能决定于该设备内驻留的对象类型和数量，BACnet 标准并不要求在所有的 BACnet 内要有所有的对象。但每个 BACnet 设备必须要有设备对象，其中的对象列表属性提供了该设备内包含的所有对象的一个列表。

另外，BACnet 标准允许厂家根据需要自己定义专用对象，但是 BACnet 标准并不提供与专用对象的接口，所以，其他设备一般不能访问专用对象。

6.4 BACnet 服务

6.4.1 BACnet 服务简介

在楼宇自控网络中，各种设备之间要进行数据交换，BACnet 的对象提供了网络设备进行信息通信的"共同语言"。除此之外，BACnet 设备之间还要有进行信息传递的手段，例如，一个设备要求另一个设备提供信息，命令另一个设备执行某个动作，或者向某些设备发出信息通知已经发生某事件等。在面向对象技术中，与对象相关联的是属性和方法，属性用来说明对象，而方法是外界用来访问或作用于对象的手段。在 BACnet 中，把对象的方法称为服务（Service），对象提供了对一个楼宇自控设备的网络可见部分的抽象描述，而服务提供了用于访问和操作这些信息的命令。

服务就是一个 BACnet 设备可以用来向其他 BACnet 设备请求获得信息，命令其他设备执行某种操作或者通知其他设备有某事件发生的方法。在 BACnet 设备中要运行一个应用程序，负责发出服务请求和处理收到的服务请求。这个应用程序实际上就是一个执行设备操作的软件。例如，在操作工作台，应用程序负责显示一系列传感器的输入信号，这需要周期性地向相应的目标设备中的对象发送服务请求，以获得最新的输入信号值；而在监测点设备中，它的应用程序则负责处理收到的服务请求，并返回包含有所需数据的应答。实现服务的方法就是在网络中的设备之间传递服务请求和服务应答报文。图 6-11 是一个 BACnet 设备接收服务请求和进行服务应答的示意图。

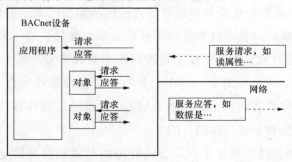

图 6-11 BACnet 服务请求和应答

BACnet 定义了 35 个服务，并且将这 35 个服务按实现的功能划分为 6 个类别。这 6 个服务类别分别是报警与事件服务（Alarm and Event Services）、文件访问服务（File Access Services）、对象访问服务（Object Access Services）、远程设备管理服务（Remote Device Management Services）、虚拟终端服务（Virtual Terminal Services）和网络安全性（Network Security）。服务按通信交互的动态过程又分为两种类型，一种是证实服务（Confirmed，简单标记为 C），另一种是非证实服务（Unconfirmed，简单标记为 U）。发送证实服务请求的设备，将等待一个带有数据的服务应答。而发送非证实服务请求的设备并不要求有应答返回。对于每一个证实服务，BACnet 设备或者能够发送服务请求，或者能够处理并应答收到的服务请求，或者两者都能做。对于每一个非证实服务，BACnet 设备或者能够发送服务请求，或者能够处理收到的服务请求，或者两者都能做。BACnet 并不要求每个设备具有执行每个服务的能力，但是有一个服务是每个设备都必须能够处理的，这就是读属性服务。

在 BACnet 中每个应用层服务都通过下面几方面进行约定，这里以 ReadProperty 服务为例介绍服务层服务的约定用法。

为了从语义上准确地定义应用层服务所具有的功能，BACnet 标准采用表格形式对应用层服务进行定义。证实服务的表格由"参数名称"和"Req（请求）""Ind（指示）""Rsp（响应）"和"Cnf（证实）"等原语组成，共 5 列。非证实服务的表格由"参数名称"和"Req（请求）""Ind（指示）"等原语组成，共 3 列。另外，表的每一行包含一个参数或多个子参数，同时在服务原语和参数所在的列均用下列 4 个指示符之一指出服务原语和参数的使用条件。

M（Mandatory）：强制参数（必备参数）。

U（User）：用户选择参数。用户根据应用可以设置或不设置此项参数。

C（Condition）：条件参数。例如，有些参数是相互关联的，如果设置了其中一项，那么其他项也必须设置。这些相互关联的参数项就称为条件参数。

S（Selection）：选择参数。例如，有些参数是相互排斥的。相互排斥的参数只能选取其中一个。选择参数在表中按如下方式表示：

（1）所有选择参数均用符号 S 表示。

（2）属于同一层次的选择参数具有相同的缩进位置。

（3）如果某个参数具有子参数，则所有的子参数也具有相同的缩进位置。例如，下列两个选择项"参数 X"和"参数 Y"均具有子参数，它们具有相同的缩进层次和缩进位置。这种缩进格式清晰地表明参数 A 和 B 属于参数 X 的子参数，子参数 C 属于参数 Y 的子参数，即

参数 X
  参数 A
  参数 B
参数 Y
  参数 C

如果符号 M、U、C 或 S 后还有符号"（＝）"，则表示此列的参数与其左列的参数在内容上是相同的，或在语义上是相等的。例如，指示原语列中的"M（＝）"符号就表示该指示原语中的参数与其左列中对应的请求原语的参数是相同的，或在语义上是相等的。

某些参数可能还包含子参数，这些子参数也同样用缩进来标注。子参数是否出现取决于父参数。例如，上述例子中的参数 A 和参数 B 是参数 X 的子参数，而参数 C 是参数 Y 的子参数。如果参数 X 是可选参数，当在某个服务原语中不设置此参数时，那么不论其子参数（参数 A 与参数 B）的使用类型是哪种，均随父参数被忽略。

如表 6 - 4 所示是 ReadProperty 服务原语和参数表，共有 5 列。当服务请求成功时，返回 Result（＋）；否则，返回 Result（－）。

表 6 - 4　　　　　　　ReadProperty 服务原语与参数表

参数名称	Req	Ind	Rsp	Cnf
Argument（参数）	M	M（＝）		
Object Identifier（对象标识符）	M	M（＝）		
Property Identifier（属性标识符）	M	M（＝）		
Property Array Identifier（属性数组索引）	U	U（＝）		
Result（＋）			S	S（＝）
Object Identifier（对象标识符）			M	M（＝）
Property Identifier（属性标识符）			M	M（＝）
Property Array Identifier（属性数组索引）			U	U（＝）
Property Value（属性值）			M	M（＝）
Resul（－）			S	S（＝）
Error Type（错误类型）			M	M（＝）

（1）服务参数说明。

1）Argument（参数）。该类参数用于请求和指示原语。

Object Identifier（对象标识符）。数据类型为 BACnetObjectIdentifier（BACnet 对象标识符）。该参数用于标识一个被访问对象的实例。

Property Identifier（属性标识符）。数据类型为 BACnet Property Idnetifier（BACnet 属性标识符）。该参数用于标识被访问对象中的访问属性。由于该服务只读出单个对象的单个属性，索引这个参数值是必需的。

Property Array Index（属性数组索引）。数据类型为 Unsigned（无符号整数）。如果 Property Identifier 参数标识的属性是一个数组类型的属性，则可以使用这个可选的参数（U），指明数组中被访问元素的数组索引。如果省略这个参数，则表示访问整个数组。如果 Property Identifier 参数标识的属性不是一个数组，则省略这个参数。

2）Result（＋）。当服务请求成功时，服务器返回成功的信息。Result（＋）包含如下用于响应和证实原语中的参数。从 S 指示符可以看出，该类参数与 Result（一）类参数是互斥的，如果服务请求成功，则选择此类参数进行响应；反之，则选择 Result（一）类参数进行响应。

Object Identifier（对象标识符）。数据类型为 BACnet Object Identifier（BACnet 对象标识符）。该参数用于标识一个已被访问对象的实例，其内容或语义与请求原语中的 Object Identifier 参数相同。

Property Identifier（属性标识符）。数据类型为 BACnet Property Idnetifier（BACnet 属性标识符）。该参数用于标识被访问对象中的已访问属性，其内容或语义与请求原语中的 Property Identifier 参数相同。

Property Array Index（属性数组索引）。数据类型为 Unsigned（无符号整数）。如果 Property Identifier 参数标识的属性是一个数组类型的属性，则可以使用这个可选的参数（U），指明数组中被访问元素的数组索引。如果 Property Identifier 参数标识的属性不是一个数组类型的属性，则省略这个参数。

Property Value（属性值）。如果访问操作成功，则返回这个参数。这个参数的数据类型与被访问属性的数据类型相同，并等于请求访问属性的值。

3）Result（一）。当服务请求失败时，服务器返回与请求访问失败的信息。例如，当请求访问的对象或其属性不存在时，则返回失败的原因或错误类型。Result（一）包含一个用于响应和证实原语中的 Error Type（错误类型）参数。

该参数用于指出发生失败的原因。

Error Type。该参数分为两个部分：Error Class（错误类）和 Error Code（错误代码）。有关 ErrorType 参数的编码和语义请参见 BACnet 标准中的相应说明。

由此可见，服务原语与参数表可以很好地说明服务的交互过程和交互过程中的参数传递过程，是 BACnet 标准说明和定义应用层服务的主要方法之一。

（2）服务过程。服务器通信进程在验证请求的合法性之后，开始执行访问指定对象属性的操作，并对请求方进行响应。如果访问成功，就向请求方返回包含访问对象属性值的 Result（＋）原语。反之，如果访问失败，则向请求方发送包含有错误代码的 Result（－）原语。

有关服务报文和有限状态机的描述，在此不做详细介绍，可以参阅 BACnet 规范。

6.4.2 BACnet 服务的分类介绍

1. 报警与事件服务

报警与事件服务类别中有 8 种服务，这类服务处理 BACnet 设备感知的环境状态的变化。在 BACnet 中，事件表示有预先设置的某个对象的某个属性的值的改变，或者内部状态的改变。BACnet 并没有指定哪个事件应被考虑为报警，而是定义了 Notify _ Type 属性，使用户可以用来指定哪个事件应被作为报警。BACnet 提供了三种管理事件的机制：属性值的改变（COV）报告，内部特性报告和算法改变报告。报警与事件服务提供了 BACnet 设备预定请求"值的改变通告"、请求报警或事件的状态摘要、向其他设备发送报警或事件发生的通知和已经收到报警通知的确认等的方法。

有 9 个对象可以具有支持报警与事件服务功能的可选属性，这 9 个对象是模拟输入对象，模拟输出对象，模拟值对象，数字输入对象，数字输出对象，数字值对象，环对象，多状态输入对象和多状态输出对象。内部特性报告用来定义只对某个特定对象的且由该对象的属性单独表示的报警或事件的情况。内部特性事件是基于某种算法的，这种算法是某对象类型特有的并且只与该对象的某个属性相关联。例如，"模拟输入对象"支持"读数超出阈值"事件的内部特性报告，一些可选属性定义了可接受值的阈值（Max _ Pres _ Value and Min _ Pres _ Value），这个阈值检查只用于"当前值属性"。算法改变报告可用于任何对象的任何属性。BACnet 定义了 6 个事件算法，分别是比特流的改变（Change _ Of _ Bitstring）、状态改变（Change _ Of _ State）、值的改变（Change _ Of _

Value）、命令失败（Command ＿ Failure）、极限溢出（Floating ＿ Limit）和超出阈值（Out ＿ Of ＿ Range）。表 6 - 5 列出了报警与事件服务类别中的 8 种服务的功能。

表 6 - 5　　　　　　　　　　　　　报警与事件服务

服务	证实性	描述
确认报警 （Acknowledge Alarm）	C	用来告知报警发送方，操作者已收到报警
确认的"属性值改变"通告 （Confirmed COV Notification）	C	告知"属性值改变"的预定设备，在一个属性中已发生值的改变
确认的事件通告 （Confirmed Event Notification）	C	用来告知发送者，可能发生一个错误
获得报警摘要 （Get Alarm Summary）	C	请求设备提供一份活动报警列表
获得注册摘要 （Get Enrollment Summary）	C	请求一份（可能错误的）事件列表
预订"属性值改变" （Subscribe COV）	C	由一个设备发送的，请求当在一个对象中有属性值改变发生，要被告知
不确认的"属性值改变"通告 （Unconfirmed COV Notification）	U	告知"属性值改变"的预定设备，在某个对象的一个或多个属性中值的改变已发生
不确认的事件通告 （Unconfirmed Event Notification）	U	用来告知多个设备，可能发生一个或多个错误

其服务原语与参数表以及具体服务过程，请参见 BACnet 规范标准。

2. 文件访问服务

文件访问服务提供读写文件的方法，这包括上传和下载控制程序和数据库的能力。表 6 - 6 列出了文件访问服务类别中的两种服务的功能。服务之所以称为基本读文件和基本写文件，是因为在对一个文件进行读或写操作时，不允许同时又进行另外的读或写操作。BACnet 提供了以记录结构（Record - structure）格式或者以连续字节流的方式访问文件。

表 6 - 6　　　　　　　　　　　　　文件访问服务

服务	证实性	描述
基本读文件（Atomic Read File）	C	请求获得一个"文件对象"文件的部分或全部
基本写文件（Atomic Write File）	C	向一个"文件对象"写入部分或全部文件

每一个能被文件访问服务的文件，在 BACnet 设备中都有一个对应的文件对象。这个文件对象标识特定的文件的名称。另外，文件对象还提供诸如文件总长度、文件创建日期和文件类型这样的访问头信息。文件访问服务给出两种文件模型：连续字节流模型和编号记录的连续序列模型。

文件访问服务提供基本读和写操作。在协议中，基本的（Atomic）表示在读和写操作的执行期间，不允许有其他的基本读文件操作或者基本写文件操作作用在同一个文件上。具有 BACnet 设备内部操作性质的服务如何同步的问题由生产商自行解决。

其服务原语与参数表，请参见 BACnet 规范标准。

（1）基本读文件（Atomic Read File）的服务过程。响应的 BACnet 用户首先检验'文件标识符'的有效性，如果文件对象未知，如果当前存在另外一个正在运行的基本读文件或者基本写文件服务，如果文件对象由于其他的原因当前不可访问，则返回一个 Result（一），并给出一个适当的错误类和代码。如果"文件开始位置"参数或者"文件开始记录"参数小于 0 或者大于文件的实际尺寸，则返回一个 Result（一），并给出一个适当的错误类和代码。如果不是上述情况，响应的 BACnet 用户就读出由"请求的字节数目"参数规定的字节数，或者读出由"请求的记录数目"参数规定的记录数。如果文件中保存的字节数或者记录数小于请求的数目，则返回的"文件数据"参数的长度或者"返回的记录数目"参数指明实际读出的数目。如果返回的响应包含文件的最后一个字节或者记录，则"文件结束"参数应该为 TURE，否则，这个参数为FALSE。

（2）基本写文件（Atomic Write File）的服务过程。响应的 BACnet 用户首先检验"文件标识符"的有效性，如果文件对象未知、如果当前存在另外一个正在运行的基本读文件或者基本写文件服务、如果文件对象由于其他的原因当前不可访问，则返回一个 Result（一），并给出一个适当的错误类和代码。如果"文件开始位置"参数或者"文件开始记录"参数大于文件的实际尺寸，则文件将被扩展到指定的尺寸，但是插入的字节或者记录的内容和多少是个本地事务。如果这些参数中有一个具有特别值−1，则将写操作处理为从当前文件的末端进行附加写入。然后，响应的 BACnet 用户向文件中写入由"字节数目"参数规定的字节数，或者写入由"记录数目"参数规定的记录数。如果由于任何原因导致写操作失败，则返回一个 Result（一），并给出一个适当的错误类和代码。如果全部成功写入，则返回一个 Result（＋）。"文件开始位置"参数或者"文件开始记录"参数指明被写数据的实际位置或者记录。

3. 对象访问服务

对象访问服务类别中有 9 种服务，提供了读出、修改和写入属性的值以及增删对象的方法。表 6-7 列出对象访问类服务类别中 9 种服务的功能，为了将对一个 BACnet 设备中的多个属性的读出和写入操作结合到一个单一的报文中，提供了读多个属性（ReadPropertyMultiple）和写多个属性（WritePropertyMultiple）服务，这将减轻网络的负载。条件读属性（ReadPropertyConditional）提供了更复杂的服务，设备根据包含在请求中的准则来测试每个相关的属性，并且返回每个符合准则的属性的值。虽然定义了创建对象和删除对象服务，但是其应用是受限制的。与物理设备本身相关联的对象是不可增删的，而组对象和事件注册对象以及在某些情况下的文件对象可对其进行增删服务。其服务原语与参数表参见 BACnet 规范标准。

表 6-7　　　　　　　　　　　对象访问服务

服务	证实性	描述
添加列表元素（AddListElement）	C	向一个列表的属性添加一个或多个项目
删除列表元素（RemoveListElement）	C	从一个列表的属性中删除一个或多个项目
创建对象（CreateObject）	C	用来在本设备中创建一个对象的新实例
删除对象（DeleteObject）	C	用来在本设备中删除某个对象
读属性（ReadProperty）	C	返回一个对象的一个属性的值
条件读属性（ReadPropertyConditional）	C	返回符合条件的多个对象中的多个属性的值
读多个属性（ReadPropertyMultiple）	C	返回多个对象中的多个属性的值
写属性（WriteProperty）	C	向一个对象的一个属性写入值
写多个属性（WritePropertyMultiple）	C	向多个对象中的多个属性写入值

（1）读属性（ReadProperty）服务的服务过程。服务器通信进程在验证请求的合法性之后，开始执行访问指定对象属性的操作，并对请求方进行响应。如果访问成功，就向请求方返回包含访问对象属性值的 Result（＋）原语。反之，如果访问失败，则向请求方发送包含有错误代码的 Result（－）原语。

（2）条件读属性（ReadPropertyConditional）服务的服务过程。响应的

BACnet用户检验了请求的合法性之后，就搜寻自己的对象数据库，选择满足特定选择准则的对象。对于每一个选中的对象，根据特定的"属性引用列表"参数，构造一个"读访问结果"。虽然没有要求请求被自动执行，但是响应的BACnet用户应该保证，除了服从优先级准则之外，要在尽可能最短的时间内读出所有的属性值。请求被连续执行下去，直到所有的选择的对象的指定属性都被访问完成。如果没有搜寻到满足准则的对象，则返回一个Result（＋）原语，其中"读访问结果列表"的长度为0。如果搜寻到一个或者多个满足准则的对象，则返回一个Result（＋）原语，其中在"读访问结果列表"中传送所有的访问结果。

（3）写属性（WriteProperty）服务的服务过程。响应的BACnet用户检验了请求的合法性之后，使用"属性值"参数提供的值执行对特定对象的特定属性的修改操作。如果修改操作成功，发送一个Result（＋）原语。如果修改操作失败，发送一个Result（－）原语，指明失败的原因。

（4）添加列表元素（AddListElement）服务的服务过程。响应的BACnet用户检验了请求的合法性之后，开始对"对象标识符"参数标识的对象进行修改操作。如果标识的对象存在，并且具有"属性标识符"参数规定的属性，就向规定的属性中添加在"元素列表"参数中定义的所有元素。如果操作成功，发送一个Result（＋）原语。如果有一个或者多个元素在列表中已经存在，则忽略这个（些）元素，即不向列表中添加这个（些）元素。忽略一个已经存在的元素，并不导致服务的失败。

如果标识的对象不存在，或者标识的属性不存在，或者标识的属性不是一个列表，则服务都失败，发送一个Result（－）原语。如果有一个或者多个元素不能添加到列表中，而且它（们）又不是列表本身的成员，则发送一个Result（－）原语，并且不向列表中添加任何元素。

（5）创建对象（CreateObject）服务的服务过程。响应的BACnet用户检验了请求的合法性之后，开始进行创建一个具有"对象说明符"参数所规定的类型的新对象的操作。

如果"对象说明符"参数中包含一个对象类型，则新创建对象的对象标识符属性被初始化为一个在响应的BACnet用户设备中唯一的值。用来产生对象标识符的方法由生产商自行确定。对象类型属性被初始化为"对象说明符"参数的值。如果不能创建规定类型的新对象，则返回一个Result（－）原语，并且将"第一次失败元素标号"参数设置为 0。

如果"对象说明符"参数中包含一个对象标识符，则响应的 BACnet 用户确定这个标识符的对象是否已经存在。如果已经存在一个这样的对象，就不创建新的对象，返回一个 Result（一）原语，并且将"第一次失败元素标号"参数设置为 0。如果不存在这样的对象，但是不能创建这个对象，则返回一个 Result（一）原语，并且将"第一次失败元素标号"参数设置为 0。如果这样的对象不存在，并且可以创建，则创建一个新对象。新对象的对象标识符属性具有"对象说明符"参数所规定的值，对象类型属性具有一个与对象标识符的对象类型域一致的值，如果原语中包含有可选的"初始值列表"参数，则列表中的所有属性都要被初始化为指定值。其他属性的初始化问题由生产商自行解决。如果不能成功完成初始化过程，则返回一个 Result（一）原语，将"第一次失败元素标号"参数指定在"初始值列表"参数中的第一个不能被初始化属性，并且不创建对象。如果创建新对象的操作成功，则返回一个 Result（＋）原语，其中传送了新创建对象的对象标识符属性的值。

其服务原语与参数表，请参见 BACnet 规范。

4. 远程设备管理服务

远程设备管理服务类别中有 11 种服务，提供对 BACnet 设备进行维护和故障检测的工具。表 6-8 列出了远程设备管理服务类别中的 11 种服务的功能。可以用 Who-Is 和 I-Am 服务来获得 BACnet 互联网中的 BACnet 设备的网络地址。当一个 BACnet 设备需要知道一个或多个其他 BACnet 设备的地址时，它就可向整个 BACnet 互联网广播一个标明有一个"设备对象实例标号"或者一组"设备对象实例标号"的 Who-Is 服务请求报文。需要响应的设备并不是向询问设备发回一个响应，那些具有 Who-Is 报文中标明的"设备对象实例标号"的设备向本地局域网、远程网，或者整个 BACnet 互联网广播一个包含有其自己的网络地址的 I-Am 服务报文。这样不仅响应了询问的设备，而且也使那些需要知道地址的其他设备得到了信息，限制了网络负载的增加。

Who-Has 和 I-Have 服务具有与 Who-Is 和 I-Am 相似的功能，但是在 Who-Has 中增加了一个"对象标识符"或者"对象名称"，具有相应询问请求的对象的设备广播一个 I-Have 服务报文作为响应。其服务原语与参数表，请参见 BACnet 规范标准。

表 6 - 8   远程设备管理服务

服务	证实性	描述
设备通信控制 （DeviceCommunicationControl）	C	通知一个设备停止（及开始）接收网络报文
确认的专用信息传递 （ConfirmedPrivateTransfer）	C	向一个设备发送一个厂商专用报文
不确认的专用信息传送 （UnconfirmedPrivateTransfer）	U	向一个或多个设备发送一个厂商专用报文
重新初置设备 （ReinitializeDevice）	C	对接受的设备进行排序，以使可以自引导冷启动或热启动
确认的文本报文 （ConfirmedTextMessage）	C	向另一个设备传递一个文本报文
不确认的文本报文 （UnconfirmedTextMessage）	U	向一个或多个设备发送一个文本报文
时间同步 （TimeSynchronization）	U	向一个或多个设备发送当前时间
Who - Has	U	询问 BACnet 设备中哪个含有某个对象
I - Have	U	肯定应答 Who - Has 询问，广播
Who - Is	U	询问关于某个 BACnet 设备的存在
I - Am	U	肯定应答 Who - Is 询问，广播

（1）有证实专有传输（ConfirmedPrivateTransfer）服务。一个客户端的 BACnet 用户使用有证实专有传输服务调用远程设备中的专有的或者非标准的服务。本标准不定义给定设备可能提供的专有服务，专有传输服务提供一种机制，使用标准化的方法说明某个专有服务。对于这些服务唯一要求的参数是生产商的标识代码和一个服务标号。如果需要，每种服务都可以增加参数，本标准不定义增加的参数的形式和内容。生产商的标识代码和服务标号一起可以明确地标识后续的 APDU 要求传送信息的目标，或者标识远程设备基于后续 APDU 中参数所完成的服务。

服务过程：响应的 BACnet 用户检验了请求的合法性之后，进行执行指定的专有服务请求的操作。如果操作成功，发送一个 Result（＋）响应原语。如果请求失败，发送一个 Result（－）响应原语。

（2）重新初始化设备（ReinitializeDevice）服务。一个客户端的 BACnet 用户使用重新初始化设备服务向一个远程设备发送指令，指示这个设备重新冷启动，或者重新热启动到某个预设的初始状态。本服务主要由操作者用来进行设备诊断。因为这个服务的性质，可以要求在响应的 BACnet 用户执行这个服务之前，输入密码。

服务过程：响应的 BACnet 用户检验了包括密码在内的请求的合法性之后，在所有的未完成请求之前，响应一个 Result（＋）服务原语，并且立即执行停止系统运行的应用程序，然后按照在请求中由请求的 BACnet 用户所规定的方式重新初始化设备。如果服务请求要求热启动，而设备由于自己的初始特征记录正在进行中而没有准备好进行热启动，则发送一个 Result（－）服务原语。如果要求使用密码，但是密码不合法，或者密码不存在，则发送一个 Result（－）响应原语。

（3）有证实文本报文（ConfirmedTextMessage）服务。一个客户端的 BACnet 用户使用有证实文本报文服务向另一个 BACnet 设备发送一个文本报文。这个服务不是一个广播服务或者多播服务。这个服务用于收到的文本报文要求有证实的情况。这个证实并不保证操作者已经看到了这个报文。报文可以被分为正常报文和紧急报文，从而可以确定优先级。另外，可选的为文本报文划分数字类别代码或者类别标识串。这个分类可以被接收的 BACnet 设备用来确定如何处理文本报文。例如，报文类可以指定某个输出设备打印文本，或者指定接收文本之后的一组操作。如何进行分类由生产商自行确定。

服务过程：响应的 BACnet 用户检验了请求的合法性之后，进行本地分派给指定的报文类的报文处理操作，并且发送一个 Result（＋）服务原语。如果服务请求不能被执行，则发送一个 Result（－）服务请求，指明遇到的错误。

除了要求进行关于成功或者失败的响应之外，采用什么样的操作来响应这个通知由生产商自行确定。然而，通常接收报文的设备要取出"报文"参数中的文本，并且显示、打印或者根据"报文类"参数指定的类别归档。如果"报文类"参数被省略，则可以假设报文为普通类别。如果"报文优先级"是紧急，则认为这个报文比已有的正在等待处理的正常报文要重要。

（4）Who-Has 和 I-Have 服务。一个发送的 BACnet 用户使用 Who-Has 服务确定一些其他 BACnet 设备的设备对象标识符和网络地址，这些设备的本地数据库中包含具有给定的对象名称属性或者给定的对象标识符属性的对象。设备使用 I-Hava 服务响应 Who-Has 服务请求，或者通告自己有一个具有给定的对象名称属性或者对象标识符属性的对象。可以在任何时候发送 I-Hava 服务请求，并不要求一定要在接收到 Who‐Has 服务请求之后才能够使用。Who‐Has 服务和 I‐Hava 服务是无证实的服务。

1）Who‐Has 服务过程。发送方 BACnet 用户通常使用广播地址发送 Who‐Has 服务请求。如果"设备实例低阈值范围"和"设备实例高阈值范围"参数存在，则那些接收到这个报文的 BACnet 用户设备中，设备的对象标识符属性值实例在范围（"设备实例低阈值范围"≤对象标识符属性值实例≤"设备实例高阈值范围"）之内的，有资格进行响应。如果"对象名称"参数存在，则只有那些有资格的设备，同时又包含其对象名称属性值与"对象名称"参数值匹配的对象的设备，使用 I‐Hava 服务请求进行响应。如果"对象标识符"参数存在，则只有那些有资格的设备，同时又包含其对象标识符属性值与"对象标识符"参数值匹配的对象的设备，使用 I‐Hava 服务请求进行响应。

2）I‐Have 服务过程。发送方 BACnet 用户广播 I‐Have 服务请求。根据应用的需要，这个广播可以是在本地网络范围内的广播，也可以是在一个远程网络范围内的广播，或者是在所有网络中的全局广播。如果正在被发送的 I‐Have 服务请求是对前面接收到的一个 Who‐Has 服务的响应，则要按照发送 Who‐Has 服务的 BACnet 用户应该接收到的 I‐Have 服务结果的方式发送这个 I‐Have 服务请求。因为这个请求是无证实的，所以不要求进一步的操作。一个 BACnet 用户可以在任何时候发送一个 I‐Have 服务请求。

（5）Who‐Is 服务的服务过程。发送方 BACnet 用户通常使用广播地址发送 Who‐Is 服务请求。如果省略了"设备实例低阈值范围"和"设备实例高阈值范围"参数，则所有这个报文的 BACnet 用户设备都使用 I‐Am 服务单独响应自己的设备对象标识符。如果"设备实例低阈值范围"和"设备实例高阈值范围"参数存在，则那些接收到这个报文的 BACnet 用户设备中，设备的对象标识符属性值实例在范围（"设备实例低阈值范围"≤对象标识符属性值实例≤"设备实例高阈值范围"）之内的设备，使用 I‐Am 服务请求响应它们的设备对象标识符。

（6）I‐Am 服务的服务过程。发送方 BACnet 用户广播 I‐Am 服务请求。根据应用的需要，这个广播可以是在本地网络范围内的广播，也可以是在一个远程网络范围内的广播，或者是在所有网络中的全局广播。如果正在被广播的 I‐Am 服务请求是对前面接收到的一个 Who‐Is 服务的响应，则要按照发送 Who‐Is 服务的 BACnet 用户应该接收到的 I‐Am 服务结果的方式发送这个 I‐Am 服务请求。因 187 187 为这个请求是无证实的,所以不要求进一步的操作。一个 BACnet 用户可以在任何时候发送一个 I‑Am 服务请求。

其服务原语与参数表,请参见 BACnet 规范。

5. 虚拟终端服务

因为不同厂家生产的楼宇自控设备仍然保持在其硬件和结构上的专有特性,BACnet 要提供一种工具,使得操作者能够重构这些设备。虚拟终端服务就是这样的工具,它们提供了一种实现面向字符的数据双向交换的机制。操作者可以用虚拟终端服务建立 BACnet 设备与一个在远程设备上运行的应用程序之间的基于文本的双向连接,使得这个设备看起来就像是连接在远程应用程序上的一个终端。有三种基本服务:VT 开启(VT‑Open)、VT 关闭(VT‑Close)、VT 数据(VT‑Data)。VT 开启服务用于在两个对等进程之间建立一个 VT 会话。VT 关闭服务用来释放已建立的 VT 会话。VT 数据服务用于在两个对等进程之间进行数据交换,表 6‑9 列出了虚拟终端服务类别中的三种服务的功能。

其服务原语与参数表以及具体服务过程,请参见 BACnet 规范。

表 6‑9 虚拟终端服务

服务	证实性	描述
VT‑Open	C	与一个远程 BACnet 设备建立一个虚拟终端会话
VT‑Close	C	关闭一个建立的虚拟终端会话
VT‑Data	C	从一个设备向另一个参与会话的设备发送文本

6. 网络安全性服务

安全性服务提供对等实体验证、数据源验证、操作者验证和数据加密等功能。为了实现安全性功能,在网络中要设置一个设备作为密钥服务器,每个要具有安全性特性的设备都要被分配一个密码,并且支持安全性服务。BACnet 允许支持安全性服务的设备与不支持安全性服务的设备混合运行,是否运行安全性服务由具体的事务决定。表 6‑10 列出了安全性服务类别中的两种服务的功能。其服务原语与参数表以及具体服务过程,请参见 BACnet 规范。

表 6‑10 安全性服务

服务	证实性	描述
验证(Authenticate)	C	验证密码
请求密钥(RequestKey)	C	申请一个密钥

6.5 BACnet /IP——BACnet 互联网

6.5.1 BACnet 互联网的概念

BACnet 互联网是由两个或者多个 BACnet 网络所组成的网络。BACnet 标准最初只是作为一个楼宇范围的自动控制网络通信协议而制定的标准。随着信息社会的发展，越来越多地要求将 BACnet 系统跨越园区、城市、地区、国家和洲而连接起来。最合适的实现方法就是使用现有的 IP 和广域网将 BACnet 系统连接。但是，BACnet 设备和 IP 设备使用的是不同的协议、不同的语言，不能将这些设备简单地放置于一个网络中就能使它们在一起工作。为了使网络中的设备能够通信，网络设备必须使用共同的语言，称为协议。对于 BACnet 设备，协议就是 BACnet 协议。对于 IP 网络设备，协议就是 TCP/IP。协议定义了设备之间交换的报文分组的格式、传输帧的格式，以及包含有目标地址和协议类型的封装格式。将多个网络连接起来就组成互联网，连接互联网中的网络的设备称为路由器，路由器要与两个以上的网络连接。路由器在接收到一个报文时，需要确定是否要将这个报文转发到另一个网络中，因此它必须能够理解帧的协议。BACnet 路由器必须理解 BACnet 帧，IP 路由器必须理解 IP 帧。仅仅由只能够理解 BACnet 帧的路由器连接的 BACnet 互联网称为直接连接的互联网，由 IP 路由器将多个直接连接的互联网互连，组成"超级"互联网。要将 BACnet 网络通过 IP 广域网互连起来，首先遇到的问题是 IP 路由器不能识别 BACnet 帧。解决这个问题的方法是使用一个也能够理解 IP 的特别 BACnet 设备，这个设备能够将 BACnet 报文封装到一个 IP 帧中，从而使得 IP 路由器能够识别该帧，并且通过 IP 互联网进行转发。在目标节点，有另一个这样的设备用来从 IP 帧中拆装出 BACnet 报文，并且进行处理。

BACnet 标准目前使用两种技术来实现 IP 互联 BACnet 网络。第一种技术称为隧道技术，其设备称为 BACnet/IP 分组封装拆装设备，简称 PAD，其作用像一个路由器，将 BACnet 报文通过 IP 互联网传送。第二种技术称为 BACnet/IP 网络技术，设备称为 BACnet/IP 设备，其作用就是直接将 BACnet 报文封装进 IP 帧中进行传输。

6.5.2 用 PAD 组建 BACnet 互联网

所谓隧道技术是指要实现这样一个过程，首先将数据封装在一个网络协议的数据包内，然后使用该协议进行数据传输，最后在它们到达其目的地时解开封装。为了通过 IP 网络连接 BACnet 网络，在每一个 BACnet 网络中要配置一个称为 PAD 的特别类型的路由器，它的作用是通过 IP 网络将一个 BACnet 网络与另一个 BACnet 网络互连起来。PAD 可以是一个单独的设备，也可以是楼宇控制设备的一部分功能。PAD 的功能像一个 BACnet 路由器，当它接收到一个BACnet 报文时，如果该报文的目标地址位于一个远程 BACnet 网络，而且只能通过一个 IP 互联网才能到达目标 BACnet 网络，PAD 将该报文封装进一个 IP帧中，给出位于目标 BACnet 网络中的对应的 PAD 的 IP 地址，作为封装帧的目标 IP 地址，将此帧发送到 IP 互联网中。接收方的 PAD 从 IP 帧中取出 BACnet报文，并且将其传送给本地局域网内的目标设备。发送和接收报文的 BACnet 设备本身并不知道为了传送报文会有这么多特别的操作。它们与 PAD 通信就好像PAD 是一个连接到 BACnet 网络上的普通的 BACnet 路由器一样。使用隧道传输技术的好处是，在将数据包发往远程目的地之前，PAD 设备可以修改数据包，为此，最常见的用法就是对数据包进行加密，从而形成一个安全的网络，图 6-12 为用 PAD 组建 BACnet 互联网的工作原理图。

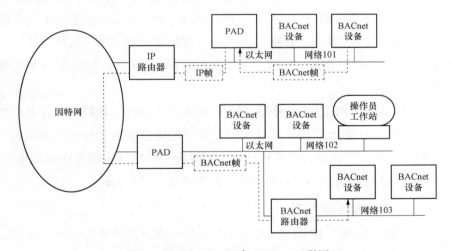

图 6-12　用 PAD 组建 BACnet 互联网

在图 6-12 中，网络 102 和网络 103 由一个 BACnet 路由器连接组成直接连接的互联网，而网络 101 由 IP 路由器通过因特网连接于直接连接互联网，组成"超级"互联网。从图中还可以看到，存在两种 PAD 配置。

第一种是 PAD 只有一个物理网络连接端口，比如在网络 101 中，BACnet帧和 IP 帧都能传输。为了将 IP 帧传送给远程的 PAD，要求在网络中配置一个IP 路由器。

第二种 PAD 配置，对于 BACnet 帧和 IP 帧有不同的连接端口。IP 端口可以直接连接到 IP 互联网上，这时，PAD 被 IP 互联网认为是一个用 IP 进行通信的设备，而不是一个 IP 路由器。对于 BACnet 设备来说，IP 路由器和因特网都是完全不可见。

PAD 与 BACnet 路由器的不同点是它们处理全局广播的方式不同。路由器的处理方式是，对于广播报文，路由器将它重新发送给除了报文来自那个网络之外的所有网络；而 PAD 却是向每一个对等 PAD 发送一个 IP 帧，这就要求 PAD 保持一个对等 PAD 的 IP 地址表。

在智能小区中应用 BACnet 互联网是一个非常好的应用实例。在园区中，每个楼宇都有它自己的 BACnet 网络，通过园区中的 IP 互联网，将园区中的所有楼宇 BACnet 网络互连组成一个广域的 BACnet 互联网，并且构造成为一个虚拟网络。虚拟网络的概念是这样的，由 IP 网络将若干个 BACnet 网络互连起来组成一个 BACnet 互联网，对于互联网中的 BACnet 设备来说，由于 IP 网络是不可见的，这些 BACnet 设备会将整个 BACnet 互联网中的 BACnet 设备都看成是在一个单独的 BACnet 网络中的设备一样，从这个角度来说，就形成了一个虚拟的网络。将若干个甚至所有的园区 BACnet 互联网通过因特网（因特网是一个全球范围内的 IP 网络）互连，组成"超级"BACnet 互联网，构造为一个超级虚拟网络。

图 6-13 表示由两个智能小区互联网所组成的"超级"互联网，其中两个小区各自都有自己的 IP 互联网，并且构造了各自的虚拟网络（标记为虚拟网络 1 和虚拟网络 2），通过因特网互联构造成为超级虚拟网络（标记为虚拟网络 10）。从图 6-13 中还可看到，组成超级虚拟网需要增加 PAD 设备。

6.5.3 BACnet/IP 网络

PAD 设备是实现在 IP 网络上互连 BACnet 网络的最简单的方法，但是，这种方法有一些不足。其中之一是不容易从网络中增删设备。如果要重构网络时，必须重新改写每一个 PAD 中的对等 PAD 设备表。为此，SSPC135 开发了一个更有效的协议，称为 BACnet/IP，BACnet/IP 网络是由一个或者多个 IP 子网络组成的集合，其中整体具有一个单独的 BACnet 网络号。BACnet/IP 规范的内容有 7 个部分，分别是：

（1）提出并详细描述由一个或者多个 IP 子网组成的 BACnet 网络的概念。

（2）详细描述了使用 BACnet 非确认服务进行在 BACnet/IP 网络和非

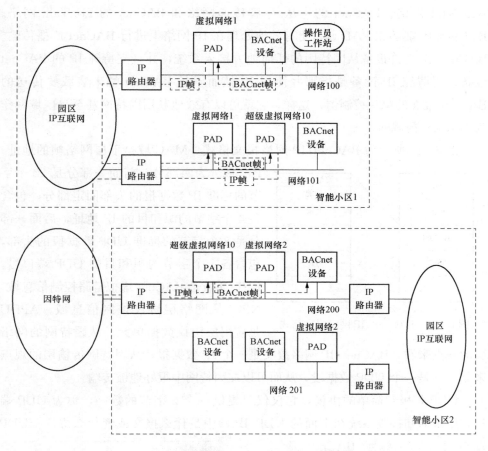

图 6 - 13　智能小区中的 BACnet 互联网

BACnet/IP 网络之间的本地、远程和全局广播的管理。

（3）定义一个新设备，称为 BACnet 广播管理设备（BBMD），用来进行广播管理。

（4）通过定义一个新的协议层，称为 BACnet 虚拟链路层（BVLL），实现 BACnet/IP 通信。

（5）提供了外来设备接入 BACnet/IP 网络的方法。

（6）规定了在 BACnet/IP 网络和非 BACnet/IP 网络之间的路由。

（7）规定了多个 BACnet/IP 网络之间的路由。

BACnet/IP 网络是由一个或者多个具有 IP 域名的子网组成的、具有一个单独的 BACnet 网络号的集合网络。BACnet 互联网由两个或者多个 BACnet 网络组成，这里的 BACnet 网络是 BACnet/IP 网络、BACnet 的以太网、BACnet 的

ARCNET 网络、BACnet 的主从/令牌传递网络和 BACnet 的 LonTalk 网络。BACnet/IP 能够比 PAD 设备更有效地处理在 IP 网络上进行 BACnet 广播传输。BACnet/IP 允许设备从因特网的任何地方接入系统，并且支持纯 IP 的 BACnet 设备，所谓纯 IP 设备是指那些使用 IP 帧而不是 BACnet 帧来装载要传送的 BACnet 报文的单一控制器，这样，它就可以有效地利用因特网甚至是广域网作为 BACnet 局域网。

图 6-14 所示为 BACnet/IP 网络报文格式。MAC 域是下层网络帧的地址。BIP 域分为两部分，前面一部分是 20 个字节的标准 IP 数据报的头部固定部分，包含各 4 个字节的源和目的 IP 地址，后面一部分是 8 个字节的标准 UDP 数据段的头部，包含各 2 个字节的源和目的 UDP 端口号。BVLCI 域是 BACnet 虚拟链路控制信息域。NPCI 是网络层协议控制信息域。APDU 是应用层协议数据单元。从因特网的网络

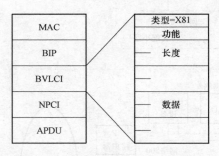

图 6-14 BACnet-IP 网络报文格式

层的观点来看，BACnet/IP 网络报文是一个 IP 数据报，从因特网传输层的观点来看，它是一个 UDP 数据段，从而可以在因特网中很好地被传输。

UDP 是极其简单的协议，它仅仅只提供一个 2 字节的数字，称为 UDP 端口，用来通知接收系统在下面的 UDP/IP 帧中是什么报文或者什么协议。UDP 端口号 47800 标示 BACnet 报文，也是 PAD 设备使用的 UDP 端口号。BACnet/IP 设备缺省使用这个端口号，但是如果必要，许多设备也可以重构使用其他的端口号。

图 6-15 所示为一个 BACnet/IP 报文实例。从图中可以看到，BACnet/IP 设备将 BACnet 报文（在本实例中，这个报文是一个远程设备管理服务中的 I-Am 广播应答报文）加上一些控制信息，

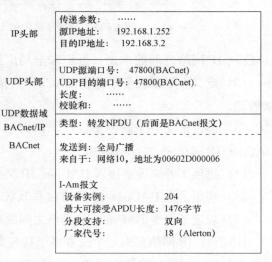

图 6-15 BACnet/IP 报文实例

整体作为 TCP/IP 中的 UDP 报文的数据段，封装进入 IP 帧中。每个 BACnet/IP 设备都具有一个 IP 地址，是一个 IP 网络设备，而它的上层应用又是按照 BACnet 协议进行组织的，可以与其他的 BACnet 设备进行数据"对话"。

BACnet/IP 设备在进行读数据值、传输文件或者其他的设备与设备间通信时，可以在 IP 互联网中直接传输报文。由于 IP 网络本身并不支持 BACnet 类型的广播，BACnet/IP 协议提供两个解决在 IP 网络中进行 BACne 广播的方法。第一个称为组播（Multicast），第二个称之为 BACnet/IP 广播管理设备（BBMD）。

组播是一种特殊类型的广播，它标明了那些接收报文的设备。一个组播报文有一个特殊形式的目标地址，称为组播地址。IP 组播地址范围是 224.0.0.0～239.255.255.255。组播报文通过互联网传送，但是只有那些被标明组播地址的设备才接收和处理组播报文。

BBMD 将由一个 BACnet/IP 设备在其子网内发送的 BACnet 广播报文直接传送给其他子网中的 BACnet/IP 设备。这些报文到达目标子网后，在子网内广播。有两种方法可以用于 BBMD 将一个报文广播到一个远程子网，一种是直接广播方法也称为一跳方法。在一跳方法中，报文有一个地址，可以使得连接到目标的 IP 路由器向该子网广播报文。如果路由器没有广播功能，则必须使用两跳方法。报文先被广播到目标子网中的对等 BBMD 中，再被广播到子网中。为了将 BACnet/IP 设备广播报文发送到虚拟网中的所有其他的 BACnet/IP 设备中，每个具有 BACnet/IP 设备的子网都必须有一个 BBMD。BBMD 保持一个列表，称为广播分配表，其中列出了在虚拟网络中的所有的 BBMD，包括它自己。这个列表在虚拟网中的所有的 BBMD 中都是一样的。

6.5.4 BACnet /IP 和 BACnet 设备的混合网络

可以在一个 BACnet/IP 网络中同时运行 BACnet、BACnet/IP 和 PAD 设备，但是必须遵守三个规则。

第一个规则，BACnet 设备和 BACnet/IP 设备不能互相直接进行通信，它们之间的报文必须通过一个 BACnet‐to‐BACnet/IP 路由器进行路由才能传递给对方。如果 BACnet 设备和 BACnet/IP 设备同时存在于同一个物理网络中，例如以太网，则该网络要有两个 BACnet 网络号，一个为 BACnet 设备所用，另一个为 BACnet/IP 设备所用。

第二个规则，BACnet/IP 设备不能直接与 PAD 设备进行通信，必须使用一个 BACnet‐to‐BACnet/IP 路由器连接到 BACnet 互联网中。

第三个规则，BACnet 在任何两个设备之间必须只有一条路径的要求被满足。

图 6-16 示出了由 BACnet/IP 设备和 BACnet 设备组成的混合网络的工作原理。其中，网络 201 和网络 203 是 BACnet 网络，通过隧道技术与其他网络组成 BACnet 互联网。网络 202 和网络 204 是 BACnet/IP 网络，它们的设备向网络上发送的是 IP 帧，它们通过 IP 路由器可以直接连接到因特网中构成 BACnet 互联网。在网段 2 和网段 3 分别都同时存在 BACnet/IP 设备和 BACnet 设备，这两个网段分别具有两个 BACnet 网络号，而它们各自在两种设备之间进行数据通信时，需要有 BACnet-to-BACnet/IP 路由器进行链接。

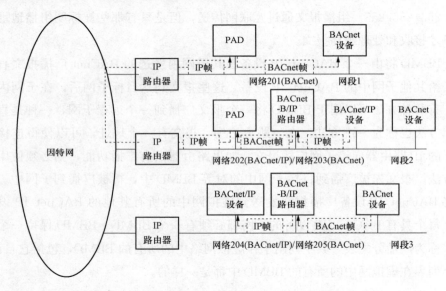

图 6-16　BACnet-IP 与 BACnet 设备组成的混合网络

因特网在世界范围内的广泛使用，使得 IP 网络技术成为目前和今后建立和运行通信网络的主流技术，同时也使得利用因特网建立大范围的 BACnet 系统成为可能。ASHRAE 不失时机地制定出应用 IP 网络技术和因特网建立扩展的 BACnet 系统的技术，为大规模地应用 BACnet 技术奠定了基础。

6.6　BACnet 协议的一致性描述和 BIBBs

6.6.1　BACnet 协议的一致性描述

BACnet 从满足分布式楼宇自控系统对所有控制通信的要求出发，定义了一组标准的对象类型和服务。实际上，对于一个具体的楼宇自控系统来说，由于控制目的和策略不同，一个 BACnet 设备并不需要实现 BACnet 标准的所有功能，因而形成了各式各样的 BACnet 设备。为了促进对新产品的设计开发和应用。BACnet 协议定义了 6 个一致性类别和 13 个功能组。

一致性类别的编号是 1~6，是分级结构，最低级别的是一致性类别 1。每个类别都规定了设备要实现的最小的服务子集，且包含比它低一级类别的所有服务。随着一致性类别的级别的提高，不断增加设备应能够响应的服务请求和能够启动的服务请求的数量。一致性类别 1 的 BACnet 设备只要求具有一个设备对象（Device Object）及能够响应读属性服务请求。一致性类别 2 的设备要求再增加能够响应写属性服务请求。一致性类别 3 的设备增加的服务是启动 I - Am 和 I - Have 服务请求，响应读多个属性、写多个属性、Who - Has 和 Who - Is 服务请求。一致性类别 4 的设备再增加的服务是启动添加列表元素、删除列表元素、读属性、读多个属性、写属性和写多个属性服务请求，响应添加列表元素和删除列表元素服务请求。一致性类别 5 的设备再增加的服务是启动 Who - Has 和 Who - Is 服务请求，响应创建对象、删除对象和条件读属性服务请求。一致性类别 6 要求设备能够执行全部 32 个服务类型中的 21 个，其中有 20 个必须是该设备能够启动的服务，有 17 个是设备能够响应的服务。一致性类别分类提供了一种评测 BACnet 设备通信能力的方法。

功能组规定了为实现特定的楼宇自动控制功能而需要的对象与服务的组合。已经定义了 13 个功能组。时钟功能组提供与具有时钟有关的一般能力。便携工作站功能组提供与便携式工作站设备有关的能力。PC 工作站功能组提供与主操作工作站有关的能力。事件启动功能组提供定义报警和事件、检测报警或事件的产生以及启动通告报警或事件发生的通知报文的能力。事件响应功能组提供对通告报警或事件发生的通知报文的响应能力。COV 事件启动功能组提供启动通知报文通告已发生值改变事件的能力。COV 事件响应功能组提供预定和接收通告已发生值改变事件的通知报文的能力。文件功能组提供读、写、上传和下载文件的能力。重初始化功能组表示能被远程设备重新初始化的能力。虚拟操作员接口功能组提供虚拟终端会话操作员端的能力。虚拟终端功能组提供虚拟终端会话的服务器端的能力。设备通信功能组提供启动和中止与某个设备单独通信的能力，从而可以用于网络监测。时间主机功能组提供自动启动时间同步服务的能力。

但是，在上述的说明和设计方法在实际应用中没有得到很好的应用效果，没有达到预期的目的。主要原因：第一，"一致性"和"功能组"概念之间的区别模糊。第二，"概念"的颗粒度大，第三，没有很好描述通信过程的对称性，不利于功能的扩展。于是提出了新的系统说明和设计方法，这个方法建立在 BIBB 之上。

6.6.2 BIBBs

BACnet 互操作基本功能块（BACnet Interoperability Building Block，BIBB）是描述楼宇自控功能的 BACnet 服务基本单元，是一种 BACnet 应用服务或多种 BACnet 应用服务的集合，每一个 BIBB 代表一个特定的互操作功能单元，并与一个 BACnet 应用层服务相对应。为了便于选择设备，匹配两设备的互操作性，BIBB 分别用 A 设备和 B 设备来定义服务。一般情况下，A 设备表示服务的请求方，B 设备表示服务的响应方。例如，当 A 设备需要读取 B 设备的数据时，A 设备就向 B 设备发出 Read Property 服务请求。随后如果 B 设备收到 A 设备的 Read Property 服务请求报文，并正确进行响应时，就向 A 设备返回包含读取数据值的响应报文。上述互操作可以用一对名为 DS-RP-A 和 DS-RP-B 的 BIBB 进行描述，DS-RP-A 表示 A 设备具有发出 Read Property 服务请求的互操作能力，DS-RP-B 表示 B 设备具有响应 Read Property 服务请求的互操作能力。又如，BIBB-DS-COV-A 是命令 B 设备向 A 设备提供 COV 信息，其中涉及的 BAC-net 应用服务有 Subscribe COV、Confirmed COV Notification 和 Unconfirmed COV Notification。Subscribe COV 服务用于 COV 请求方（A 设备）向 COV 响应方（B 设备）预定 COV 事件。Confirmed COV Notification 和 Uncomfirmed COV Notification 服务都是用于向 COV 预定用户通告对象的属性值已经发生变化，前者是证实服务，后者是非证实服务。

BIBB 是描述互操作功能的最小单元，并且与 BACnet 应用层服务相对应，因而 BACnCnet 标准定义了数量较多的 BIBB。为了易于使用，BACnet 标准对 BIBB 进行分类和分组，并用不同的 BIBB 组合实现了该指南所提出的 5 个互操作域。BACnet 标准根据"ASHRAE 13 DDC 系统说明和设计指南"定义的这 5 个互操作域如下所示。

（1）数据共享（DS Data Sharing）：定义共享数据的类型、表示方式以及操作等内容。

（2）报警与事件管理（AE-Alarm and Event Management）：定义报警与事

件的产生条件、显示与确认方式、内容摘要以及相关参数调整等内容。

（3）日程控制（Sched Scheduing）：定义自控设备的时间安排表、启/停次数显示和修改时间安排表等内容。

（4）趋势（T-rending）：定义趋势与日志列表、数据存储与检索以及参数设置等内容。

（5）设备与网络管理（DM-Device and Network Management）：定义设备与网络的运行状态显示、远程控制、路由表查询与修改等内容。

每个互操作域由多个BIBBs组成，如表6-11所示。

表6-11 　　　　　　不同BACnet标准化设备必须具备的BIBBs表

参数 操作域	B-OWS	B-BC	B-AAC	B-ASC	B-SA	B-SS
数据 共享	DS-RP-A，B	DS-RP-A，B	DS-RP-B	DS-RP-B	DS-RP-B	DS-RP-B
	DS-RPM-A	DS-RPM-A，B	DS-RPM-B	DS-WP-B	DS-WP-B	
	DS-WP-A	DS-WP-A，B	DS-WP-B			
	DS-WPM-A	DS-WPM-B	DS-WPM-B			
		DS-COVU-A，B				
报警与 事件 管理	AE-N-A	AE-N-I-B	AE-N-I-B			
	AE-ACK-A	AE-ACK-B	AE-ACK-B			
	AE-INFO-A	AE-INFO-B	AE-INFO-B			
	AE-ESUM-A	AE-ESUM-B				
时间安排	SCHED-A	SCHED-E-B	SCHED-I-B			
趋势与 日志	T-VMT-A	T-VMT-I-B				
	T-ATR-A	T-ATR-B				
设备与 网络 管理	DM-DDB-A，B	DM-DDB-A，B	DM-DDB-B	DM-DDB-B		
	DM-DOB-A，B	DM-DOB-A，B	DM-DOB-B	DM-DOB-B		
	DM-DCC-A	DM-DCC-B	DM-DCC-B	DM-DCC-B		
	DM-TS-A	DM-TS-B 或 DM-UTC-B	DM-TS-B 或 DM-UTC-B			
	DM-UTC-A					
	DM-RD-A	DM-RD-B	DM-RD-B			
	DM-BR-A	DM-BR-B				
	NM-CE-A	NM-CE-A				

1. 数据共享 BIBBs

数据共享是指楼宇自控设备之间的信息交换。共享数据可以是单向的也可以是双向的。该互操作域功能可以收集文档、图像和报表数据，可以允许多个设备共享一个设备（如传感器）的数据或某个计算值，可以允许系统执互锁控制策略，修改设置点或其他 BACnet 对象的操作参数等。BACnet 标准根据应用服务功能定义了如下 8 对数据共享 BIBBs。

（1）DS-RP-A DS-RP-B。这对 BIBB 利用 Read Property 服务进行数据共享。DS-RP-A 表示 A 设备用 ReadProperty 服务读取 B 设备的某个对象的属性值，DS-RP-B 表示 B 设备在收到 A 设备的请求后，执行访问请求，并向 A 设备返回请求值。

（2）DS-RPM-A DS-RPM-B。利用 Read Propertymultiple 服务进行数据共享。DS-RPM-A 表示 A 设备用服务一次读取 B 设备中的多个属性值，DS-RPM-B 表示 B 设备在收到 A 设备的请求后，执行访问请求。

（3）DS-RPC-A DS-RPC-B。利用 Read Propertyconditional 服务。DS-RPC-A 表示 A 设备用服务读取 B 设备中满足该服务所定义条件的一个或多个属性值，DS-RPC-B 表示 B 设备在收到 A 设备的请求后，执行访问请求，并向 A 设备返回请求值。

（4）DS-WP-A DS-WP-B。利用 Writeproperty 服务。DS-WP-A 表示 A 设备用服务写入或修改 B 设备的某个对象的属性值，DS-WP-B 表示 B 设备在收到 A 设备的请求后，执行访问请求，对指导对象属性写入新的属性值。

（5）DS-WPM-A DS-WPM-B。利用 Writeproperymultiple 服务 DS-WPM-A 表示 A 设备用服务一次写入或修改 B 设备中的多个属性值，DS-WPM-B 表示 B 设备在收到 A 设备的请求后，执行访问请求，对指定一个或多个对象属性写入新的属性值。

（6）DS-COV-A DS-COV-B。利用定义报告事件的服务对 COV 报告数据进行共享 DS-COV-A 表示 A 设备向 B 设备订购 COV 报告，DS-COV-B 表示 B 设备在产生 COV 报告后向 A 设备通告 COV 事件。

（7）DS-COVP-A DS-COVP-B。与上面功能相同，不同之处是这对 BIBB 允许 A 设备订购 B 设备的任意对象属性所产生的 COV 报告，而上面那对只允许 A 设备订购 B 设备的某些固定对象属性所产生的 COV 报告。

（8）DS-COVU-A DS-COVU-B。表示 A 设备与 B 设备对没有订购关系 COV 报告数据的共享关系。DS-COVU-A 表示 A 设备在收到 B 设备没有订购关系 COV 事件通过的响应或处理。DS-COVU-B 表示 B 设备向 A 设备发送没有订购的 COV 事件通告。

2. 报警与事件管理 BIBBs

报警与事件管理是指楼宇自控设备之间的报警或事件信息交换。在报警与事件 BIBBs 可以发布和确认报警，显示报警通告的数据，共享日志或者分布式应用的事件数据，修改报警产生的条件和报警通过接受者，查询报警和事件的有关信息等。BACnet 标准根据应用服务功能定义了如下 8 对报警与事件 BIBBs

（1）AE-N-A、AE-N-I-B、AE-N-E-B。AE-N-A 表示 A 设备对 B 设备产生报警或者事件通告的响应或者处理。AE-N-I-B、AE-N-E-B 均表示 B 设备向 A 设备发送报警或者事件通过。前者用于描述 B 设备本身满足预定条件时产生报警或事件的功能。后者是指如果 B 设备用标准对象 Event Enrollment 监视其他设备，当被监视的设备满足预定条件时，则 B 设备产生报警或者事件，并向 A 设备发送报警或者事件通知。

（2）AE-ACK-A 表示 A 设备确认已收到的报警或者事件。AE-ACK-B 表示 B 设备对最近一个报警或者事件进行确认处理。

（3）AE-ASUM-A 表示 A 设备需要查询收到报警的有关信息摘要。AE-ASUM-B 表示 B 设备对最近一个报警信息摘要查询的处理。

（4）AE-ESUM-A 表示 A 设备需要查询收到事件登录的有关信息摘要。AE-ESUM-B 表示 B 设备对最近一个事件登录有关信息摘要查询的处理。

（5）AE-INFO-A 设备需要查询收到事件的有关信息摘要。AE-INFO-B 设备对最近一个事件有关信息摘要查询的处理。

（6）AE-LS-A 设备需要解除或者回复 B 设备的报警或者事件状态。AE-LS-B 执行解除或者回复报警或事件的操作。

3. 时间安排 BIBBs

时间安排是指楼宇自控设备中时间安排信息的交换。BACnet 标准具有管理楼宇自控系统按时间安排自动运行的功能。时间安排 BIBBs 可以访问和修改时间安排信息。例如：可以查询某一时间内受控制设备的运行状态，修改运行设备参数等。

时间安排 BIBBs 并没有利用特有的 BACnet 应用服务进行定义，而是利用数据共享 BIBBs 的某些功能访问时间安排（Schedule）对象和日历（Calendar）对象进行定义的。时间安排 BIBBs 比较简单，只有如下一组 BIBBs。该组 BIBBs 只有三个 BIBB。

（1）SCHED-A 表示 A 设备对 B 设备中 Schedule 对象和 Calender 对象进行访问操作的功能。

（2）SCHED-I-B 表示 B 设备向 A 设备返回自身与实际安排数据信息，或修改自身时间安排的数据信息。

（3）SCHED-E-B 表示 B 设备向 A 设备返回其他设备时间安排有关的数据信息，或者修改其他设备时间安排数据信息。

4. 趋势与日志 BIBBs

趋势是指一段时间内以一定速率记录的数据集合，数据记录的方式为（时间，值）必序对。因而趋势记录可以作为对象属性的日志，也可以作为设备的运行日志。趋势与日志 BIBBs 可以确定记录数据的参数、存储方式和检索方式。BACnet 标准根据应用服务功能定义了如下两对趋势与日志 BIBBs。

（1）T-VMT-A 表示 A 设备显示 B 设备的趋势与日志数据，并操作 B 设备中的趋势日志记录集成的参数。T-EMT-I-B 表示 B 设备具有在内部缓冲区中记录趋势与日志的功能，趋势与日志记录的数据位 B 设备中对象的属性。

T-VMT-E-B 表示 B 设备具有在内部缓冲区中记录趋势或日志的功能，但趋势或日志记录的数据位 B 设备之外对象的属性值。

（2）T-ATR-A 表示 A 设备收到 B 设备的 BUFFER_READY 事件通告后，自动地向 B 设备查询新的趋势与日志数据。T-ATR-B 表示 B 设备在收到预定数量的趋势与日志记录后，向 A 设备发送 BUFFER_READY 事件通告，以便 A 设备可以查询新的趋势与日志记录。

5. 设备与网络管理 BIBBs

设备和网络管理 BIBBs 可以查询设备类型及设备的有关特性（如设备包含的 BACnet 标准对象类型），提供一个设备控制另一个设备通信的功能（如禁止或者允许通信），同步设备时钟、重新初始化设备，以及建立网络临时连接和改变连接设置（如 PTP 连接）等。BACnet 标准根据应用服务功能定义了如下 15 对设备和网络管理 BIBBs。

（1）DM-DDB-A 表示 A 设备查询 B 设备的特性数据，并解释或处理返回的有关特性数据。DM-DDB-B 表示 B 设备执行有关查询操作，并返回操作结果。

（2）DM-DOB-A 表示 A 设备查询 B 设备中指定对象的特性数据，解释或者处理返回的有关特性数据。DM-DOB-B 表示 B 设备只需有关的查询操作，并返回操作结果。

（3）DM‐DCC‐A表示A设备对B设备的通信进行"禁止/使能"控制。DM‐DCC‐B表示B设备执行A设备的控制过程。

（4）DM‐PT‐A表示A设备向B设备发送专有信息。DM‐PT‐B表示B设备对A设备专有信息的处理。

（5）DM‐TM‐A表示A设备向B设备发送字符信息。DM‐TM‐B表示B设备对A设备发送字符信息的处理。

（6）DM‐TS‐A表示A设备向B设备同步当地时间。DM‐TS‐B表示B设备执行时间同步功能

（7）DM‐UTS‐A表示A设备向B设备同步当地时间。DM‐UTS‐B表示B设备执行时间同步功能。

（8）DM‐RD‐A表示A设备对B设备的运行进行"冷启动/热启动"控制。DM‐RD‐B表示B设备执行设备的控制过程。这对功能必须支持密码操作。

（9）DM‐BR‐A表示A设备可以读取B设备中的文件，可以写入B设备的文件，可以在B设备创建文件。DM‐BR‐B表示B设备执行A设备的有关请求。

（10）DM‐R‐A表示A设备接收和处理B设备广播的重新启动事件通告。DM‐R‐B表示B设备广播重新启动事件通告。

（11）DM‐LM‐A表示A设备对B设备中对象的属性表进行增加或者减少表项操作。DM‐LM‐B表示B设备执行A设备的操作。

（12）DM‐OCD‐A表示A设备在B设备中动态生成或者删除BACnet对象实例。DM‐OCD‐B表示B设备执行A设备的对象实例操作。

（13）DM‐VT‐A表示A设备发起和建立与B设备之间的虚拟终端连接及数据交换。DM‐VT‐B表示B设备响应与A设备之间的虚拟终端连接。

（14）NM‐CE‐A表示A设备具有发起建立和拆除与B设备PTP连接的功能。NM‐CE‐B表示B设备具有响应A设备PTP操作的功能。

（15）NM‐RC‐A表示A设备具有查询和修改BACnet路由器的功能。NM‐RC‐B表示B设备具有响应A设备操作的功能。

6.6.3 BACnet标准化设备

在说明和设计楼宇自控网络系统时，利用通用设备也是一种工程技术和咨询人员常用的说明和设计方法。例如：现场控制器、工作站等可以作为通用设

备，这些设备为大多数工程技术和咨询人员所熟悉，并广泛使用。为了满足这种方法的需求，BACnet 标准定义了 8 类 BACnet 标准化设备，并对标准设备定义了互操作域及其 BIBBs。如果根据 BACnet 标准定义的互操作功能将上述各类设备的最小功能标准化，那么一般工程项目应用人员就可以直接选用标准化的设备进行 BAS 系统的设计，基于这种应用方式，BACnet 标准用 BIBB 定义了 8 类标准 BACnet 设备，并对每类标准 BACnet 设备的最小互操作功能进行了限定。这些通用设备分别为 BACnet 高级工作站、BACnet 操作员工作站、BACnet 手操器、BACnet 楼宇控制器、BACnet 高级应用控制器、BACnet 专用控制器、BACnet 智能执行器和 BACnet 智能传感器。

1. BACnet 智能传感器（BACnet Smart Sensor，B‑SS）

B‑SS 是资源极为有限的传感器设备，只属于 B 类设备，必须支持一个 BIBB，即 DS‑RP‑B。该设备仅仅允许访问其他设备对象的属性

响应读属性（ReadProperty）请求。

2. BACnet 智能执行器（BACnet Smart Actuator，B‑SA）

B‑SA 是功能极为有限的简单执行器，只属于 B 类设备，必须支持 DS‑RP‑B 和 DS‑WP‑B 两个 BIBB。该设备是简单的控制器，它仅支持数据共享，可以访问对象属性和允许其他对象修改它的属性，具体如下。

（1）响应读属性（ReadProperty）请求。

（2）响应写属性（WriteProperty）请求。

3. BACnet 专用控制器（BACnet Application Specific Controller，B‑ASC）

B‑ASC 是专用类型控制器，属于 B 类设备。该标准设备可以是编程资源和控制功能非常有限的 DDC。该设备具有更少资源的编程功能，不具备特殊事件和时间安排的管理能力，具有以下功能。

（1）响应读写属性（Write/ReadProperty）请求。

（2）允许动态设备绑定（DDB）。

（3）允许动态对象绑定（DOB）。

（4）允许设备通信控制（DCC）。

（5）允许再初始化设备（RD）。

4. BACnet 高级应用控制器（BACnet Advanced Application Controller，B‑AAC）

B‑AAC 是比 B‑ASC 强大而比 B‑BC 弱小的控制器，同样属于 B 类设备，具有较多的控制功能和较为丰富的编程资源。该设备是基于应用的高级控制器，

是弱化版的 BBC，不支持修改对象属性值，具体如下。

（1）所有 B - ASC 支持的服务。

（2）响应多重读写属性（Write/ReadProperty Multiple）。

（3）报警。

（4）时间表。

（5）时间同步。

5. BACnet 建筑设备控制器（BACnet Building Controller，B - BC）

B - BC 是控制功能最强大和编程资源最丰富的控制器，不单纯是 B 类设备，而具有部分 A 类设备的互操作功能。该设备是现场可编程控制器，可以用于各种楼宇自控任务，可以修改所有对象属性值、完成数据共享、事件管理、时间安排和网络设备管理等，具体如下。

（1）所有 B - AAC 支持的服务。

（2）客户机读写属性（Read/WriteProperty）。

（3）趋势。

（4）发起 Who - Is（DDB）和 Who - Has（DOB）。

（5）备份与恢复。

（6）建立连接路由。

6. BACnet 手操器（BACnet Operator Display，B - OD）

BACnet 手操器功能如下。

（1）数据呈现（图形）。

（2）客户机读写属性及多重读写属性。

（3）报警接受、确认及限制。

（4）发起 Who - Is（DDB）。

7. BACnet 操作员工作站（BACnet Operator Workstation，B - OWS）

B - OWS 是一个功能极为强大的控制和管理设备，它完全支持 5 个 IA 规定的所有 A 类设备的互操作功能。该设备是操作员控制和管理 BACNet 系统和设备的窗口，它在分层楼宇自控系统中不对设备进行控制。其作用是监视和管理系统与设备，具体如下。

（1）数据呈现（图形）。

（2）客户机读写属性及多重读写属性。

（3）报警接受、确认及限制。

（4）日历及时间表修改。

（5）时间主机。

（6）趋势显示。

（7）发起 Who‑Is（DDB）。

8. BACnet 高级工作站（BACnet Advanced Operator Workstation，B‑AWS）

BACnet 高级工作站功能如下。

（1）所有 B‑OWS 支持的服务。

（2）报警创建和路径。

（3）日历和时间表创建。

（4）趋势日志创建。

（5）发起 Who‑Has（DOB）。

（6）备份及恢复配置。

（7）建立连接路由。

从上述标准 BACnet 设备的互操作功能可以看出，各类标准 BACnet 设备由于资源配置和控制功能不同，支持 BIBB 也是不同的。B‑OWS 功能最为丰富，几乎支持所有互操作域的功能，其余次之，直到 B‑SS 功能最为简单。其中三个类别的控制器只是为了合理地区分不同资源和控制功能的 DDC，以满足工程项目最优性能/价格比的要求。

标准 BACnet 设备的概念非常直观，可以很容易被一般工程项目应用人员所接受。例如，当建筑设备自控系统需要一个传感器时，可以在不知晓 BIBB 概念的前提下，直接在标准 BACnet 设备类型中选用"BACnet 智能传感器（B‑SS）"即可。因此，标准 BACnet 设备的概念可以使 BACnet 互操作说明和设计更加容易，以提高互操作说明和设计的效率。但是，由于标准 BACnet 设备的类型有限，则有可能出现选用标准 BACnet 设备"大材小用"的情况。这种情况虽然不符合工程经济的原则，但在实际工程项目中是允许的，也是经常出现的实际情况。如果要使选用的 BACnet 设备非常恰当，就必须利用基本的 BIBB 概念进行说明和设计，并必须有相对应的支持设备产品。例如，在选用两个设备时，要查看上层设备的××‑××‑A BIBBs 和下层（同层）设备的××‑××‑B BIBBs 是否能成对匹配，就能确定二者互连后能否实现该 BIBB 定义的互操作功能。如果能成对匹配，则可以实现该 BIBB 定义的功能；如不能成对匹配，则意味着无法实现该 BIBB 定义的功能，需要重新进行设备选型。

6.6.4 PICS 和 BTL

PICS 是 BACnet 协议实现一致性声明（BACnet Protocol Implementation Conformance Statement）的简称，它描述了 BACnet 设备的关键信息，具有特定的格式，是比较不同厂家的 BACnet 设备的功能和互操作性的高效有用的工具。理论上，制造商、客户和咨询工程师根据该文件可以确定给定设备可实现的功能，并确定任意给定的 BACnet 设备间的互操作性。

BACnet 标准要求生产厂商要为每个 BACnet 设备提供标准格式的文件，称为协议实现一致性描述，标识在设备中已实现的 BACnet 标准规范的内容。文件包含的信息有：标识生产厂商和描述设备的基本信息，设备的一致性类别，设备支持的功能组，设备支持的服务，设备支持的对象类型及其属性描述，设备支持的数据链路层技术选择，设备支持的分段请求和响应。尽管不同厂商的 PICS 文件的格式可能不尽相同，但 PICS 文件一般都包括以下几个方面的内容：产品名称、版本号和描述；设备类型；支持的标准 BACnet 对象类型以及该对象是否可以用 BACnet 服务动态创建或删除；支持的 BIBBs；支持的非标准服务；支持分段和窗口调节；支持的数据链路层和物理层。

在产品开发阶段生产厂商要根据 BACnet 标准要求填写 PICS 文档；在产品的测试阶段，要根据 PICS 文档生成测试细节的测试说明，是产品测试的依据；在设计阶段，工程师根据 PICS 文档确定 BACnet 设备间的互操作性和设备可实现的功能。

BACnet 测试实验室（BACnet Testing Laboratories，BTL）是测试 BACnet 设备互操作性并认证设备是否符合 BACnet 协议的组织。经过 BTL 认证的 BACnet 设备必须提供 PICS 文件，各厂商的 PICS 文件都必须在 BTL 网站上公开。BACnet 设计者和制造厂商的产品必须完成 BACnet BTL 认证，才能应用于系统，其认证的测试要求和过程如下。

BTL 是 BACnet 制造商协会的组成部分，负责产品测试并对符合 BACnet 标准的产品发布列表。BTL 授权的测试实验室将测试 BACnet 产品性能，检验其是否符合 BTL 基于 ASHRAE 标准 135.1P 的要求，符合 BTL 要求的产品才能进入 BTL 列表并被赋予 BTL 产品认证标识。被测试产品是由制造商、研发单位或他们认可、授权的机构提交给 BTL。

BTL 认证的测试过程是一个相当昂贵的过程，尤其是在发现设备出现一些问题需要在测试环境下进行修改，在修改之后 BTL 重新测试的时候。为了使广大制造商可以有效地降低这部分的成本，BTL 提供了完备的测试工具、测试方法和过程以方便广大设备制造厂商进行充分的自我测试以降低 BACnet BTL 认证的开销。

BTL 测试并不是简单的验证 BACnet 设备生产厂家所提供的测试结果，BTL 需要 BACnet 设备生产厂家的测试人员严格按照所提供的测试方法和规程，并且在所有过程中，没有出现任何微小的错误。

为了更好地实现设备的互用性，为了使那些在 BACnet 协议规范之外的设备能够纳入 BACnet 的体系中，BTL 推出了一些规范和建议，这些内容可以在 BTL 公开发布的 BTL 设备生产指导（BTL Device Implementation Guidelines）中找到。

BACnet 组织鼓励广大设备生产商进行 BACnet 互用性测试，BACnet 通用工作室（BACnet Interoperability Workshop）已经联合一些 BACnet 设备的生产厂家开始加强 BACnet 通用性测试。

1. BTL Testing Application（BTL 测试申请）

这个表格包括所有需要测试项目的申请，BTL 的管理人员根据这个测试申请以及之后所提到的 BTL 功能清单（BTL Functionality Checklist）对测试服务进行评估。在成功进行 BTL 认证测试之后，这份文档中的信息将作为 BTL 清单上的基本信息。

2. BTL Testing Agreement（BTL 测试协议）

这份协议描述了由 BTL 机构规定的测试条款。这份协议必须在由 BTL 测试申请人员（机构）签字后，连同 BTL 的测试申请和功能清单一起寄到 BTL。当然，这些申请是免费的，但是必须确保 BACnet 测试实验室在进行 BTL 的先期检测和正式测试之前收到这些材料。

3. EPICS（Electronic Protocol Implementation Conformance Statement）

EPICS 是一份 ASCII 格式的文本文档，它描述了待测设备的细节。它包括所有对象的所有属性值，这些属性是否是可写的，以及这些属性值的范围等类似信息。BTL 的测试软件在测试待测设备时需要使用这个文件。一个 EPICS 代表一个提供了测试程序包的简单设备。

4. BTL/IUT Functionality Checklist（设备功能列表）

对于先期测试员和 BTL 正式测试员来说，设备功能列表是一份测试指南，测试员对待测设备进行的测试项目是根据这份文档决定的。顾名思义，这份文档列出了 BACnet 设备的所有功能。

IUT Functionality Checklist（待测设备功能列表）实际上是 BTL 设备功能列表的一份拷贝，只是换了名字。它完成于先期测试之前，供先期测试人员在先期测试时使用。必须保证在待测设备进行测试之前，BTL 已经收到这部分文档。设备功能列表的详细说明可以在"BTL Testing Guide"这份官方文档中找到。

5. UT Special Test Instructions（待测设备特定测试说明）

这份文档用来告知 BTL 测试人员在测试中如何对待测设备进行一些特定的测试操作。

6.6.5　BACnet 的应用

BACnet 标准的应用可以分为两大领域：系统应用和开发应用。这两类应用各有不同的特点，是 BACnet 标准在不同技术层次上的应用。开发应用是指利用 BACnet 标准开发和研制 BACnet 设备产品。开发应用必须掌握 BACnet 标准的技术细节，是建立在对 BACnet 标准完全掌握和领悟的基础之上的。系统应用是指选用 BACnet 设备产品建立一个楼宇自控系统，这类应用通常包括项目立项、招投标、设计、施工和验收几个阶段。对于复杂的项目也可以引入技术咨询，以保证项目的顺利实施。系统应用通常不需要对 BACnet 标准的具体细节进行详细的了解和掌握，只需掌握 BACnet 标准的特性功能和应用方法。也就是说，这里不需要从原理上掌握 BACnet 标准，在某种程度上应用经验可能更重要。

1. 开发应用

BACnet 标准定义了楼宇自控设备互操作的一系列规定，它覆盖了楼宇自控设备互操作过程中的所有内容，从网络的传输介质到如何形成一个互操作命令都进行了详细的规定。但这些规定只是用自然语言表述出来，只是标准。针对具体的设备，如何实现这些标准，或者实现的功能要按照标准的要求，才能实现互操作。用具体程序实现标准，这就是 BACnet 设备的开发。

（1）BACnet 设备开发一般过程。

1）确定 BACnet 设备支持的标准对象。

2）确定设备支持的通信网络。

3）通信、功能和管理配置模块或进程开发。

4）填写 PICS 文档。

（2）开发应用例子。在楼宇自控系统设备中，智能温度传感器是最常用的设备，可以用于各种楼宇自控子系统，其楼宇功能是测量温度值，并向请求这个温度值的设备发送温度值。这种设备资源有限，功能单一，故可以将这种设备划分为 B-SS 类型的 BACnet 标准设备,仅支持数据共享互操作域,智能温度传感器只有一个 DS-RP-B 的楼宇或操作基本块,只响应 ReadProperty 服务请求,一旦功能确定后,就可以进行如下的开发。

第一步:智能温度传感器的对象表示。智能温度传感器由于资源有限,可以用一个 Device 对象实例和一个 AnalogInput 对象实例表示。这两个对象完全可以满足智能温度传感器的楼宇功能,并能记录智能温度传感器的所有信息,即能满足网络可见性的需求,其结构见图 6-17。

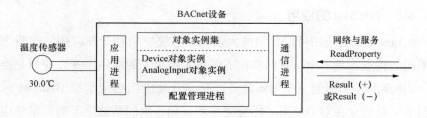

图 6-17   智能温度传感器 BACnet 结构图

接下来,为每个对象实例设置属性信息,如本章中表 6-2 和表 6-3 列出 Device 和 AnalogInput 对象实例的属性。如果该设备还具有 COV 或内省报告机制的事件和报警功能,则 AnalogInput 实例还应包含于 COV 或内省报告机制有关的属性(如 COV_Increment 属性或者 High_Limit 等属性);如果支持算法改变报告机制的事件和报警功能,则在对象模型中应包含 EventEnrollment 对象实例或 NotificationClass 对象实例等。相应地,该设备也须支持对应的事件与报警管理类 BIBB,即与事件和报警有关的应用层服务(如 ConfirmedEventNotification 服务等)。可以按此方式对其功能进一步完善和增强。

一个模拟输入对象描述的是一个智能温度传感器的模拟传感输入信号。这个对象可能驻留在连接传感器的节点设备中,也可能驻留在作为 BACnet 设备的智能传感器中。如何实现这些是各生产厂家自己解决的问题。网络设备可以通过多个属性访问该对象,其中设备类型和单位属性值是在设备安装时设定的,而当前值和脱离服务属性值表示设备的当前状态。还有一些属性的值可能是在设备出厂时设定的。

第二步:通信网络的选择。BACnet 提供了多种可供选择的工具,以太网、点对点、无线网。对于一个具体的设备,通常要确定一种具体的通信网络。选择通信网络最基本的原则是满足最大性价比。智能温度传感器资源有限,功能单一,并且经常使用在楼宇自控系统的最底层,通信流量小,在实际的应用中采用 MS/TP 局域网作为其通信网络的比较多。需注意某些楼宇自控设备也可以实现对多种通信网络的支持，使用灵活，使用范围大。但这种设备要求资源丰富，功能比较强大，例如 BACnet 路由器、BACnet 控制器、工作站都可以支持多种网络。

第三步：通信进程、应用进程、配置管理进程的开发。通信进程完成通信协议功能，在本例中通信进程只接受 ReadProperty 应用层服务，并发出相应报文，其主要功能是检验和解码接收到的 ReadProperty 服务请求报文，并对报文进行响应。应用进程主要功能将温度灵敏软件的文档电信号经过 A/D 转换为数据值，并利用该值按 AnalogInput 对象实例的 Update_Interval 属性定义的周期更新该对象实例的 PresentValue 的值，另外还具有根据实际运行情况对对象模型中其他有关对象属性（如 AnalogInput 对象的 Statues_Flags 属性）进行更改。配置管理进程在智能温度传感器安装调试中，对一些应用有关的参数进行设置（如网络地址、通信速率、对象实例的某些属性值）配置进程的具体功能和配置交互方式则根据系统集成工具来确定（分就地接口和远程通信接口两种）。这三个进程中，只有通信进程的功能是由 BACnet 标准定义的，其他的两个进程的功能是由开发厂商根据应用决定的，另外要考虑三个进程的同步。

最后一步，填写 PICS 文档。在计算机开发中几乎所有的开发阶段都要写文档，不同的文档作用不同。协议实现一致性声明文档 PICS 是在开发过程中的技术文档，其主要作用是对楼宇自控设备在互操作性方面的声明，是系统应用（系统设计）时对设备进行选择的依据。是 BACnet 标准应用非常重要的文档。PICS 是 BACnet 标准的一部分，有固定的格式和内容。产品开发成功后，最后一步是产品测试，检验产品是否符合 BACnet 标准定义的互操作能力，同时必须通过 BTL 的测试。

2. 工程项目应用

BACnet 标准规定每个 BACnet 设备必须具有 PICS 文档，以说明该设备所有支持的 BACnet 功能和选择项特性，用于系统说明和设计选型。目的是将设备开发人员与系统前期工作人员和系统设计人员的任务分离，使系统前期工作人员可以按工程项目的要求展开工作，而系统设计人员仅以设备外在的功能的描述选用相应的设备，并设计完整的楼宇自控系统，不需要对 BACnet 标准有太多的了解，但需要了解 BIBB 和 BACnet 标准设备的相关知识。

根据工程项目的一般流程，说明和设计 BACnet 自控网络系统的一般方法总结为以下几个步骤：

（1）说明楼宇自控网络系统的总体功能。该过程用互操作域的概念进行描述。

（2）说明楼宇自控网络系统工作站的功能。工作站是控制和管理楼宇自控网络的界面，在楼宇自控网络系统中应详细地进行说明。该过程仍采用互操作域的概念进行说明。

（3）确定构成楼宇自控网络系统的局部网和广域网。

（4）说明所有 BACnet 网络和 BACnet 设备。对 BACnet 设备的说明可以采用标准类型 BACnet 设备进行说明。

其他互操作要求说明。这些说明涉及楼宇控制网络的各技术细节，内容比较繁杂，但至少应包含互操作域说明、BACnet 对象说明、应用服务说明和网络系统说明等内容。

从系统集成的形式和内容来看，系统集成是 BACnet 在楼控工程项目中的实际应用，是 BACnet 协议之所以产生的终极目标，但是由于实际工程项目应用千差万别，系统集成的层次也存在较大的差别，目前还没有出现业界公认的系统集成说明方法，所以 BACnet 协议没有对系统集成内容进行详细的规定和说明，这部分通常是协议的非正式内容，要么是权威机构指定的系统集成指南，要么是专用的系统集成软件工具。

📝 习题

1. 简述 BACnet 对象模型的作用和内涵。

2. 什么是 BACnet 对象属性？试举例说明。

3. 简述 BACnet 应用层服务的种类和作用。

4. 什么是 BIBBs？BIBB 中定义的标准设备都有什么？

5. 简述 PICS 在 BACnet 各个阶段的作用。

第7章
基于OPC的系统集成技术

BACnet 技术主要实现的是面向设备管理的系统集成，基于智能建筑控制系统的集成还是远远不够的，因为智能建筑中包括很多智能的设备，例如工作用的微机、智能手机和其他的智能设备，以及运行在这些设备上的各类应用软件。面向用户的系统集成需要将智能建筑内的控制系统和用户的设备及应用软件集成，同时还要集成智能建筑外的公共服务以便为用户营造更智能的建筑环境。这就需要实现更高层互操作和系统集成的技术。OPC 技术提供了一种基于 PC 的客户机之间交换自动化实时数据的方法，能实现智能建筑内楼宇控制系统和上层办公自动化软件的互操作和系统集成技术。

7.1　OPC 技术简介

7.1.1　为什么需要 OPC

OPC 的产生是为了解决异构系统的数据交换问题，该问题出现在早期的计算机操作系统中，操作系统为了能够操作不同硬件，就需要为不同的硬件写驱动程序，这花费了大量时间和精力开发驱动程序，为此，不同的操作系统制定了数据交换和设备驱动的接口的标准，各生产厂商为了使自己的设备能够在的操作系统下运行就要按照标准写驱动程序，而操作系统采用统一的标准访问设备，屏蔽设备之间的差异。

这个问题也出现在工业制造系统中，不同的供应商提供的设备采用不同的通信协议，硬件的驱动器和与其连接的应用程序之间的接口并没有统一的标准。应用程序对设备进行监控，就要写设备驱动程序。基于驱动程序的解决方案如图 7 - 1 所示。

集成监控管理应用程序要监控多个设备或者多个系统，因此为不同的设备或者系统编写不同的通信程序。据统计，在控制系统软件开发的所需费用中，各种各样设备的应用程序设计占 7 成，而开发机器设备间的连接接口则占了 3 成，每类设备需要不同的通信接口。如果连接 4 个设备就需要 4 个驱动程序如图

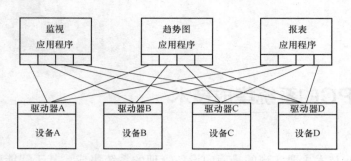

图 7-1　基于驱动程序的解决方案

7-1 所示，驱动器 A、B、C、D 有不同的驱动程序。因此也有不同的访问接口。

　　这种现象在计算机的发展过程中曾经出现过，能够连到计算机上的设备很多，每个设备都有不同的驱动程序，甚至不同厂家生产同类设备就有不同的驱动程序，因此在安装系统的时候要为各类设备安装驱动程序。这也使得操作系统过于庞大，为解决这个问题，操作系统厂商联合国际标准化组织定义了各个设备的接口标准，各个生产厂商按照这个标准来写驱动程序，操作系统按照这个接口标准访问设备。OPC 就是借鉴计算机的这种处理方式解决问题的。在过去，为了存取现场设备的数据信息，每一个应用软件开发商都需要编写专用的接口函数。由于现场设备的种类繁多，且产品的不断升级，往往给用户和软件开发商带来了巨大的工作负担。通常这样也不能满足工作的实际需要，系统集成商和开发商急切需要一种具有高效性、可靠性、开放性、可互操作性的即插即用的设备驱动程序。在这种情况下，OPC 标准应运而生。OPC 是对不同供应厂商的设备和应用程序之间的软件接口标准化，供应商按照这个标准化的接口写驱动程序，应用程序使用这个标准化的接口访问设备，这样设备和应用程序的数据交换就简单化了。作为结果，我们开发的监控应用程序不依赖于设备，设备的使用也不依赖于任何一个监控程序。从而可以向用户提供不依靠于特定开发语言和开发环境的可以自由组合使用的过程控制软件组件产品。

　　如图 7-2 所示，每个设备按照 OPC 的标准写驱动程序（接口程序），各类应用程序访问每类设备都使用相同的方式。OPC 是以提供移植容易并具有可以满足大多数设备厂家要求的灵活性和高水平的客户端为目标而开发的，利用 OPC 设备开发者可以使设备驱动器开发的单一化成为可能；应用程序软件开发者可以使用通用的开发工具，不必开发特别的接口，使得设备接口的开发更为简单易行；用户可以选用各种各样的商业软件包，使得系统构成的成本大为降低。同时可以更加容易地实现由不同供应厂商提供的设备所混合构成的工业控制系统。

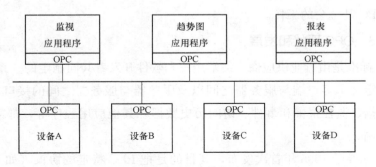

图7-2 基于OPC的解决方案

7.1.2 OPC 的定义

OPC 是一个工业标准，由一些世界上占领先地位的自动化系统和硬件、软件公司与微软（Microsoft）紧密合作而建立的。OPC 定义了应用 Microsoft 操作系统在基于 PC 的客户机之间交换自动化实时数据的方法。

该技术基于微软的 OLE（现在的 Active X）、COM 和 DCOM 技术，采用客户/服务器模式。OPC 的宗旨是在 Microsoft COM、DCOM 和 Active X 技术的功能规程基础上开发一个开放的和互操作的接口标准。统一的标准接口是 OPC 的实质和灵魂，OPC 接口标准包括一整套接口、属性和方法的标准集，这个标准的目标是促使自动化/控制应用、现场系统/设备和商业/办公室应用之间具有更强大的互操作能力，用于过程控制和制造业自动化系统。OPC 标准以微软公司的 OLE 技术为基础，它的制定是通过提供一套标准的 OLE/COM 接口完成的，在 OPC 技术中使用的是 OLE 2 技术，OLE 标准允许多台微机之间交换文档、图形等对象。

无论过程中采用什么软件或设备，OPC 为多种多样的过程控制设备之间进行通信提供了公用的接口。

管理这个标准的国际组织是 OPC 基金会，OPC 基金会现有会员已超过 220 家。遍布全球，包括世界上所有主要的自动化控制系统、仪器仪表及过程控制系统的公司。OPC 基金会的工作能够比其他许多标准化集团更高速运转，原因十分简单，只是由于 OPC 是建立在已普遍使用的 Mricrosoft 标准基础上。而其他标准化集团必经完全从最基本开始定义标准，因此在其工作范围内达成一致的意见往往费时费力，自然其工作效率是不能和 OPC 基金会相比的。Micosoft

是 OPC 基金会的一个成员，已给予 OPC 基金会强有力的支持。但 Microsoft 在 OPC 中的作用主要在于其强大的后援支持，而让具有丰富的行业经验的成员公司指导 OPC 基金会的工作。

7.1.3 OPC 现状和发展

OPC 标准是由行业供应商、终端用户和软件开发者共同制定的一系列规范。这些规范定义了客户端与服务器之间以及服务器与服务器之间的接口，例如访问实时数据、监控报警和事件、访问历史数据和其他应用程序等，都需要 OPC 标准的协调。

OPC 标准于 1996 年首次发布，其目的是把 PLC 特定的协议（如 Modbus、Profibus 等）抽象成为标准化的接口，作为中间人的角色把其通用的读写要求转换成具体的设备协议，反之亦然，以便 HMI/SCADA 系统可以对接。这也因此造就了整个行业的蓬勃兴起，通过使用 OPC 协议，终端用户就可以毫无障碍地使用最好的产品来进行系统操作。

OPC 发展历史进程如表 7-1 所示。

表 7-1　　　　　　　　　　　　　　　OPC 发展历史

年份	发展历史
1990—1995	微软操作系统统治了整个工业自动化领域。自动化供应商开始在其产品中使用微软的 COM 和 DCOM 技术
1995—1996	自动化供应商 Fisher-Rosemount、Intellution、Opto 22 和 Rockwell Software 形成了一个工作组，负责开发基于 COM 和 DCOM 的数据访问标准，称为 OPC，即用于过程控制的 OLE 的缩写
1996—1998	该工作组成立的首年 8 月份就发布了用于数据访问的简化的 OPC 规范 1.0 版本。其他的软硬件供应商也开始使用 OPC 作为其互操作性的机制。但随着时间的推移，人们越来越清晰地意识到行业内需要一个可提供合规性和互操作性的标准检验及认证的正式组织。因此，OPC 基金会于同年 9 月在芝加哥 ISA 展会上成立
1998—1999	OPC 基金会开始将其现有规范放到网上为更多的企业服务
1999—2001	OPC 报警和事件（OPC AE）规范发布
2001—2003	OPC 历史数据访问（OPC HDA）、批处理和安全规范发布
2003—2004	OPC 复杂数据、数据交换和 XML-DA 规范发布。OPC 基金会创建的由 13 个独立的部分组成的 OPC 统一架构（OPC UA）规范发布。初始的 OPC 规范现在称为 ClassicOPC 或 OPCClassic
2004—2006	OPC 命令规范发布
2006—2007	OPC UA V1.0 开始投入使用

年份	发展历史
2007—2009	OPC 认证计划和测试实验室建成。自动化供应商开始提供基于 OPC UA 技术标准的第一个产品
2009—2010	OPC UA V1.01 开始投入使用。OPC UA 与 Analyzer Devices 的配套规范 ADI 发布，该配套规范用于制药和化学制造行业
2010—2012	第一个嵌入式 OPC UA 设备发布。 OPC UA 与 IEC 61131 的配套规范发布
2012—2013	IEC 62541 发布（OPC UA）
2013	OPC UA V1.02 发布。 发布 OPC UA 与 ISA-95 的配套规范。 OPC 基金会在中国、日本及欧洲和北美洲拥有超过 480 名会员
2015—2016	OPC UA V1.03 发布。 IEC 62541：2015 版本发布的工业 4.0 参考架构模型（RAMI4.0）列出了用于通信层的 OPC UA。 VDMA 设定了使用 OPC UA 开发工厂自动化的标准化信息模型的目标
2016—2017	OPC 欧洲实验室针对条形码、OCR、2Dcode、RFID、NFC、RTLS、传感器和移动计算等识别设备建立了 AutoID 配套规范。 基于 OPC UA 的控制器—控制器通信的 PLC 功能。 OPC 基金会在中国、日本及欧洲和北美洲拥有 490 多名会员
2017—2018	发布 MDIS 配套规范：用于连接水下生产控制系统的石油和天然气行业标准。 发布用于计算机数控系统接口的 CNC 配套规范。 适用于管理整个生命周期现场设备的主机系统 FDI 配套规范。 VDMA 发布了"基于 OPC UA 的工业 4.0 指导准则"
2018	OPC UA V1.04 发布。 总计发布 18 个配套规范，行业涉及能源自动化（基于 IEC 61850）、烟草、多现场总线、PackML 和 AutomationML。 大约 20 个工作组为机械或更多行业开发 OPC UA 配套规范。 OPC 基金会为遍布中国、日本及欧洲和北美洲的 636 多会员提供支持

　　OPC 最早是由微软联合工业企业发展起来的，由于微软强大的技术支持，OPC 的发展也随着新技术的引入不断地更新。我们所熟知的 OPC 规范一般是指 OPCClassic，OPCClassic 规范基于 Microsoft Windows 技术，使用 COM/DCOM 在软件组件之间交换数据。OPC 基金会在数据访问标准之后，还制定了警报和事件的标准、批处理的标准、安全性的标准等制造自动化和过程自动化所必须的

一系列标准，OPCClassic 规范包括如下的内容。

OPC 数据访问规范：定义了数据交换，包括值、时间和质量信息。规范为不同总线标准提供了通过标准接口访问现场数据的基本方法。OPCDA 服务器屏蔽了不同总线通信协议之间的差异，为上层应用程序提供统一的访问接口，可以很容易地在应用程序层实现对不同总线协议的设备进行互操作。在现场控制网络中，OPCDA 规范实现了现场数据在控制网络中的纵向传输。OPC 服务器作为现场总线体系结构的中间层、提供了到现场数据源的一个"窗口"。它通过硬件驱动程序访问网络适配器（位于监控计算机中，负责与现场设备进行数据交换）并将这些数据用 OPCDA 接口形式进行组织，上层应用程序则通过 OPC 接口与 OPC 服务器进行数据交互，间接获取现场信息访问现场总线设备中的数据信息。因此，上层应用程序只需开发一个 OPCDA 访问接口程序，就可以访问任何一种总线所提供的 OPCDA 服务器。当硬件升级或修改时只需改动服务器程序中硬件接口部分即可，不会影响上层应用程序。这种方式也支持网络分布式应用程序之间的通信，这样就可以将监控计算机通过以太网与其他计算机连接，分布在其他计算机中的客户程序可以与监控计算机 OPC 服务器进行通信，实现现场信息的共享。

OPC 报警和事件规范：定义了报警和事件类型消息信息的交换，以及变量状态和状态管理。OPC 提供了 OPC 服务器发生异常时，以及 OPC 服务器设定事件到来时向 OPC 客户发送通知的一种机制，通过使用 OPC 技术，能够更好地捕捉控制过程中的各种报警和事件并给予相应的处理。

OPC 数据交换规范：定义了通过以太网的现场总线网络进行服务器到服务器的通信远程组态配置和管理服务远程组态配置和管理服务，延伸 OPCDA 标准。

OPC 历史数据访问规范：定义了可应用于历史数据、时间数据的查询和分析的方法。OPC 提供了读取存储在过程数据存档文件、数据库或远程终端设备中的历史数据以及对其操作、编辑的方法。

OPC 批处理规范：使异构计算环境下不同的生产控制方案等有效地协同工作。一个批处理服务器可以从其他 OPC 数据访问服务器或专用的批处理过程控制软件获得数据。

OPC 安全性规范：提供了一种专门的机制来保护敏感的数据。

OPC XML 规范：通过 Internet 实现数据访问，实现跨平台（非微软）的 OPC 应用以及基于 .NET 技术的应用。

OPC 经典规范已经很好地服务于工业企业。然而随着技术的发展，企业对 OPC 规范的需求也在增长。2008 年，OPC 基金会发布了 OPC 统一架构（OPC UA），这是一个独立于平台的面向服务的架构，集成了现有 OPCClassic 规范的所有功能，且兼容 OPCClassic，此外在平台独立性、安全性、可扩展性、综合信息建模等方面增强和超越了 OPCClassic。OPC UA 可以实现跨平台编程，它是一套集信息模型定义，服务集与通信标准为一体的标准化技术框架。

7.1.4 OPC DA 的数据访问功能

在实际使用中，OPC 要实现对现场数据的读写等访问操作，OPC 数据访问方式有同步、异步和订阅。

如图 7-3 所示的同步通信时，OPC 客户端应用程序向 OPC 服务器进行请求时，OPC 客户端应用程序必须等到 OPC 服务器对应的响应全部完成以后才能返回，在此期间 OPC 客户端应用程序一直处于等待状态，若进行读操作，那么必须等待 OPC 服务器响应后才返回。因此在同步通信时，如果有大量数据进行操作或者有很多 OPC 客户端应用程序对 OPC 服务器进行读操作，必然造成 OPC 客户端应用程序的阻塞现象。因此同步通信适用于 OPC 客户程序较少、数据量较小时的场合。

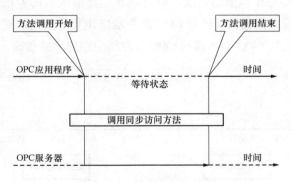

图 7-3 同步数据访问处理

与此相对，如图 7-4 所示的异步通信时，OPC 客户端应用程序对服务器进行请求时，OPC 客户端应用程序请求后立刻返回，不用等待 OPC 服务器的响应，可以进行其他操作。OPC 服务器完成响应后再通知 OPC 客户端应用程序，如进行读操作，OPC 客户端应用程序通知 OPC 服务器后离开返回，不等待 OPC 服务器的读完成，而 OPC 服务器完成读后，会自动地通知 OPC 客户端应用程序，把读结果传送给 OPC 客户端应用程序。因此相对于同步通信、异步通信的效率更高。

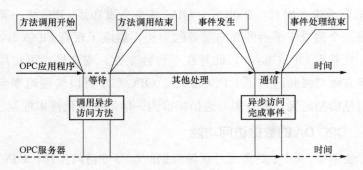

图 7-4　异步数据访问处理

　　除了上述的同步和异步数据访问以外，还有 OPC 客户端应用只是向 OPC 服务器发送一次订阅请求，之后不再需要 OPC 客户端应用程序对 OPC 服务器请求，就可以自动接到从 OPC 服务器送来的变化通知的订阅方式数据采集（Subscription）。服务器按一定的更新周期（UpdateRate）更新 OPC 服务器的数据缓冲器的数值时，如果发现数值有变化，就会以数据变化事件（DataChange）通知 OPC 客户端应用程序。如果 OPC 服务器支持不敏感带（DeadBand），而且 OPC 项的数据类型是模拟量的情况，只有现在值与前次值的差的绝对值超过一定限度时，才更新缓冲器数据并通知 OPC 客户端应用程序。由此可以无视模拟值的微小变化，从而减轻 OPC 服务器和 OPC 客户端应用程序的负荷，如图 7-5 所示。

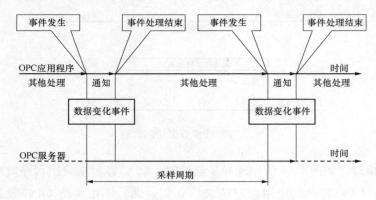

图 7-5　订阅方式数据采集

　　上述的 OPC 数据访问的功能可总结成表 7-2。这些功能并非必须全部实现，部分功能是选用的，这些选用功能是否被支持将随供应厂商具体的服务器类型而定。

表 7 - 2 　　　　　　　　　　　　　　OPC 数据访问的功能

功能	方式	说明
过程数据读取	同步读取	读取指定 OPC 项对应的过程数据。应用程序一直等待到读取完成为止
	异步读取	读取指定 OPC 项对应的过程数据。应用程序发出读取要求后立即返回，读取完成时发生读取完成事件，OPC 客户端应用程序被调出
	刷新	读取所有活动的 OPC 项对应的过程数据。 应用程序发出更新要求后立即返回，更新完成时发生数据变化事件，OPC 客户端应用程序被调出
	订阅方式数据采集	服务器用一定的周期检查过程数据，如发现数据变化超过一定的幅度时，则更新数据缓冲器，并自动通知 OPC 客户端应用程序
过程数据写入	同步写入	写入指定 OPC 项对应的过程数据。应用程序一直等待到写入完成为止
	异步写入	写入指定 OPC 项对应的过程数据。应用程序发出写入要求后立即返回，写入完成时发生写入完成事件，OPC 客户端应用程序被调出

7.1.5 OPC 的对象

OPC 客户端应用程序首先生成 OPC 服务器支持的 OPC 对象，然后就可以使用 OPC 对象支持的属性和方法，对其进行简单的操作。这种结构使得应用程序可以像使用自己支持的数据和功能一样，去使用服务器对象支持的数据和功能。

注意一个 OPC 客户端应用程序可以与多个服务器同时连接，同时一个 OPC 服务器也可以同时被多个 OPC 客户端应用程序连接。

1. OPC 对象的分层结构

OPC 数据访问提供从数据源读取和写入特定数据的手段。OPC 数据访问对象由 OPC 服务器对象（OPCServer）、OPC 组对象（OPCGroup）和 OPC 项对象（OPCItem）等主要对象定义的，其分层结构如图 7 - 6 所示。即一个 OPC 服务器对象具有一个作为子对象的 OPC 组集合对象（OPCGroups）。在这个 OPC 组集合对象里可以添加多个的 OPC 组对象。各个 OPC 组对象具有一个作为子对象的 OPC 项集合对象（OPCItems）。在这个 OPC 项集合对象里可以添加多个的 OPC 项对象。此外，作为选用功能，OPC 服务器对象还可

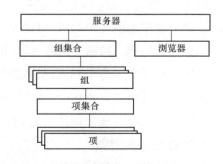

图 7 - 6　OPC 数据访问对象的分层结构

185

以包含一个 OPC 浏览器对象（OPCBrowser）。

OPC 对象中的最上层的对象是 OPC 服务器。一个 OPC 服务器里可以设置一个以上的 OPC 组。OPC 服务器经常对应于某种特定的控制设备。例如，某种 DCS 控制系统或者某种 PLC 控制装置。

OPC 组是可以进行某种目的数据访问的多个 OPC 项的集合，例如某监视画面里所有需要更新的位号变量。正因为有了 OPC 组，OPC 客户端应用程序就可以以同时需要的数据为一批进行数据访问，也可以以 OPC 组为单位启动或停止数据访问。此外 OPC 组还提供组内任何 OPC 项的数值变化时向 OPC 客户端应用程序通知的数据变化事件。

OPC 对象里最基本的对象是 OPC 项。OPC 项是 OPC 服务器可认识的数据定义，通常相当于位号的单一变量（调整点或过程数据），并和数据提供源（控制设备）相连接。OPC 项具有多个属性，但是其中最重要的属性是 OPC 项标识符。OPC 数据访问对象的模型如表 7-3 所示。

表 7-3　　　　　　　　　　　　OPC 数据访问对象模型

名称	对象名	说明
OPC 服务器	OPCServer	OPC 服务器对象在使用其他 OPC 对象前必须生成。OPC 服务器自动含有一个 OPC 组集合对象，并可在其基础上生成一个 OPC 浏览器对象
OPC 组集合	OPCGroups	OPC 服务器中添加的所有的 OPC 组的集合
OPC 组	OPCGroup	OPC 组对象是用于组的状态管理以及利用项集合为单位的数据访问
OPC 项集合	OPCItems	在对应 OPC 组中添加的所有的 OPC 项的集合
OPC 项	OPCItem	含有 OPC 项的定义、现在值、状态以及最后更新时间等信息的对象
OPC 浏览器	OPCBrowse	用于浏览 OPC 服务器的名称空间的对象

服务器句柄：一旦 OPC 组或者 OPC 项在 OPC 服务器里添加成功，OPC 服务器将赋予被添加的各个 OPC 组或者各个 OPC 项一个独特的标识符。这个标识符叫作服务器句柄。被赋予的服务器句柄将返回给 OPC 客户端应用程序。OPC 客户端应用程序应该将由 OPC 服务器返回的 OPC 组或者 OPC 项的服务器句柄好好保管。因为随后对添加的 OPC 组或者 OPC 项进行操作时，只有使用这些服务器句柄才可以唯一地识别特定的 OPC 组或者 OPC 项。

2. OPC 服务器对象

因为 OPC 服务器对象 OPCServer 提供连接数据源（OPC 定值接口服务器）以及数据访问（读取和写入）的方法，所以在建立 OPC 组和 OPC 项以前必须建立 OPC 服务器对象，然后使用 OPC 数据访问自动化接口的 Connect 方法和数据源连接。如下给出 OPC 服务器对象常用属性和方法的示例代码。

（1）OPC 服务器的声明。

```
Dim WithEvents AnOPCServer As OPCServer
Set AnnOPCServer = New OPCServer
```

（2）属性：ServerState。

说明：只读的属性，返回服务器的运行状态（OPCServerStatus）。

文法：

```
ServerState As Long
```

下列的 OPC ServerStatus 值是可能的。

OPCRunning：OPC 服务器正在正常运转。

OPCFailed：OPC 服务器由于异常而停止。

OPCNoconfig：OPC 服务器正在运转，但没有被设置。

OPCSuspended：OPC 服务器正处于暂时停止状态。

OPCTest：OPC 服务器正在实验模式下运转。

OPCDisconnected：服务器对象没有连接任何实际的 OPC 服务器。

示例：

```
Dim ServerState As Long
ServerState = AnOPCServer. ServerState
```

（3）属性：OPCGroups。

说明：只读的属性，OPC 组的集合。这是 OPCServer 的默认属性。

文法：

```
OPCGroups As OPCGroups
```

示例：

```
Dim MyGroups As OPCGroups
//使用显示的属性声明
Set MyGroups = AnOPCServer. OPCGroups
//或使用默认的属性声明
Set Mygroups = AnOPCServer
```

（4）方法：Connect。

说明：连接 OPC 数据访问服务器。

文法：

```
Connect(ProgID As String,Optional Node As Variant)
```

ProgID：程序标识符是可以识别特定 OPC 服务器的注册字符串。

Node：选用参数，是利用分布式 COM 进行远程连接的计算机 UNC 名称（例如 Server）或者 DNS 名称（例如 www.vendor.com 或者 180.151.19.75）。被省略时，将连接本地 OPC 服务器。

示例：

```
Dim ProgID As String,NodeName As String
ProgID = "VendorX.DataAccessCustomServer"
NodeName = "SomeComputerNodeName"
AnOPCServer.Connect(ProeID, NodeName)
```

（5）方法：Disconnect。

说明：断开和 OPC 服务器的连接。OPC 客户端应用程序在断开和 OPC 服务器的连接前，建议显式地清除所有添加的 OPC 组和 OPC 项的程序，虽然调用本方法也可以默认地清除所有的 OPC 组，并释放所有的引用。

文法：

```
Disconnect()
```

示例：

```
AnOPCServer.Disconnect()
```

（6）事件：ServerShutDown。

说明：这个事件在服务器即将关机前发生，OPC 服务器以此事件通知 OPC 客户端应用程序预告即将关机。OPC 客户端应用程序应该在接到此事件通知后，立即清除所有的 OPC 组并断开与 OPC 服务器连接。

文法：

```
ServerShutDown(Reason As String)
```

ServerReason 是选用的参数，是说明服务器关机理由的字符串。

示例：

```
Dim WithEvents AnOPCServer As OPCServer
```

```
Dim ProgID As String, NodeName As String

ProgID = "VendorX.DataAccessCustomServer"
NodeName = "SomeComputerNodeName"
AnOPCServer.Connect(ProgID, NodeName)
Private Sub AnOPCServer_ServerShutDown(ByRef aServerReason As String)
//在这儿记录服务器关机处理代码
    Debug.Print aServerReason
AnOPCServer.OPCGroups.RemoveAll
    AnOPCServer.Disconnect
End Sub
```

所有 OPC 服务器支持的属性、方法和事件的一览如表 7-4~表 7-6 所示。详细资料请参照 OPC 规范的 "OPC 数据访问自动化接口标准"。

表 7-4   OPC 服务器的属性

属性名	属性	说明
StartTime	只读	OPC 服务器的启动时间（国际标准时间）
CurrentTime	只读	OPC 服务器的现在时间（国际标准时间）
Last UpdateTime	只读	对于本 OPC 客户端应用程序的最后数据更新时间（国际标准时间）
MajorVersion	只读	OPC 服务器软件的主版本号
MinorVersion	只读	OPC 服务器软件的次版本号
BuildNumber	只读	OPC 服务器软件的版本生成号
VendorInfo	只读	开发者提供的有关 OPC 服务器软件版本信息的文字串（建议含有公司名以及所支持的设备类型）
ServerState	只读	返回 OPC 服务器的运行状态（OPCServerStatus）
LocaleID	读写	返回区域标识符（语言标识符）
Bandwidth	只读	OPC 服务器的特有值。返回 OPC 服务器使用可能的不敏感带的百分比（%）
OPCGroups	只读	OPC 的组集合，服务器的默认属性
Public GroupNames	只读	返回 OPC 服务器的 OPC 公用组名称
ServerName	只读	返回 OPC 服务器的名称
ServerNode	只读	返回 OPC 服务器的计算机名
ClientName	读写	OPC 客户端应用程序在 OPC 服务器中的注册名，用于调试

表 7 - 5   OPC 服务器的方法

方法名	说明
GetOPCServers	返回注册的 OPC 服务器的程序标识符（ProgID）
Connect	连接 OPC 数据访问服务器
Disconnect	断开和 OPC 服务器的连接
CreateBrowser	生成 OPC 浏览器对象
GetErrorString	得到按区域标识符（LocaleID）指定的错误码文字说明
QueryAvailableLocaleIDs	询问在服务器和应用程序之间使用可能的区域标识符
QueryAvailableProperties	对于指定的项属性，询问可能取得的项属性的标识符和文字说明
GetItemProperties	按照指定的 OPC 项和属性标识符，取得项属性的现在值
LookUpItemIDs	按照指定的 OPC 项和属性标识符，取得与项属性值对应的 OPC 项标识符

表 7 - 6   OPC 服务器的事件

事件	说明
ServerShutDown	这个事件在服务器即将关机前发生，OPC 服务器以此事件通知 OPC 客户端应用程序预告即将关机。OPC 客户端应用程序应该在接到此事件通知后，立即清除所有的 OPC 组并断开与服务器连接

3. OPC 组集合对象

OPC 组集合对象 OPCGroups 是 OPC 组的集合，该对象的用途是添加、清除和管理 OPC 组。如下说明一些经常使用的 OPC 组集合的方法。

（1）OPC 组集合的声明。

```
Dim WithEvents AnOPCServer As OPCServer

Dim ProgID As String

Dim NodeName As String

Dim MyGroups As OPCGroups

Dim OneGroup As OPCGroup

Set AnOPCServer = New OPCServer

ProgID = "VendorX. DataAccessCustomServer"

NodeName = "SomeComputerNodeName"

AnOPCServer. Connect(ProgID, NodeName)

Set MyGroups = AnOPCServer. OPCGroups
```

（2）方法：Add。

说明：在 OPC 组集合中建立新的 OPC 组。

文法：

```
Add(Optional Name As Variant) As OPCGroup
```

Name 是独特的 OPC 组名。这是选用参数，没有被定义时，由 OPC 服务器自动产生组名。

示例：

```
Set OneGroup = MyGroups. Add("AnOPCGroupName")
```

（3）方法：Remove。

说明：清除指定的 OPC 组。

文法：

```
Remove(ItemSpecifier As Variant)
```

ItemSpecifier 是要清除的 OPC 组的服务器句柄或者 OPC 组名。

示例：

```
Set OneGroup = MyGroups. Add("AnOPCGroupName")
//使用 OPC 组名的处理代码
MyGroups. Remove("AnOPCGroupName")
//或者使用组服务器句柄的处理代码
MyGroups. Remove(OneGroup. ServerHandle)
```

（4）方法：RemoveAll。

说明：为服务器关机做准备，清除所有的 OPC 组和 OPC 项。

文法：

```
RemoveAll()
```

示例：

```
Set OneGroup = MyGroups. Add("AnOPCGroupName")
Set OneGroup = MyGroups. Add("AnOPCGroupNamel")
Set OneGroup = MyGroups. Add("AnOPCGroupName2")
MyGroups. RemoveAll()
```

所有 OPC 组集合支持的属性、方法和事件如表 7 - 7～表 7 - 9 所示。

表7-7   **OPC 组集合的属性**

属性名	属性	说明
Parent	只读	返回所属 OPC 服务器对象
DefaultGroupIsActive	读写	新添加的 OPC 组的活动状态的默认值。初始状态为活动状态
DefaultGroupUpdateRate	读写	新添加的 OPC 组的更新周期的默认值。初始值是 1000ms
DefaultGroupDeadB and	读写	新添加的 OPC 组的不敏感带的默认值。初始值是 0%
DefaultGroupLocaleID	读写	新添加的 OPC 组区域标识符的默认值
DefaultGroupTimeBias	读写	新添加的 OPC 组的时间偏差的默认值，初始值是 0 分
Count	只读	集合对象的固有属性。包含的组数

表7-8   **OPC 组集合的方法**

方法名	说明
Item	OPC 组集合的默认方法。返回由集合索引（ItemSpecifier）指定的 OPC 组对象
Add	在 OPC 组集合中添加新的 OPC 组
GetOPCGroup	返回指定的 OPC 组对象
Remove	清除指定的 OPC 组
RemoveAll	为服务器关机做准备，清除所有的 OPC 组和 OPC 项
ConnectPublicGroup	连接 OPC 公用组
RemovePublicGroup	清除 OPC 公用组

表7-9   **OPC 组集合的事件**

事件	说明
AllGroupsDataChange	由多个 OPC 组的数据变化而引发的事件

详细资料请参加 OPC 规范的"OPC 数据访问自动化接口标准"。

4. OPC 组对象

OPC 组对象 OPCGroup 提供满足 OPC 客户端应用程序要求的数据访问手段。如下说明一些经常使用的 OPC 服务器的属性、方法和事件。

（1）OPC 组的声明。

```
Dim WithEvents AnOPCServer As OPCServer
Dim ProgID As String
Dim NodeName As String
Dim MyGroups As OPCGroups
```

```
Dim WithEvents OneGroup As OPCGroup

Dim AnOPCItemCollection As OPCItems

Dim AnOPCItem As OPCItem

Dim ClientHandles(10) As Long

Dim AnOPCItemIDs(10) As String

Dim AnOPCItemServerHandles() As Long

Dim AnOPCItemServerErrors() As Long

Dim AddItemCount As Long

Dim I As Long

Set AnOPCServer = New OPCServer

ProgID = "VendorX. DataAccessCustomServer"

NodeName = "SomeComputerNodeName"

AnOPCServer. Connect(ProgID, NodeName)

Set MyGroups = AnOPCServer. OPCGroups

Set OneGroup = MyGroups. Add("AnOPCGroupName")

Set AnOPCItemCollection = OneGroup. OPCItems

AddItemCount = 10

For I = 1 To AddItemCount

ClientHandles(I) = I + 1

AnOPCItemID(I) = "Item_ "&I

Next
//添加 OPC 项
AnOPCItemCollection. AddItems AddItemCount, AnOPCItemIDs, _

    ClientHandles, AnOPCItemServerHandles, AnOPCItemServerErrors
```

（2）属性：IsActive。

说明：可设置的属性，用以控制 OPC 组的活动状态。只有处于活动状态的 OPC 组才进行定期的数据更新。非活动状态的 OPC 组除了在接到显示的数据读写要求外，并不收集任何数据。

文法：

```
IsActive As Boolean
```

示例：

```
Dim CurrentValue As Boolean
//设置 OPC 组为活动状态
```

```
OneGroup. IsActive = True
```
//读取 OPC 组的活动状态
```
CurrentValue = OneGroup. IsActive
```

（3）属性：IsSubscribed。

说明：可设置的属性，用以控制 OPC 组的订阅状态。进行订阅的 OPC 组可以自动收到从服务器送来的数据变化通知。

文法：

```
IsSubscribed As Boolean
```

示例：

```
Dim CurrentValue As Boolean
```
//设置 OPC 组为订阅状态
```
OneGroup. IsSubscribed = True
```
//取得 OPC 组的订阅状态
```
CurrentValue = OneGroup. IsSubscribed
```

（4）属性：ServerHandle。

说明：只读的属性，服务器句柄是由 OPC 服务器指定的，用于识别指定的 OPC 组的一个独特的长整型数。OPC 客户端应用程序可以利用这个服务器句柄，向 OPC 服务器要求对指定的 OPC 组进行操作，如清除指定的 OPC 组。

文法：

```
ServerHandle As Long
```

示例：

```
Dim CurrentValue As Long
```
//读取 OPC 组的服务器句柄
```
CurrentValue = OneGroup. ServerHandle
```

（5）属性：UpdateRate。

说明：可设置的属性，以毫秒为单位的数据更新周期。

文法：

```
UpdateRate As Long
```

示例：

```
Dim CurrentValue As Long
//设置 OPC 组的更新周期为 5s
OneGroup.UpdateRate = 5000
//取得 OPC 组的更新周期
CurrentValue = OneGroup.UpdateRate
```

（6）属性：OPCItems。

说明：只读的 OPC 组的默认属性，OPC 项集合对象。

文法：

```
OPCItems As OPCItems
```

示例：

```
//取得 OPC 项集合对象
Set AnOPCItemCollection = OneGroup.OPCItems
```

（7）方法：SyncRead。

说明：同步读取 OPC 组内单个或者多个 OPC 项的数据值、质量标志和采样时间。

文法：

```
SyncRead(Source As Integer, NumItems As Long, _
ServerHandles() As Long, ByRef Values() As Variant, _
ByRef Errors() As Long, Optional ByRef Qualities As Variant, _
Optional ByRef TimeStamps As Variant)
```

Source：数据源。可以指定为 OPCCache（缓冲器）或者 OPCDevice（设备）。

NumItems：要读取的 OPC 项的数目。

ServerHandles：要读取的 OPC 项的服务器句柄的数组。

Values：返回的读取的数值的数组。

Errors：返回的与读取项对应的错误码的数组。

Qualities：选用参数，读取数值的质量标志的数组。

Timestamps：选用参数，读取数据的采样时间的数组。

示例：

```
Dim NumItems As Long
Dim ServerHandles(10) As Long
Dim Values() As Variant
```

```
Dim Errors() As Long

Dim Qualities As Variant

Dim TimeStamps As Variant

Dim I As Long

NumItems = 10
//设置要读取的 OPC 项的服务器句柄
For I = 1 to NumItems

ServerHandles(I) = AnOPCItemServerHandles(I)

Next
//同步读取
OneGroup.SyncRead OPCDevice, NumItems, _

    ServerHandles, Values, Errors, Qualities, TimeStamps
//表示读取 OPC 项的数值
For I = 1 to NumItems

    Debug.Print I; Values(I)

Next
```

（8）方法：SyncWrite。

说明：同步写入 OPC 组内单个或者多个 OPC 项的数据值。因为数据被直接同步地写入设备中，所以只有等数据被设备接受或拒绝后，这个方法的调用才会结束。

文法：

```
SyncWrite(NumItems As Long,ServerHandles() As Long,_

    Values() As Variant,ByRef Errors() As Long)
```

NumItems：要写入的 OPC 项的数目。

ServerHandles：要写入的 OPC 项的服务器句柄的数组。

Values：要写入的数值的数组。

Errors：返回写入项对应的错误码的数组。

示例：

```
Dim NumItems As Long

Dim ServerHandles() As Long

Dim Values() As Variant

Dim Errors() As Long

Dim I As Long
```

```
NumItems = 10
//设置要写入的 OPC 项的服务器句柄
For I = 1 to NumItems
ServerHandles(I) = AnOPCItemServerHandles(I)
Values(I) = I * 2
Next
//同步写入
OneGroup.SyncWrite NumItems, ServerHandles, Values, Errors
//表示写入 OPC 项的错误码
For I = 1 to NumItems
   Debug.Print I;Errors(I)
Next
```

（9）方法：AsyncRead。

说明：异步读取 OPC 组内单个或者多个 OPC 项的数据值，质量标志和采样时间。利用异步数据访问时，必须将 OPC 组声明为可响应事件的对象变量（DimWithEvents ××× As OPCGroup）。读取结果是由 AsyncReadComplete 事件返回。请注意因为本方法的数据是直接从设备中读取的，所以并不受到 OPC 组的活动状态的影响。

文法：

```
AsyncRead( NumItems As Long,ServerHandles() As Long,_
   ByRef Errors() As Long,TransactionID As Long,ByRef CancelID As Long)
```

NumItems：读取的 OPC 项的数目。

ServerHandles：要读取的 OPC 项的服务器句柄的数组。

Errors：返回的与读取项对应的错误码的数组。

TransactionID：由 OPC 客户端应用程序发行的事务标识符。当数据访问完成事件发生时，OPC 客户端应用程序可以利用这个事务标识符识别所完成的异步数据访问。

CancelID：由服务器发行的取消标识符。OPC 客户端应用程序使用这个标识符，可以取消正在进行中的异步数据访问。

示例：

```
Dim NumItems As Long
Dim ServerHandles(10) As Long
```

```
Dim Errors() As Long

Dim ClientTransactionID As Long

Dim ServerTransactionID As Long

Dim I As Long

NumItems = 10

ClientTransactionID = 1975

//设置要读取的 OPC 项的服务器句柄

For I = 1 to NumItems

ServerHandles(I) = AnOPCItemServerHandles(I)

Next

//异步读取

OneGroup.AsyncRead NumItems, ServerHandles, Errors,

ClientTransactionID, ServerTransactionID
```

（10）方法：AsyncWrite。

说明：异步写入 OPC 组内单个或者多个 OPC 项的数据值。利用异步数据访问时，必须将 OPC 组声明为可响应事件对象变量（Dim WithEvents xxx As OPCGroup）。写入结果由 AsyncWriteComplete 事件返回。

文法：

```
AsyncWrite(NumItems As Long, ServerHandles()As Long, _

  Values()As Variant, ByRef Errors() As Long, TransactionID As Long,

ByRef CancelID As Long)
```

NumItems：要写入的 OPC 项的数目。

ServerHandles：要写入的 OPC 项的服务器句柄的数组。

Values：要写入的数值的数组。

Errors：返回的与写入项对应的错误码的数组。

TransactionID：由 OPC 客户端应用程序发行的事务标识符。当数据访问完成事件发生时，OPC 客户端应用程序可以利用这个事务标识符识别所完成的异步数据访问。

CancelID：由服务器发行的取消标识符。OPC 客户端应用程序使用这个标识符，可以取消正在进行中的异步数据访问。

示例：

```
Dim NumItems As Long
```

```
Dim ServerHandles(10) As Long

Dim Values() As Variant

Dim Errors() As Long

Dim ClientTransactionID As Long

Dim ServerTransactionID As Long

Dim I As Long

NumItems = 10

ClientTransactionID = 1957

//设置要写入的OPC项的服务器句柄

For I = 1 to NumItems

ServerHandles(I) = AnOPCItemServerHandles(I)

Values(I) = I * 2

Next

//异步写入

OneGroup.AsyncWrite NumItems, ServerHandles, Values, Errors, ClientTransactionID, Ser-
verTransactionID
```

（11）事件：DataChange。

说明：在OPC组内任何OPC项的数据值或者质量标志变化时触发的事件。但不会在下次OPC组的更新周期（UpDateRate）以前发生。注意订阅方式数据采集（Subscription）和异步的数据刷新（AsyncRefresh）都可以触发这个事件，但是不同的是由订阅方式数据采集触发的事件返回的事务标识符为零（TransactionID＝0），而由异步数据刷新触发的事件返回的事务标识符非零（TransactionID！＝0）。

文法：

```
DataChange (TransactionID As Long, NumItems As Long, _

    ClientHandles() As Long, Values() As Variant, Qualities() As Long,

TimeStamps() As Date)
```

TransactionID 由OPC客户端应用程序发行的事务标识符。事务标识符为零的是订阅方式数据采集（Subscription）的返回结果，而事务标识符非零的是异步的数据刷新（AsyncRefresh）的返回结果。

NumItems：读取的OPC项的数目。

ClientHandles：读取的OPC项的客户句柄的数组。

Values：返回的读取的数值的数组。

Qualities：读取的质量标志的数组。

TimeStamps：读取的采样时间的数组。

示例：

```
Private Sub AnOPCGroup_DataChange (TransactionID As Long, _
NumItems As Long, ClientHandles() As Long, Values() As Variant,
Qualities() As Long, TimeStamps() As Date)
Dim I As Long
//表示读取 OPC 项的客户句柄和数值
  For I = 1 to NumItems
    Debug. Print I; ClientHandles(I);Values(I)
    Next
End Sub
```

（12）事件：AsyncReadComplete。

说明：在异步读取（AsyncRead）完成时发生的事件。

文法：

```
AsyncReadComplete (TransactionID As Long, NumItems As Long, _
  ClientHandles() As Long, Values() As Variant, Qualities() As Long, _
  TimeStamps() As Date, Errors() As Long)
```

TransactionID：由 OPC 客户端应用程序发行的事务标识符。

NumItems：读取的 OPC 项的数目。

ClientHandles：读取的 OPC 项的客户句柄的数组。

Values：返回的读取的数值的数组。

Qualities：读取的质量标志的数组。

TimeStamps：读取的采样时间的数组。

示例：

```
Private Sub AnOPCGroup_AsyncReadComplete (TransactionID As Long, NumItems As Long,
ClientHandles() As Long, ItemValues() As Variant, Qualities()As Long, TimeStamps() As
Date)
    Dim I As Long
//表示读取 OPC 项的客户句柄和数值
  For I = 1 to NumItems
    Debug. Print I; ClientHandles(I);Values(I)
```

```
    Next
End Sub
```

（13）事件：AsyncWriteComplete。

说明：在异步写入（AsyncWrite）完成时发生的事件。

文法：

```
AsyncWriteComplete(TransactionID As Long,NumItems As Long,_
  ClientHandles() As Long,Errors() As Long)
```

TransactionID：OPC 客户端应用程序发行的事务标识符。

NumItems：写入的 OPC 项数。

ClientHandles：写入的 OPC 项的客户句柄的数组。

Errors：返回的与写入项对应的错误码的数组。

示例：

```
Private Sub AnOPCGroup_AsyncWriteComplete(TransactionID As Long,
NumItems As Long, ClientHandles() As Long, ItemValues() As Variant,
Qualities() As Long, TimeStamps() As Date)
  Dim I As Long
//表示写入错误码
  For I = 1 to NumItems
    Debug.Print I;Errors(I)
    Next
End Sub
```

所有 OPC 组支持的方法、属性和事件如表 7-10～表 7-12 所示。详细资料请参阅 OPC 规范的"OPC 数据访问自动化接口标准"。

表 7-10　　　　　　　　　　　　　　OPC 组的属性

属性名	属性	说明
Parent	只读	返回所属 OPC 服务器对象
Name	读写	OPC 组的名称
IsPublic	只读	OPC 组是否是公用组的真伪值
IsActive	读写	用以控制 OPC 组的活动状态。只有活动状态的 OPC 组才进行定期的数据更新
IsSubscribed	读写	用以控制 OPC 组的订阅状态

属性名	属性	说明
ClientHandle	读写	客户句柄是由 OPC 客户端应用程序指定的用于识别某个 OPC 组的长整型数。当进行数据访问或询问 OPC 组状态时,服务器将这个数值和结果一起返回给 OPC 客户端应用程序
ServerHandle	只读	服务器句柄是由 OPC 服务器指定的用于识别某个 OPC 组的一个独特的长整型数
LocaleID	读写	区域标识符
TimeBias	读写	数据采样时间的时间偏差值,用于调整设备时间和 OPC 服务器时间之间的偏差
DeadBand	读写	不敏感带全量程的百分比;合法值 0~100。只有数据变化超过此不敏感带时,服务器才触发数据变化事件发生
UpdateRate	读写	数据更新周期(ms)
OPCItems	只读	OPC 组的默认属性,OPC 项集合对象

表 7 - 11   OPC 组的方法

方法名	说明
SyncRead	同步读取 OPC 组内单个或者多个 OPC 项的数据值、质量标志和采样时间
SyncWrite	同步写入 OPC 组内单个或者多个 OPC 项的数据值、质量标志和采样时间
AsyncRead	异步读取 OPC 组内单个或者多个 OPC 项的数据值、质量标志和采样时间
AsyncWrite	异步写入 OPC 组内单个或者多个 OPC 项的数据值
AsyncRefresh	触发数据变化事件发生,刷新 OPC 组内所有活动的 OPC 项的数据。结果由数据变化(DataChange)事件返回
AsyncCancel	取消尚未完成的异步数据访问事务。处理结果由异步取消完成(AsyncCancel-Complete)事件返回

表 7 - 12   OPC 组的事件

事件名	说明
DataChange	在 OPC 组内任何 OPC 项的数据值或者质量标志变化时触发的事件
AsyncReadComplete	在异步读取(AsyncRead)完成时发生的事件
AsyncWriteComplete	在异步写入(AsyncWrite)完成时发生的事件
AsyncCancelComplete	在取消异步访问(AsyncCancel)完成时发生的事件

5. OPC 项集合对象

OPC 项集合对象具有 OPC 项的默认属性,当添加新的 OPC 项时,下述的

Defalt×××属性将是新添加的 OPC 项的默认属性值。如下说明一些经常使用的 OPC 项集合的属性和方法。

（1）OPC 项集合的声明。

示例：

```
Dim WithEvents AnOPCServer As OPCServer

Dim ProgID As String

Dim NodeName As String

Dim MyGroups As OPCGroups

Dim WithEvents OneGroup As OPCGroup

Dim AnOPCItemCollection As OPCItems

Dim AnOPCItem As OPCItem

Dim AnOPCItemServerHandles() As Long

Dim AnOPCItemServerErrors() As Long

Set AnOPCServer = New OPCServer

ProgID = "VendorX. DataAccessCustomServer"

NodeName = "SomeComputerNodeName"

AnOPCServer. Connect(ProgID, NodeName)

Set MyGroups = AnOPCServer. OPCGroups

Set OneGroup = MyGroups. Add("AnOPCGroupName")

Set AnOPCItemCollection = OneGroup. OPCItems
```

（2）属性：Count。

说明：只读的属性，返回 OPC 项集合中的项数。

文法：

```
Count As Long
```

示例：

```
Dim CurrentValue As Long
//读取 OPC 项的数目
CurrentValue = AnOPCItemCollection. Count
```

（3）方法：AddItems。

说明：在 OPC 项集合中添加新的 OPC 项。其初期属性取决于 OPC 项集合的默认值。

文法：

```
AddItems (Count As Long, ItemIDs () As String, ClientHandles () As Long,

  ByRef ServerHandles () As Long, ByRef Errors () As Long,_

  Optional RequestedDataTypes As Variant,_

  Optional AccessPaths As Variant)
```

Count：添加的 OPC 项的数目。

ItemIDs：要添加的 OPC 项的标识符的数组。

ClientHandles：要添加的 OPC 项的客户句柄的数组。

ServerHandles：返回的对应添加的 OPC 项的服务器句柄的数组。

Errors：返回的对应添加的 OPC 项的错误码的数组。

RequestedDataTypes：选用参数，是要添加的 OPC 项的要求的数据类型的数组。

AccessPaths：选用参数，要添加的 OPC 项路径的数组。

示例：

```
Dim ClientHandles(100) As Long

Dim AnOPCItemIDs(100) As String

Dim AddItemCount As Long

Dim I As Long

AddItemCount = 10

//设置要添加的 OPC 项的客户句柄和项标识符

For I = 1 To AddItemCount

ClientHandles(I) = I + 1

AnOPCItemID(I) = "Item_ "&I

Next

//OPC 项的添加

AnOPCItemCollection. AddItems AddItemCount, AnOPCItemIDs, _

ClientHandles. AnOPCItemServerHandles. AnOPCItemServerErrors
```

（4）方法：Remove。

说明：清除指定的 OPC 项。

文法：

```
Remove (Count As Long, ServerHandles () As Long,_

  ByRef ErrorsU As Long)
```

Count：要清除的 OPC 项的数目。

ServerHandles：要清除的 OPC 项的服务器句柄的数组。

Errors：返回的对应被清除 OPC 项的错误码的数组。

示例：

```
//清除 OPC 项
AnOPCItemCollection. Remove (AnOPCItemServerHandles,
  AnOPCItemServerErrors)
```

所有 OPC 项集合支持的属性和方法如表 7-13 和表 7-14 所示。详细资料请参阅 OPC 规范的"OPC 数据访问自动化接口标准"。

表 7 - 13　　　　　　　　　　　OPC 项集合的属性

属性名	属性	说明
Parent	只读	返回所属的 OPC 组对象
DefaultRequestedDataType	读写	在添加 OPC 项时，默认的要求数据类型。初期值是 VT _ Empty（＝控制设备的固有数据类型）
DefaltAccessPath	读写	在添加 OPC 项时，默认的数据访问路径。初期值是""（真＝无路径）
Default is Active	读写	在添加 OPC 项时，默认的活动状态。初期值是 True（真＝活动）
Count	只读	集合对象的固有属性。OPC 项集合中的 OPC 项数

表 7 - 14　　　　　　　　　　　OPC 项集合的方法

方法名	说明
Item	返回 OPC 项集合中由集合索引（ItemSpecifier）指定的 OPC 项
GetOPCItem	返回 OPC 项集合中由服务器句柄指定的 OPC 项
AddItem	在 OPC 项集合中添加新的 OPC 项
Remove	清除指定的 OPC 项
Validate	检查被添加的 OPC 项
SetActive	分别设置 OPC 项为活动状态或非活动状态
SetClientHandles	设置 OPC 项的客户句柄
SetDataTypes	设置 OPC 项的要求的数据类型

6. OPC 项对象

OPC 项对象表示与 OPC 服务器内某个数据的连接。各个 OPC 项由数据值、质量标志以及采样时间构成。所有 OPC 项支持的属性和方法如表 7-15 和表 7-16

所示。详细资料请参阅 OPC 规范的"OPC 数据访问自动化接口标准"。

表 7 - 15 OPC 项的属性

属性名	属性	说明
Parent	只读	返回所属的 OPC 组对象
ClientHandle	读写	客户句柄是由应用程序指定的用于识别某个 OPC 项的长整型数。当 OPC 组事件发生时,服务器将这个客户句柄和结果一起返回给 OPC 客户端应用程序
ServerHandle	只读	服务器句柄是由 OPC 服务器设置的用于识别某个 OPC 项的一个独特长整型数
AccessAccessPath	只读	返回 OPC 客户端应用程序指定的访问路径
Right	只读	返回 OPC 项的访问权限
ItemID	只读	返回识别这个 OPC 项的标识符
IsActive	读写	用以控制 OPC 项的活动状态。只有活动状态的 OPC 项才进行定期的数据更新
RequestedDataType	读写	要求的数据类型
Value	只读	返回从 OPC 服务器读取的最新数据值
Quality	只读	返回从 OPC 服务器读取的最新数据的质量标志
TimeStamp	只读	返回从 OPC 服务器读取的最新数据的采样时间
CanonicalDataType	只读	返回 OPC 服务器内固有的数据类型
EUType	只读	返回工程单位(Engineering Unit)的数据类型
EUInfo	只读	返回表示工程单位的 Variant 型数值

表 7 - 16 OPC 项的方法

方法名	说明
Read	从 OPC 服务器中读取 OPC 项的数据
Write	向 OPC 服务器中写入 OPC 项的数据

7.2　OPC 客户端应用程序

本节以微软的 Visual Basic 开发 OPC 自动化接口的客户端应用程序为例。介绍如何使用 OPC 数据访问自动化接口,以同步和异步方式进行数据访问。

7.2.1　建立一个 Visual Basic 工程

利用 Visual Basic 开发 OPC 客户端应用程序时,实现 OPC 自动化接口的 OPC 动态链接库是必须的。这个 OPC 的动态链接库一般应该是由 OPC 服务器的供应商提供的。这个 OPC 的动态链接库的名称可能随供应商有所不同。

1. 启动 Visual Basic

首先启动 Visual Basic，新建一个 Visual Basic 的工程。请选择"标准 EXE"作为新建工程的类型，如图 7 - 7 所示。

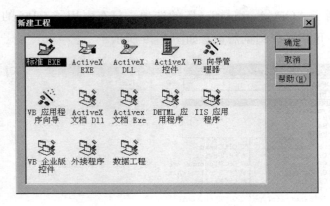

图 7 - 7 创建工程

2. 设置 OPC 动态链接库

因为在新建的 Visual Basic 工程里 OPC 动态链接库还没有被注册，必须用下述方法对 OPC 动态链接库进行注册。

设置方法如下。

（1）从 Visual Basic 菜单里选择"工程（P）"→"引用（N）"。

（2）在"可用的引用（A）"的一览表示中，选择对应 OPC 动态链接库的文件名。这里选择"OPCAutomation 2.0"如图 7 - 8 所示。

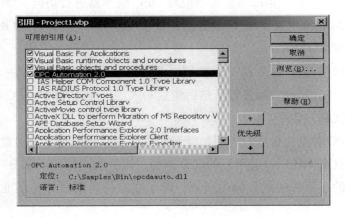

图 7 - 8 引用的设置

设置了对 OPC 动态链接库的引用，就可以使用 OPC 自动化对象了。如果希望查看在工程内可以使用的 COM 组件，可以使用对象浏览器。选择 Visual Basic 菜单的"视图（V）"→"对象浏览器（O）"，可以显示对象浏览器的视窗。如果已经设置了对 OPC 动态链接库的引用，那么对象浏览器左上角的列表框中应该已经包括了"OPCAutomation"的选项，只有引用了 OPC 的动态链接库，才能使用它，可用对象浏览器查看如图 7-9 所示。

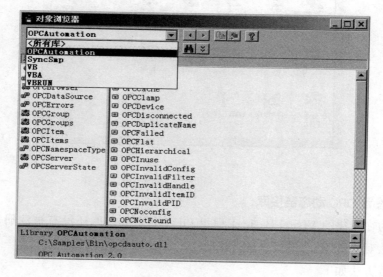

图 7-9　对象浏览器

7.2.2 建立 OPC 对象

在 Visual Basic 里是以对象为单位对 OPC 服务器进行访问。OPC 自动化接口是由以下对象所定义：OPC 服务器、OPC 组、OPC 组集合、OPC 项、OPC 项集合、OPC 浏览器。

这里只说明 OPC 服务器、OPC 组以及 OPC 项对象的使用方法。具体来说，先连接一个特定的 OPC 服务器，然后建立 OPC 组，最后添加 OPC 项。

1. 定义 OPC 相关变量

先对 OPC 对象变量进行声明。变量的数据类型应该指定为对象型。这些对象变量最好在窗体代码（通用）的部分声明。因为在（通用）部分声明的变量，可以在窗体的任何方法的代码内引用。除了变量的声明以外，还推荐指定下述的 VB 选项。

（1）和 C 以及 C++ 等编程语言相比，Visual Basic 可以很简单地处理变量，即使不进行变量声明也可以使用变量，但是这也正是可能产生程序缺陷的原因。再有，如果进行了变量的声明，由于可以在程序编译时对对象进行优化存储，有助于提高程序运行性能。所以建议在模块代码的最初的部分，加上 Option Explicit 语句，表示模块里的所有变量需要显式的声明。这样进行程序编译时将对所有变量名进行检查，如果出现未声明的变量名将会以编译错误做出提示。

（2）因为 OPC 自动化接口的数组的索引要求必须从 1 开始，为了避免错误，建议在代码的最初加上 Option Base 1 语句，程序如下。

```
Option Base 1
Option Explicit
//OPC 对象的声明
Dim WithEvents objServer As OPCServer
Dim objGroups As OPCGroups
Dim WithEvents objTestGrp As OPCGroup
//事件的对应
Dim objItems As OPCItems
Dim lServerHandles() As Long
```

有关定义 OPC 对象变量的声明及其说明见表 7 - 17。

表 7 - 17 　　　　　　　　　　　OPC 对象变量的声明

变量名	说明
objServer	OPCServer 对象，用于连接 OPC 服务器
objGroups	OPCGroups 对象，用于添加 OPC 组的 OPC 组集合
objTestGrp	OPCGroup 对象，演示用的 OPC 组
objItems	OPCItems 对象，用于添加 OPC 项的 OPC 项集合
lServerHandles	长整型的数组，用于保存 OPC 项的服务器句柄

2. 连接 OPC 服务器和建立 OPC 组

下面说明怎样连接 OPC 服务器和建立 OPC 组。考虑到代码的复用性和程序的规范性，这里采用子程序进行编程。

这里用 New 关键词生成 OPC 服务器的对象，然后调用 OPC 服务器对象的 Connect 方法，和 OPC 服务器连接。在连接远程服务器的时候，需要指定作为选用参数的远程计算机名。

Connect 子程序如下。

```
Sub Connect(strProgID As String, Optional strNode As String)

    If objServer Is Nothing Then
        //建立一个 OPC 服务器对象
        Set objServer = New OPCServer
    End If

    If objServer. ServerState = OPCDisconnected Then
        //连接 OPC 服务器
        objServer. Connect strProgID, strNode
    End If

    If objGroups Is Nothing Then
        //建立一个 OPC 组集合
        Set objGroups = objServer. OPCGroups
    End If

    If objTestGrp Is Nothing Then
        //添加一个 OPC 组
        Set objTestGrp = objGroups. Add("TestGrp")
    End If

End Sub
```

3. 添加 OPC 项

对 OPC 服务器进行访问前，必须先在 OPC 组里添加要访问的 OPC 项。

这里添加 OPC 项的标识符和数目是固定的，但是实际的 OPC 客户端应用程序往往要按照用户的指定或读取组态文件取得和处理需要添加 OPC 项。

AddItem 子程序如下。

```
Sub AddItem()
    Dim strItemIDs(8) As String
    Dim lClientHandles(8) As Long
    Dim lErrors() As Long
```

```
Dim I As Integer

If objTestGrp Is Nothing Then
    Exit Sub
End If

If Not objItems Is Nothing Then
    If objItems.Count > 0 Then
        Exit Sub
    End If
End If
```

//设置组活动状态

`objTestGrp.IsActive = True`

//取消组非同期通知

`objTestGrp.IsSubscribed = False`

//建立 OPC 项集合

`Set objItems = objTestGrp.OPCItems`

//生成从 TAG1 到 TAG8 的项标识符

```
For I = 1 To 8
    strItemIDs(I) = "TAG" & I
    lClientHandles(I) = I
Next
```

//添加 OPC 项

```
Call objItems.AddItems(8, strItemIDs, _
    lClientHandles, lServerHandles, lErrors)
```

```
End Sub
```

4. 断开 OPC 服务器

连接着 OPC 服务器的 OPC 客户端应用程序，在退出前必须断开和 OPC 服务器的连接。因为 OPC 服务器并不知道 OPC 客户端应用程序的退出，如果不先断开连接，那么 OPC 服务器使用的计算机资源就不会被释放。如果这样的问题反复发生，久而久之，连续运行的自动控制系统可能会使计算机资源渐渐枯竭从而发生严重问题。

　Disconnect 子程序如下。

```
Sub Disconnect()
Dim lErrors() As Long


    If Not objItems Is Nothing Then
        If objItems.Count > 0 Then
            //清除 OPC 项
            objItems.Remove 8, lServerHandles, lErrors
        End If
        Set objItems = Nothing
    End If


    If Not objTestGrp Is Nothing Then
        //清除 OPC 组
        objGroups.Remove "TestGrp"
        Set objTestGrp = Nothing
    End If


    If Not objGroups Is Nothing Then
        Set objGroups = Nothing
    End If


    If Not objServer Is Nothing Then
        If objServer.ServerState <> OPCDisconnected Then
            //断开 OPC 服务器
            objServer.Disconnect
        End If

        Set objServer = Nothing
    End If


End Sub
```

到此为止，已经基本说明了 OPC 对象。

7.2.3 同步数据读写

接下来制作一个实际的 OPC 数据访问应用程序，首先实现同步方式的数据访问。

1. 窗体设计

制作具有如图 7-10 所示窗体的 OPC 客户端应用程序。

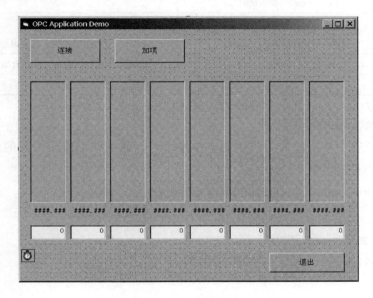

图 7-10 窗体设计

演示用的 OPC 服务器是一个模拟的 OPC 服务器，OPC 客户端应用程序读取服务器上的 8 个数据点，读取到的数据点内信息通过标签显示出来，同时通过棒图动态地表示数据的变化情况，棒图的更新周期为 1s，使用定时器以 1s 的周期对 OPC 服务器进行同步数据读取，读取后更新标签和棒图。当文本编辑框内按下 Enter 键时，OPC 客户端的应用程序获取文本编辑框中的写入信息，OPC 服务器利用写入信息进行同步数据写入。如果有 OPC 项一旦写入的演示用 OPC 服务器，OPC 服务器将停止数据仿真，数据被固定在写入值不再变化。

最下面的这个是 Timer 组件，也可以看作一个对象，它是一个计时器，不断的计时，可以设计计时的时间间隔，计时时间一到，就去执行相关的事件，然后再进行计时。

窗体设计的控件和控件名称见表 7-18 所示。

表 7 - 18 **FrmMain 的控件**

控件	名称
窗体（Form）	FrmMain
命令按钮（CommandButton）	BtnConnect
命令按钮（CommandButton）	BtnAddItem
命令按钮（CommandButton）	BtnQuit
定时器（Timer）	TmUpdate
图像（PictureBox）	picBar（作为数组使用，从左开始 1～8）
标签（Label）	lbBar（作为数组使用，从左开始 1～8）
文字框（TextBox）	txbBar（作为数组使用，从左开始 1～8）

2. 命令按钮的事件处理

当按下在窗体上的命令按钮的事件发生时，通过调用前面说明的各种方法对发生的事件进行处理。

（1）BtnConnect 命令按钮的单击事件处理。

```
Private Sub btnConnect_Click()
    //调用 Connect 子程序
    Call Connect("OPCJ. SampleServer. 1")
End Sub
```

（2）btnAddItem 命令按钮的单击事件处理。

```
Private Sub btnAddItem_Click()
    //调用 AddItem 子程序
    Call AddItem

    If Not objTestGrp Is Nothing Then
        If objTestGrp. OPCItems. Count > 0 Then
            //启动定时器
            tmUpdate. Enabled = True
        End If
    End If

End Sub
```

（3）BtnQuit 命令按钮的单击事件处理。

```
Private Sub BtnQuit_Click()
    //卸载窗体
    Unload fmMain
End Sub
```

为了在中断应用程序时断开和 OPC 服务器的连接,在窗体的 Unload 事件处理中调用了断开 OPC 服务器连接的子程序。

(4) frmMain 窗体的卸载事件处理。

```
Private Sub Form_Unload(Cancel As Integer)
    //调用 Disconnect 子程序
    Call Disconnect
End Sub
```

3. 同步数据读取

在本示范程序中是利用定时器的定时器事件进行更新数据的显示。这时所有的数据是采用同步方式对 OPC 服务器进行读取的。

(1) tmUpdate 定时器的定时事件处理。

```
Private Sub tmUpdate_Timer()
    Dim vtItemValues() As Variant
    Dim lErrors() As Long
    Dim strBuf As String
    Dim nWidth As Integer
    Dim nHeight As Integer
    Dim nDrawHeight As Integer
    Dim sglScale As Single
    Dim I As Integer

    //同期读取
    SyncRead OPCCache, vtItemValues, lErrors

    //棒图的表示
    For I = 1 To 8
        //数据的格式化
        strBuf = Format(vtItemValues(I), "＃＃＃.000")
        //表示数据字符串
```

215

```
            lbBar(I).Caption = strBuf
            //计算棒的宽和高
            nWidth = picBar(I).ScaleWidth
            nHeight = picBar(I).ScaleHeight
            sglScale = vtItemValues(I) / 100
            nDrawHeight = CInt(nHeight * sglScale)
            //清除现棒图
            picBar(I).Cls
            //绘制棒图
            picBar(I).Line (0, nHeight - nDrawHeight)-(nWidth, nHeight), _
                RGB(255, 0, 0), BF
        Next
    End Sub
```

定时器事件处理内调用的 SyncRead 子程序如下所示。在读取前为了避免错误发生，对 OPC 组和 OPC 项数进行检查。

（2）SyncRead 子程序。

```
Sub SyncRead(nSource As Integer, ByRef vtItemValues() As Variant, _
    ByRef lErrors() As Long)

    If objTestGrp Is Nothing Then
        Exit Sub
    End If

    If objTestGrp.OPCItems.Count > 0 Then
        //同期读取
        objTestGrp.SyncRead nSource, 8, lServerHandles, _
            vtItemValues, lErrors
    End If
End Sub
```

4. 同步数据写入

在本示范程序中是利用文字框的按键事件对 OPC 服务器进行写入的。当在某文字框内按下 Enter 键时，则对其对应的 OPC 项进行写入。在文字框的按键事件处理中，先对按下的键进行判别，如果是 Enter 键则进行同步写入。

（1）txtBar 文字框的按键事件处理。

```
Private Sub txbBar_KeyPress(Index As Integer, KeyAscii As Integer)
    Dim strData As String
    Dim vtItemData(1) As Variant
    Dim lError() As Long

    //是 Enter 键?
    If KeyAscii = Asc(vbCr) Then
        //得到输入的字符串
        strData = txbBar(Index).Text
        //转换成单精度浮点数
        vtItemData(1) = CSng(strData)
        //同期写入
        SyncWrite Index, vtItemData, lError
    End If
End Sub
```

（2）SyncWrite 子程序。

```
Sub SyncWrite(nIndex As Integer, ByRef vtItemValues() As Variant, _
    ByRef lErrors() As Long)
    Dim lHandle(1) As Long

    If objTestGrp Is Nothing Then
        Exit Sub
    End If

    If objTestGrp.OPCItems.Count > 0 Then
        lHandle(1) = lServerHandles(nIndex)

        //同期写入
        objTestGrp.SyncWrite 1, lHandle(), _
            vtItemValues, lErrors
    End If
End Sub
```

5. 运行结果

本节中只描述了有关同步方式的读取和写入部分的源代码。本示范程序的 OPC 连接处理和 OPC 项添加处理，只对应给定的 OPC 服务器和给定的 OPC 项。在实现实际的 OPC 客户端应用程序时，往往需要建立另外的窗体以便让用户可以选择 OPC 服务器与 OPC 项。

操作几乎相同的图像、标签以及文字框是作为控件数组处理的，为了使编程更为简单。

示范程序实际的运行结果如图 7 - 11 所示。

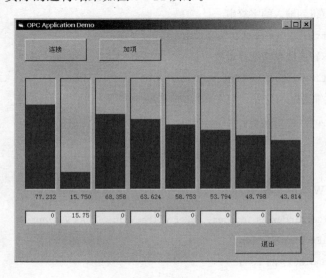

图 7 - 11　运行结果

7.2.4　异步数据读写

现以同步方式的示范程序为基础，说明异步方式的数据读取和写入的编程。异步方式与同步方式的区别在于，在调用数据访问方法时，OPC 客户端应用程序必须等待 OPC 服务器的动作完成。也就是说同步方式的数据访问在要求的动作没有完成前不能从调用的方法中返回到主处理程序中去。所以从调用方法到返回到主处理程序之间，不可能执行任何其他 OPC 客户端应用程序侧的处理程序，导致对用户操作也不能做出及时反应。本示范程序的 OPC 项数比较少，可能不会发生上述问题，但是要求的数据比较多时或者直接对设备进行访问时，这样的问题就会变得更加明显。

在这种情况下，异步方式的数据访问就显得更为有效些。异步方式的访问对 OPC 服务器提出数据访问要求后，立即返回到 OPC 客户端应用程序侧的主处理程序中去执行。OPC 服务器完成数据访问时通知 OPC 客户端应用程序，OPC 客户端应用程序从而得到数据访问的结果。

1. 声明变量

有关异步方式的数据访问编程，我们只说明如何变更上述的同步方式示范程序，使之成为异步方式的示范程序。声明变量如下：

```
Option Base 1
Option Explicit


//OPC 对象的声明
Dim WithEvents objServer As OPCServer
Attribute objServer. VB_VarHelpID = - 1
Dim objGroups As OPCGroups
Dim WithEvents objTestGrp As OPCGroup
//表示该对象可以处理事件
Attribute objTestGrp. VB_VarHelpID = - 1
Dim objItems As OPCItems
Dim lServerHandles( ) As Long

Dim lTransID_Rd As Long
Dim lCancelID_Rd As Long
Dim lTransID_Wt As Long
Dim lCancelID_Wt As Long
```

异步方式访问使用的新定义的变量及其说明如表 7 - 19 所示。

表 7 - 19 用于异步方式访问新定义的变量

变量名	说明
lTransID * *	异步用的事务标识符，用于读取和写入
lCancelID * *	异步用的取消标识符，用于读取和写入

2. OPC 组对象属性的改变

在进行异步访问前，必须建立异步用的通信通路。使用这个通信通路，OPC 服务器可以反调 OPC 客户端应用程序的事件处理程序，以通知数据访问的结果是什么。通信通路的建立方法是通过改变 OPC 组的属性，把 OPC 组的

IsSubscribed 属性设置为 True。

OPC 项添加子程序如下。

```
Sub AddItem()
    Dim strItemIDs(8) As String
    Dim lClientHandles(8) As Long
    Dim lErrors() As Long
    Dim I As Integer

    If objTestGrp Is Nothing Then
        Exit Sub
    End If

    If Not objItems Is Nothing Then
        If objItems.Count > 0 Then
Exit Sub
        End If
    End If

    //设置组活动状态
    If DataChgChk.Value = vbChecked Then
        objTestGrp.IsActive = True
    Else
        objTestGrp.IsActive = False
    End If
//与同步不同增加如下语句
//启动组异步通知
    objTestGrp.IsSubscribed = True

    //建立 OPC 项集合
    Set objItems = objTestGrp.OPCItems

    //生成从 TAG1 到 TAG8 的项标识符
    For I = 1 To 8
strItemIDs(I) = "TAG" & I
```

```
lClientHandles(I) = I
    Next
    //添加 OPC 项
    Call objItems.AddItems(8, strItemIDs, _
lClientHandles, lServerHandles, lErrors)


End Sub
```

3. 异步读取代码的改变

对于上述的同步方式的数据访问示范程序，做出以下变更，使之可以进行异步方式的数据访问。定时器事件处理内只进行异步读取要求，而在异步读取完成事件处理时接收数据访问的结果。

（1）tmUpdate 定时器的定时事件处理。

```
Private Sub tmUpdate_Timer()
    //异步读取
    Call AsyncRead


End Sub
```

定时器事件处理内调用的 AsyncRead 子程序如下所示。

（2）异步读取子程序。

```
Sub AsyncRead()
    Dim lErrors() As Long
    If objTestGrp Is Nothing Then
        Exit Sub
    End If
    If objTestGrp.OPCItems.Count > 0 Then
        //异步读取
        lTransID_Rd = lTransID_Rd + 1
        objTestGrp.AsyncRead 8, lServerHandles, _
lErrors, lTransID_Rd, lCancelID_Rd
    End If
End Sub
```

在上述的同步方式读取示范程序，在定时器事件处理内进行更新棒图的显示，而对于异步方式即使调用方法后并不得到结果数据，所以更新棒图的显示要在异步完成事件处理中进行。

在 OPC 对象声明中带有 WithEvents 语句的。objTestGrp 对象，会出现在代码编辑器左上角的"对象"列表框的项目中。如果这个对象已经定义了事件，那么事件处理过程会在代码编辑器右上角的"过程"列表框的项目中出现。这里选择"AsyncReadComplete"，并将如下的异步读取的完成事件处理代码录入。

（3）objTestGrp 组的异步读取完成事件处理。

```
Private Sub objTestGrp_AsyncReadComplete( _
     ByVal TransactionID As Long, ByVal NumItems As Long, _
ClientHandles() As Long, ItemValues() As Variant, _
Qualities() As Long, TimeStamps() As Date, Errors() As Long)
     Dim strBuf As String
     Dim nWidth As Integer
     Dim nHeight As Integer
     Dim nDrawHeight As Integer
     Dim sglScale As Single
     Dim I As Integer
     Dim index As Integer
     //棒图的表示
     For I = 1 To NumItems
          //数据的格式化
strBuf = Format(ItemValues(I), "＃＃＃.000")
          //得到客户标识符
index = ClientHandles(I)
          //表示数据字符串
lbBar(index).Caption = strBuf
          //计算棒图的宽和高
nWidth = picBar(index).ScaleWidth
nHeight = picBar(index).ScaleHeight
sglScale = ItemValues(I) / 100
nDrawHeight = CInt(nHeight * sglScale)
          //清除现棒图
picBar(index).Cls
          //绘制棒图
```

```
picBar(index).Line (0, nHeight - nDrawHeight) - (nWidth, nHeight), _
RGB(255, 0, 0), BF
    Next
End Sub
```

4. 异步写入的改变

（1）txbBar 文字框的按键事件处理。

```
Private Sub txbBar_KeyPress(index As Integer, KeyAscii As Integer)
    Dim strData As String
    Dim vtItemData(1) As Variant
    Dim lError() As Long
    //是回车键?
    If KeyAscii = Asc(vbCr) Then
        //得到输入的字符串
strData = txbBar(index).Text
        //转换成单精度浮点数
vtItemData(1) = CSng(strData)
        //异步写入
        Call AsyncWrite(index, vtItemData, lError)
    End If
End Sub
```

其中按键事件处理内调用的 AsyncWrite 子程序如下。

（2）异步写入子程序。

```
Sub AsyncWrite(nIndex As Integer, ByRef vtItemValues() As Variant, _
    ByRef lErrors() As Long)
Dim lHandle(1) As Long
    If objTestGrp Is Nothing Then
        Exit Sub
    End If
    If objTestGrp.OPCItems.Count > 0 Then
lHandle(1) = lServerHandles(nIndex)
        //异步写入
        lTransID_Wt = lTransID_Wt + 1
        objTestGrp.AsyncWrite 1, lHandle(), vtItemValues, _
```

lErrors, lTransID_Wt, lCancelID_Wt

    End If

End Sub

检查异步写入处理结果也是在异步完成事件处理中进行的，这里不再赘述。

7.3　OPC 和 BACnet 技术在建筑智能化系统集成上的比较

OPC 和 BACnet 均是实现智能建筑系统集成的主要技术，其中 BACnet 是世界上第一个楼宇自动控制的技术标准，是针对楼宇自动控制系统的普遍要求而设计的标准，代表着未来智能建筑中楼宇自动控制系统的主流技术和发展方向，在实现智能建筑系统集成时被广泛地应用。OPC 是一个工业标准，该标准源于微软与全球顶级自动化公司的合作，定义了应用微软操作系统在基于 PC 的客户机之间交换自动化实时数据的方法。由微软公司提供强大的技术支持，最新的 OPC 统一框架（UA）实现了嵌入式设备、控制器、移动设备、工作站以及服务器的数据共享和通信，在基于 Web 和移动终端的集成上极具优势，目前该技术也被广泛地应用在智能建筑系统集成中。

OPC 是工业标准，主要应用于工业企业的生产控制和管理的集成，那么如何在智能建筑中更好地应用 OPC 技术使其适用于智能建筑系统集成的需求呢？为此，在研究 OPC 技术应用的基础上，我们有必要对 BACnet 楼宇自动控制的技术标准进行深入研究，将标准中有关智能建筑控制和管理的内容和规范引入进来。这就需要我们首先探讨二者的异同，在这个基础上分析比较各自技术的特点和实现方法，抽取符合智能建筑集成需要的规范标准，去实现智能建筑系统集成。

OPC 提供信息管理域应用软件与实时控制域进行数据传输的方法，提供应用软件访问过程控制设备数据的方法，因此其集成主要是基于管理层和控制层的集成。而 BACnet 是将楼宇自动控制中的各种监测控制功能（如照明、空调、电梯、供配电、给排水等）集成在一个控制系统中，主要是在通信层和控制层上实现集成，其底层的通信协议基本沿用已有的技术，在应用层上采用了面向对象的技术，这也是 BACnet 标准和规范最具创新思想、最成功之处。下面将针对两个标准和规范的数据表达形式、交互方式、集成方法三方面进行比较。鉴于篇幅的限制，安全性及其他方面的比较不再阐述。

1. 数据表达形式

（1）OPC 的数据表达形式。OPC 采用服务器的概念描述特定的控制设备。

一个OPC服务器由服务器对象（Server），组对象（Group），项对象（Item）等组成。这些对象是具有层次结构，一个OPC服务器对象含有OPC组集合对象。在OPC组集合对象里可以添加多个OPC组对象。OPC组对象含有OPC项集合对象，在OPC项集合对象里可以添加多个OPC项对象。此外，OPC服务器对象还可以包括一个OPC浏览器对象。

（2）BACnet的数据表达形式。针对智能建筑中控制设备的特点，BACnet采用面向对象的技术描述设备，BACnet定义了一组标准对象。任意设备都根据其控制特征来选用合适的标准对象及其属性进行定义。每个对象都有一组属性，属性的值描述对象的特征，所有对象均由对象标识符属性所引用，每个BACnet设备的对象均有一个唯一的对象标识符属性值。

从数据表达形式上看，OPC采用服务器对象、组对象和项对象进行数据表达，其中项对象代表服务器和数据源的物理链接，可以是控制器上的寄存器或者寄存器上的某一位。而组对象是项对象的集合，我们可以把有意义的、相关的项对象放在一个组中同时进行访问，这种数据表示方式简洁、抽象，描述能力非常强，能满足绝大部分的控制器的数据表达要求；BACnet设备的数据表达方式相对于OPC的数据表达方式更具体，同时也表现出智能建筑设备的特征，BACnet采用面向对象的方法，用一组具有属性的标准对象来描述设备，特别是针对楼宇自动控制设备的特点抽象出时间表、通知类、时序表等标准对象。智能建筑中的设备均采用这组适于智能建筑控制的标准对象来定义，使得设备之间在网络上可以互相"识别"，通过这种方式为系统中设备提供统一的数据表达，此外BACnet标准对象具备扩展能力，随着楼宇自动控制系统中新设备的引入，会不断地增加标准对象以适应新设备的描述要求。可见，OPC数据表达方式更抽象、描述范围更大、通用性更强，适用于绝大多数的控制设备；BACnet数据表达更具体、描述范围小、有扩充能力，更适用于智能建筑设备的描述。

2. 交互方式

在智能建筑中，各种设备之间要进行数据交换和信息传递从而实现互操作，例如，一个设备要求另一个设备提供相关信息，命令另一个设备执行某个动作，或者向某些设备发出信息通知，等等。

（1）OPC中交互的实现。OPC是通过规范接口的调用实现交互的。OPC规范定义了一系列的工业标准接口，OPC规范包括OPC数据访问规范、OPC报警和事件规范、OPC数据交换规范、OPC历史数据访问规范、OPC批处理规范、OPC 安全性规范、OPC XML 规范等，在 OPC 规范中详细描述了 OPC 系统的对象、属性和接口。

OPC 采用客户/服务器模式，系统结构包括 OPC 服务器和客户端两个部分，每个系统允许多个 OPC 服务器和客户端交互，多个客户端也可以同时连接同一个 OPC 服务器，如图 7-12 所示，对 OPC 客户端应用程序而言，所有 OPC 服务器可见的仅仅是接口。

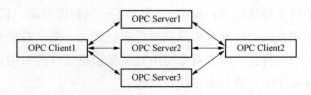

图 7-12　服务器与客户端的交互方式

不同的设备供应商都需要按照 OPC 规范实现 OPC 服务器程序，并将其提供给客户端使用，客户端通过调用 OPC 服务器实现的标准接口访问过程控制设备和相关的数据信息。OPC 客户端与服务器主要的交互形式是：通过客户端发送服务请求，经底层通信实体发送给 OPC 通信栈，并通过服务器接口调用请求/响应服务，在地址空间的节点上执行指定任务之后，返回一个响应；客户端发送发布请求，经底层通信实体发送给 OPC 通信栈，并通过服务器接口发送给订阅，当订阅指定的监视项探测到数据变化或者事件/警报发生时，监视项生成一个通知发送给订阅，并由订阅发送给客户端。

（2）BACnet 中交互的实现。在 BACnet 是通过服务来完成交互的，一个 BACnet 设备通过服务向其他设备请求获得数据，命令其他设备执行某种操作或者通知其他设备有某事件发生。其接受服务请求和进行应答的过程如图 7-12 所示。

从实现或操作上看，OPC 通过 OPC 客户端和服务器端的接口实现互操作，设备制造商要实现 OPC 服务器，并将 OPC 服务器作为附件交给用户，OPC 服务器实现接口。OPC 客户端应用程序通过调用接口完成和服务器之间的交互，通过客户端应用程序实现设备之间的交互。这种交互是基于管理层的接口调用，具有共享性、通用性、实时性以及灵活性等特点。BACnet 通过服务实现互操作，设备制造商根据设备的功能实现不同的服务，服务及调用服务的应用程序是驻留在设备控制器上的，由于服务是标准的、统一的，在网络上的其他设备也能够识别这些服务并通过调用服务实现设备和设备之间互操作。这种交互是基于通信和控制层的服务，具有共享性、分布性、实时性以及健壮性，能较好地满足智能建筑中的监控需求。

3. 集成方法

（1）OPC的集成。OPC的开发包括客户端的开发和服务器的开发，然后通过OPC客户端集成到一起。OPC服务器由设备供应厂商采用OPC规范进行开发。由于设备供应商对硬件的熟悉，可充分发挥硬件的功能；由于规范统一，客户端通过统一的接口调用能够访问到OPC服务器，无须为不同的设备写驱动程序，从而使得集成的系统不依存于任何硬件。OPC的集成是基于管理域的，无论是OPC服务器还是OPC的客户端都是以软件的形式运行在监控计算机上的，因此早期的OPC无法实现端到端的集成，目前新一代的OPC UA在新的规范中已经提供了设备到设备以及服务器到服务器的互操作性。OPC的优点是可实现与管理域软件的无缝集成，特别是能与微软的各类产品实现集成，使得它的应用非常广泛，代表着未来集成的主流技术和发展方向。

（2）BACnet的集成。BACnet的应用主要是设备的开发和系统的设计，开发的设备只要符合BACnet标准并且得到相关测试机构的认证就可以应用到BACnet网络上，同其他的BACnet设备构成一个集成系统实现设备之间的互操作和系统的集成，BACnet的集成主要是在控制域上集成，虽然BACnet提供了与管理域软件的接口，但与管理域软件的集成同OPC相比还是比较弱，由于集成是在通信和控制层上的集成，能较好地实现端到端的集成，比较适合智能建筑的需求。

从系统集成上看，OPC在管理层上的集成做得非常好，应用微软的技术可以轻松实现监控系统与桌面Web、移动终端系统的集成，此外还有微软强大的数据分析和云计算能力作为支持，但它毕竟是一个工业标准，在实现端到端的连接上是短板，如果将其应用到智能建筑的集成上，它通用的数据表示能力和互操作接口都需要做适应性的改进。目前OPC基金会推出的新一代的标准OPC UA，在OPC DA进行升级，在跨平台的基础上去实现端到端的集成；BACnet以智能建筑中的控制集成见长，无论是在数据表示还是通过服务实现互操作上，都体现了建筑行业特性，这些技术服务是最值得我们借鉴的，但它在管理层上的集成和综合资源的整合能力上要远逊于OPC。

智慧城市的发展离不开智能建筑的建设和系统集成的实现，可以预见不远的将来在我国智能建筑集成领域有着巨大的需求。OPC和BACnet是目前国际公认的集成技术，建立在完善的标准和规范之上。通过学习研究其系统集成的技术，不仅可以实现智能建筑系统集成，也为建立智能建筑集成领域的集成标准和规范提供理论基础和技术支持。

📝 习题

1. 什么是 OPC？
2. OPC 规范包括哪些？
3. OPC 的主要对象包括哪些？它们之间的层次关系是什么？
4. 如何用 OPC 的组对象实现同步访问数据？
5. 如何用 OPC 的组对象实现异步访问数据？
6. 如果实现 OPC 与 OPCServer 的连接？

第8章
OPC Systems.NET

　　OPC 是一个工业标准。它由一些世界上占领先地位的自动化系统和硬件、软件公司与微软紧密合作而建立。这个标准定义了应用 Microsoft 操作系统在基于 PC 的客户机之间交换自动化实时数据的方法。管理这个标准的国际组织是OPC 基金会。这个标准的目标是促使自动化/控制应用、现场系统/设备和商业/办公室应用之间具有更强大的互操作能力。但 OPC 的开发需要专业人士，在充分掌握 OPC 标准和具备一定的编程能力条件下才能进行，这就使得 OPC 的开发和应用受到一定的限制。OPC Systems.NET 技术打破这一局面，让普通的工程技术人员根据自己的需求快速建立基于 OPC 的监控系统，轻松地实现现场设备、控制应用和办公应用的系统集成。OPC Systems.NET 是拥有 15 个不同产品功能的服务支持系统，它辅助开发一个完整的 SCADA 项目。可以开发出 Windows 应用程序、Web 应用程序、WPF 程序和运行在智能终端（如智能手机、iPad 等）上的应用程序。

8.1　OPC Systems.NET 技术特点

　　OPC Systems.NET 是一套完整的为 SCADA、HMI 提供业务解决方案的突破性 .NET 产品，它的与众不同体现在以下几个方面。

　　（1）作为一个以服务为导向的体系，OPC 系统服务可以从 OPC 服务器、OPC 客户端、Visual Studio 应用程序、PLCS、DCS 系统、I/O 设备、SCADA 系统（例如：Wonderware 的 Intouch、GEFanuc 的 iFix、RSView、西门子 WinCC）、Microsoft Excel 和数据库（例如：SQL 数据库、Oracle 数据库、Access 数据库和 MySQL 数据库）连接共享数据。

　　（2）无需 DCOM，可以在企业范围内的通信局域网、广域网、互联网上轻松实现安全可靠的高速远程连接。

　　（3）所有的组件完全集成到微软的 Visual Studio 中，100％受控的 .NET 和接口的可视化为软件开发人员扩展自己的应用程序提供服务。可以与使用微软

Visual Studio 开发的 MES、ERP、CMMS、业务系统进行无缝连接和系统集成。

（4）可以实现一键 SCADA、一键 OPC、一键自动 HMI，自动安装、部署和维护，远程支持从中央位置更新客户资料。

（5）实时数据云可以在世界任何地方通过标准互联网连接，为任何数量的资料资源和客户进行资料处理。每项 OPC Systems.NET 的功能都包含实时资料云。

（6）无使用者许可，无限添加额外的远程客户端网络节点。可以运行在计算机、智能手机等任何的智能终端设备中。

8.2　基于 OPC Systems.NET 开发

8.2.1　安装

从 OPC Systems.NET 产品安装盘或者从 www.opcsystems.com 下载程序中运行 SETUP 程序，完成 OPC Systems.NET 安装，如图 8 - 1 所示。

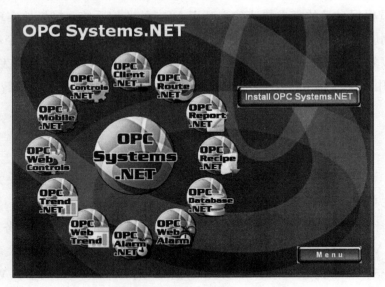

图 8 - 1　OPC Systems.NET 安装界面图

OPC Systems.NET 是拥有 15 个不同产品功能的服务支持系统，如果不想使用 OPC Mobile.NET、OPC Web Controls.NET、OPC Web Trend.NET、OPC Web Alarm.NET，在安装过程中的提示 Internet Information Server is not installed 信息可以忽略。如果不确定安装哪些组件，可选择典型安装，如果知道指定的产品功能，可选择用户自定义安装。

8.2.2 开始服务

OPC Systems.NET 使用一个集中的实时库为客户端提供所需数据。实时库以服务的形式存储在多部计算机中，供企业或者全球的用户访问。其信息包括 Tags、数据组、警告组、报表、安全组等。客户端组件通过 OPC 服务器获取数据、生成趋势曲线、提供报警信息和历史资料等。

OPC Systems.NET 在安装时，根据需要选择安装项目，结束后，可以通过 OPC 服务控制管理器启动 OPC 服务。系统出现如图 8-2 所示的画面。

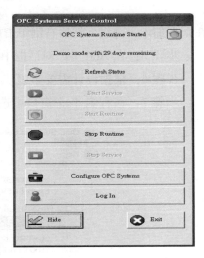

在这里可以启动和关闭 OPC 服务，并通过 Configure OPC Systems 设置 Tags、Group、Data Logging 等。

8.2.3 设定 Tags

Tags 是用于定义数据源、警告界限以及实时数据其他属性。Tags 的数据来自 OPC 服务器、OPC 客户端、.NET 应用程序或者数据库。

图 8-2 启动 OPC 服务界面

Tags 是所有客户端程序的数据源，可以使用 OPC 配置程序添加和定义多个 Tags，添加 Tags 的步骤如下所述。

步骤 1：启动 Configure OPC Systems 应用。

图 8-3 配置 Tags

步骤 2：选择配置 Tags，如图 8-3 所示。

步骤 3：通过选择按钮或者左侧树状节点，来选择本机 OPC Systems Service，如图 8-4 所示。

注意：配置应用可以连接远程系统，点选 NetworkNode 下的计算机名称，或者在 NetworkNode 输入远端 OPC Systems ServiceIP 地址。

步骤 4：右键单击本地 OPC Systems Service 并且选择增加 Tag，如图 8-5 所示。

注意：可以增加多个层次组并加入 Tags。

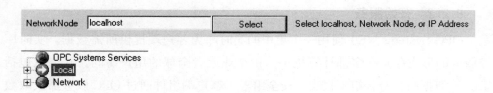

图 8-4　选择本机 OPC Systems Service

在根下加入一个组，然后右键单击加入新组或者 Tags。

步骤 5：在 Add Tag 对话框中根据命名规则命名，并键入 Tag 名称如 Ramp。

步骤 6：根据设计需要重复步骤 4 和 5，加入新的 Tag 如 Sine、Random。

步骤 7：在右侧 Tag 窗口中选择 Ramp，如图 8-6 所示。

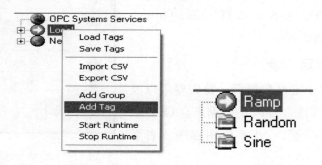

图 8-5　增加 Tag　　　　　图 8-6　选择 Ramp

所有的 Tag 属性将出现在如图 8-7 所示的窗口中。

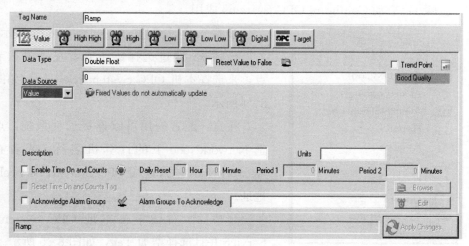

图 8-7　Tag 属性

步骤 8：数据源的参数值选择为 OPC Item，如图 8 - 8 所示。

步骤 9：用 OPC Item 右侧的 OPC Browse 按钮浏览 OPC Servers。

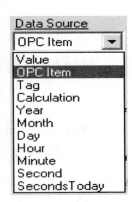

步骤 10：展开本机 EEI. OPCSimulator 并且选择 SimDevice。

步骤 11：从 OPC Item 中选取 Ramp 并按下 OK 按钮，输入 OPC Item。

步骤 12：选择 High High 按钮设置值为 80。

步骤 13：选择 High 按钮设置值为 60。

步骤 14：选择 Low 按钮设置值为 40。

步骤 15：选择 Low Low 按钮设置值为 20。

图 8 - 8　选择 OPC Item

步骤 16：选择应用按钮，如图 8 - 9 所示。

步骤 17：选择 Random 并设置参数，如图 8 - 10 所示。

图 8 - 9　应用按钮　　　图 8 - 10　选择 Random

重复步骤 7～15，为其他的 Tag 设置参数。

步骤 18：在工具条上选择 Save 按钮。

将配置信息以文件的形式存放在磁盘上，在需要的时候可以加载文件，无需重新配置。

可以定义一个自动计算本地和远程数据源数据值的 Tags，甚至可以从 OPC Servers 的 DirectOPC 接口直接获取这个值。具体方法不一一赘述。

8.2.4　人机接口

OPC Systems.NET 提供三种 HMI 组件用来显示和改变 Tag 中的实时数据。

（1）在 WinForm 应用程序中使用的 OPC Controls.NET 100％ managed 组件。

（2）在 Web 应用程序中使用的 OPC Web Controls.NET 100％ managed ASP.NET 组件。

233

（3）在 Windows Mobile 2003 使用的 OPC Mobile.NET 100% managed 组件。

这三个不同类型的组件可以运行在本机或者远程计算机中，来显示包含有效许可的相关产品 OPC Systems.NET 服务中的实时数据。

这里以 OPC Web Controls.NET 为例介绍其使用，其他的应用程序设计开发过程类似。

如下的步骤可以用来可视化地添加 HMI 控件到 ASP.NET Web 应用程序。控件的所有属性都可以使用程序读取。

步骤 1：启动 Visual Studio 并选择 File→New→Web Site 产生一个新 Web 项目，如图 8‑11 所示。

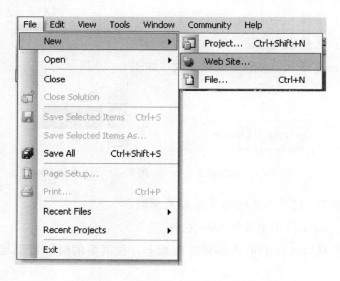

图 8‑11　选择 File‑New‑Web Site

步骤 2：选择 ASP.NET Web Site 并在左下角指定开发语言，如图 8‑12 所示。

步骤 3：在解决方案中展开 Default.aspx cs 页并选择 View Designer，如图 8‑13 所示。

步骤 4：如果 OPCWebControls 和 OPCWebRefresh 控件无效，右击工具栏并选择 Choose Items，如图 8‑14 所示。如果有效则跳过这一步。

从 .NET Framework Components 选择所要的 OPC Web Controls 组件和 OPCWebRefresh Control，然后单击 OK 按钮，如图 8‑15 所示。

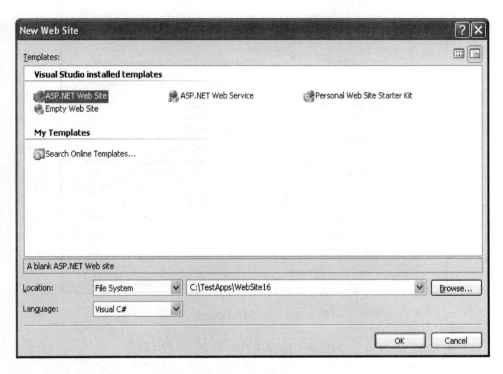

图 8-12　指定开发语言

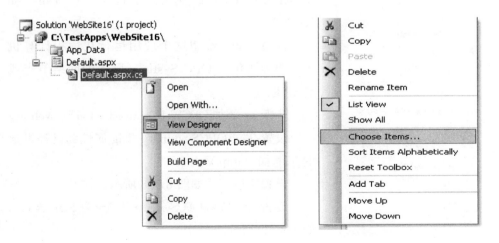

图 8-13　选择 View Designer　　　　图 8-14　选择 Choose Items

步骤 5：添加 OPCWebRefresh 到 Web 页。

步骤 6：添加 OPCWebControlsLabel 到 Web 页。

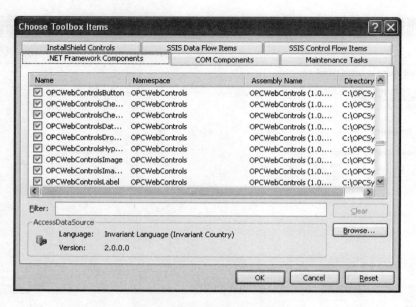

图 8 - 15　选择所需要的组件

右击 OPCWebControlsLabel 选择属性，如图 8 - 16 所示。

图 8 - 16　选择属性

选择 TextOPCSystems _ Tag 属性并设置 OPC Systems.NET Tag 为 已 经 设 定 的 Tag，如 Ramp.Value，如图 8 - 17 所示。

注意：如果希望这个应用运行在远程计算机上，要确认包括 OPC Systems 服务的网络节点或者 IP 地址。

步骤 7：添加 OPCWebControlsButton 到 Web 页。

设置 TextOPCSystems _ Tag 属性为已经设定的 Tag 如 Pump.Value。

设置字段格式如图 8 - 18 所示。

设置 BackColorOPCSystems _ Tag 为 Pump.Value，如图 8 - 19 所示。

步骤 8：右击 Web 页并选择 View in Browser，如图 8 - 20 所示。

这样 Tag 中的实时数据就会显示在 Web 页上，也可以根据需要对其值进行修改，如图 8 - 21 所示。

TextOPCSystems_Tag	

图 8 - 17　设置 OPC Systems

TextOPCSystems_Tag	Pump.Value	
TextOPCSystemsBadQualityText	?????	
TextOPCSystemsFormatBooleanFalse	Pump is Off	
TextOPCSystemsFormatBooleanTrue	Pump is On	

图 8 - 18　设置字段格式

BackColorOPCSystems_Tag	Pump.Value	
BackColorOPCSystemsBadQualityColor		Yellow
BackColorOPCSystemsFalse		Red
BackColorOPCSystemsTrue		Lime

图 8 - 19　设置 Pump. Value

图 8 - 20　选择 View in Browser

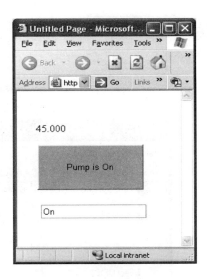

图 8 - 21　修改参数值

8.2.5　记录实时数据

步骤 1：启动 Configure OPC Systems 应用程序。

步骤 2：选择 Configure→Data Logging，如图 8 - 22 所示。

步骤 3：通过 Select 按钮选择本地或者远程 OPC Systems 服务，如图 8 - 23

图 8-22　选择 Configure
　　　　　→Data Logging

所示。

步骤 4：选定 Logging Active 选项 ☑ Logging Active 🔘 ，使用缺省的 1s 采样周期。

步骤 5：选择数据选项卡。

步骤 6：选择 Add 按钮 📋 Add 。

步骤 7：选择 Tag 参数浏览按钮 📁 Browse ，在参数对话框中选定需要存储的 Tag，如 Ramp. Value（见图 8-24）。

单击 OK 按钮。

步骤 8：选择选择数据类型为 Double Float，如图 8-25 所示。

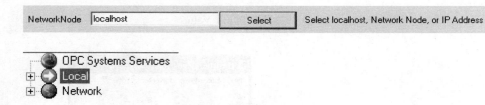

图 8-23　通过 Select 选择

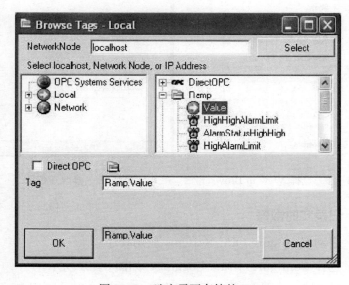

图 8-24　选定需要存储的 Tag

Database Tag
Tag.Parameter
Ramp.Value
Browse
Field Name
Ramp_Value
Data Type
Double Float
Boolean
Integer
String
OK
Cancel

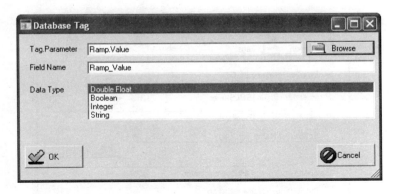

图 8 - 25　选择数据类型

重复步骤 6 和步骤 8，设置其他的参数，如图 8 - 26 所示的 Random _ Value 和 Sine _ Value。

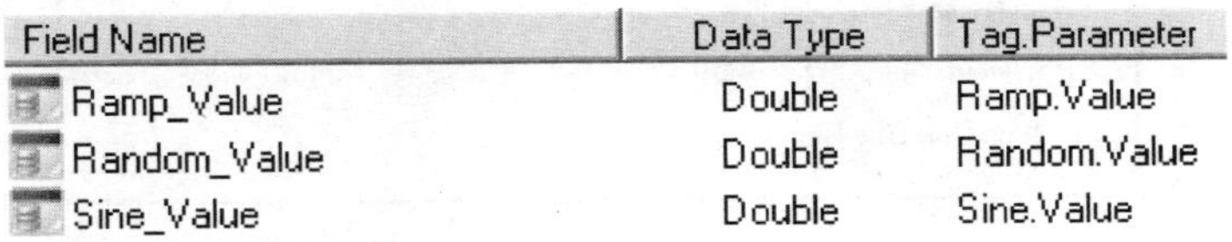

Field Name
Data Type
Tag.Parameter
Ramp_Value
Double
Ramp.Value
Random_Value
Double
Random.Value
Sine_Value
Double
Sine.Value

图 8 - 26　设置其他参数

步骤 9：点选数据库选项卡 。

步骤 10：如图 8 - 27 所示配置 SQL Server。数据库和数据表将会自动建立。

服务器的名字根据本机实际的情况进行调整，如图 8 - 28 所示。首次连接 SQL Server 管理器对话框时服务器的名字会出现。登录服务器可以是 Windows 身份也可以是 SQL Server 方式。

如果使用 Microsoft Access 代替 SQL Server，在配置时选择 MSAccess，如图 8 - 29 所示。

步骤 11：选择 Add 按钮
Add
添加数据记录组。

步骤 12：选择工具条上的 Save 按钮
localhost Is Running
Load
Save
。

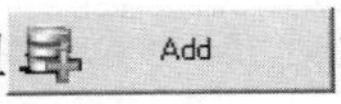

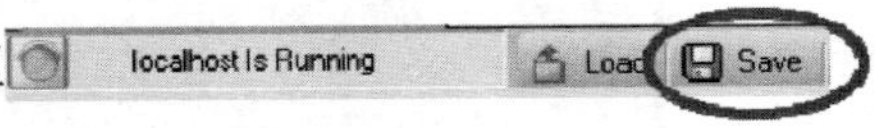

步骤 13：在 C:\ OPCSystemsDemo 文件夹中存储 DemoLogging. DataLog，如图 8 - 30 所示。

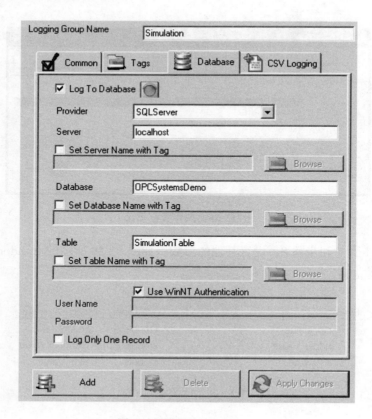

图 8-27　配置 SQL Server

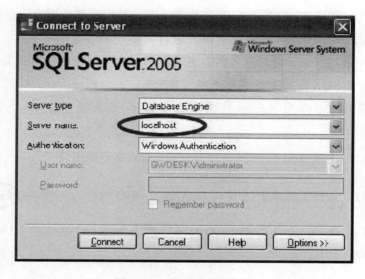

图 8-28　调速服务器名字

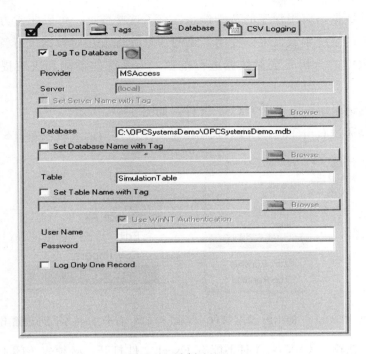

图 8-29　选择 MSAccess

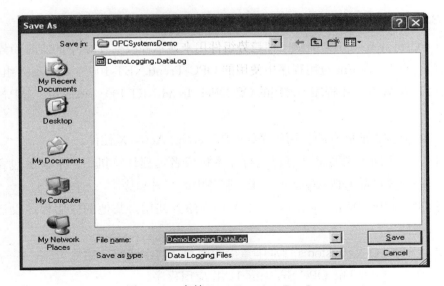

图 8-30　存储 DemoLogging. DataLog

也可以将数据记录文件存放到指定的文件夹中。

通过以上的设置，系统会定时按照指定的周期将实时数据存入指定的数据库中。这些数据是应用程序的基础信息，有了这些数据，可以非常方便地实现数据库层上的系统集成，可以使用常见的数据管理方法对数据进行管理，也可以利用大数据的分析方法对数据进行挖掘，为系统的预测和决策提供更多的方案。

所有的记录组可以输出为 CSV 文件，如图 8-31 所示。

也可以通过右击 Tags 字段列表输出某些字段作为记录组，如图 8-32 所示。

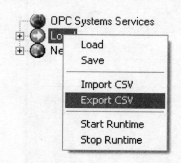 

图 8-31　输出为 CSV 文件　　图 8-32　右击 Tags 字段列表输出

注意：在输入 CSV 文件时不能有 Excel 文件打开，必须先关闭 Excel 文件再进行这个过程。

8.2.6　趋势曲线

OPC Systems.NET 提供三种趋势组件用来显示和改变 Tag 中的实时趋势。

（1）在 WinForm 应用程序中使用的 OPC Trend.NET 100% managed 组件。

（2）在 Web 应用程序中使用的 OPC Web Trend.NET 100% managed ASP.NET 组件。

（3）兼容以前版本的应用程序的 OPC Trend ActiveX 控件。

这三个不同类型的组件可以运行在本机或者远程计算机中，来显示包含有效许可的相关产品 OPC Systems.NET 服务中的实时趋势。

这里以 OPC Web Controls.NET 为例介绍其使用，其他的应用程序设计开发过程类似。

1. 在 The OPC Systems HMI 中直接使用 OPC Trend.NET 组件

步骤 1：启动 The OPC Systems HMI 应用程序。

步骤 2：选择 File→New 并将其命名为 OPCSystemsDemo，存储在指定的文件夹中，如图 8-33 所示。

步骤 3：选择导航栏左侧的 Add 按钮。

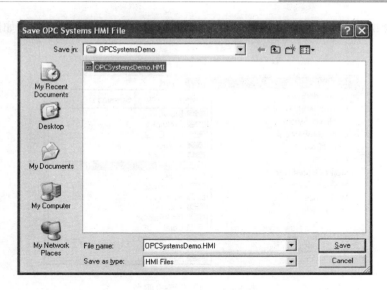

图 8 - 33 命名

步骤 4：重新命名趋势窗口为 OPC Systems Demo。

步骤 5：选择修改趋势窗口按钮和选择笔 ✎ Modify Trend Window。

步骤 6：在趋势点 Tags 对话框中选择本地 OPC Systems 服务，如图 8 - 34 所示，如果选择远程的 OPC Systems 服务需要键入 IP 地址、网络节点名称或者注册的 Internet 系统名称。

步骤 7：展开 Tag 如 Ramp，并且选择 Value 参数，然后右击 Add Trend Point，对其属性进行设置，或者选择缺省值。

再展开 Tag 如 Sine，并且选择 Value 参数，然后右击 Add Trend Point，如图 8 - 35 所示。

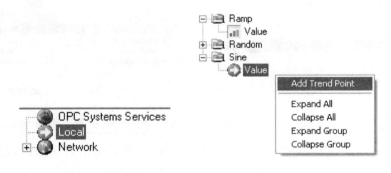

图 8 - 34 选择本地 OPC Systems   图 8 - 35 右击 Add Trend Point

步骤 8：在右下角的属性窗中设定 Sine. Value 笔的颜色为红色，如图 8－36 所示。

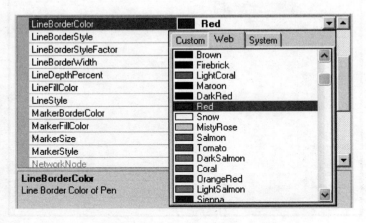

图 8－36　设置笔的颜色

步骤 9：设置 Sine. Value 范围为（－1，1）如图 8－37 所示。

图 8－37　设置范围

步骤 10：单击右下角的 OK 按钮。

步骤 11：选择 Modify Trend Window 按钮 [Modify Trend Window] 并选择 Update Rates。

步骤 12：设置时间帧为 60s，如图 8－38 所示。

步骤 13：选择 Modify Trend Window 按钮 [Modify Trend Window] 并选择 View。

步骤 14：设置 Lighting 为 MetallicLustre，如图 8－39 所示然后关闭对话框。

图 8－38　设置时间

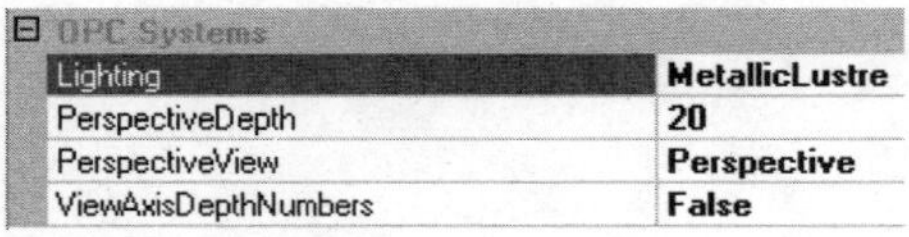

图 8－39　设置 Lighting

步骤 15：选择 Modify Trend Window 按钮 [Modify Trend Window] 并选择 Walls。

步骤 16：设置 BackWallColor 为 LightCoral，然后关闭对话框，如图 8－40 所示。

步骤 17：如图 8－41 所示的趋势窗口将出现。

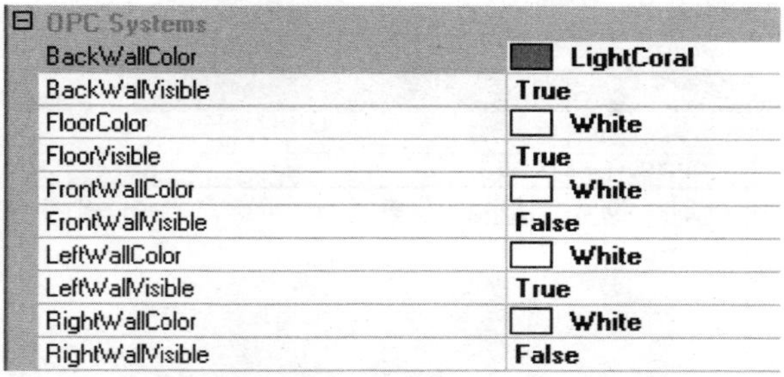

□	OPC Systems	
	BackWallColor	■ LightCoral
	BackWallVisible	True
	FloorColor	□ White
	FloorVisible	True
	FrontWallColor	□ White
	FrontWallVisible	False
	LeftWallColor	□ White
	LeftWallVisible	True
	RightWallColor	□ White
	RightWallVisible	False

图 8-40 设置 BackWallColor

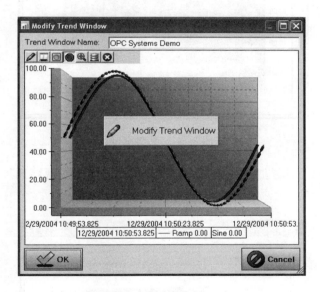

图 8-41 趋势窗口

步骤 18：选择左下角的 OK 按钮 OK 。

步骤 19：选择 File→Save，添加或者删除趋势窗必须存盘，修改趋势窗将自动存到配置文件中。

2. 在 OPC Systems HMI 中运行趋势窗

步骤 1：启动 OPC Systems HMI 应用程序。

步骤 2：在导航栏的左下角选择趋势按钮，然后选择 Add Trend To Window→OPC Systems Demo，如图 8-42 所示。

步骤 3：趋势窗口将显示 OPC Systems

图 8-42 选择 OPC Systems Demo

Service 实时信息，如图 8-43 所示。

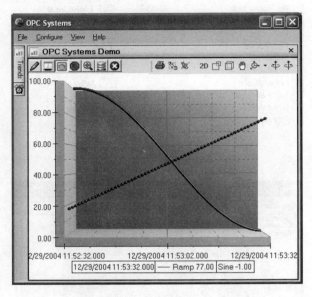

图 8-43　趋势窗口

步骤 4：在工具栏上选择图标，移动鼠标改变 3D 的观察角度，如图 8-44 所示。

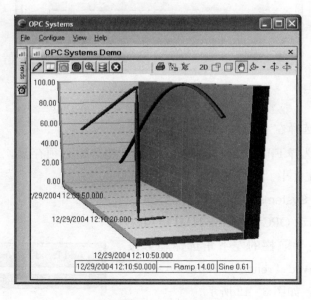

图 8-44　改变 3D 的观察角度

步骤 5：右击 Trend Window 并选择 Modify Pens，如图 8 - 45 所示。

步骤 6：选择本地 OPC Systems 服务并展开 Random，选择 Value，右击 Add Trend Point，如图 8 - 46 所示。

图 8 - 45　选择 Modify Pens　　　　图 8 - 46　右击 Add Trend Point

步骤 7：在左下角的 Pen 列表中选择 Random. Value 并设置 ShowValue 属性为 True，如图 8 - 47 所示。

步骤 8：在 Trend Point Tags 对话框的左下角中单击 OK 按钮 ✍ OK 。

图 8 - 47　设置 ShowValue 属性

步骤 9：注意 Random 的值会被 OPC Systems Service 放在缓存中，如图 8 - 48 所示。

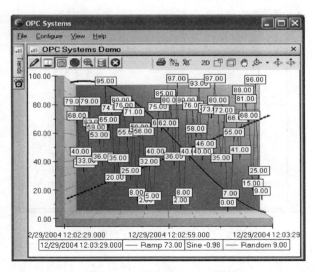

图 8 - 48　OPC Systems 界面

可以简单地通过选择 Modify Pens 去移除笔，也可以从 Pen 列表中删除笔。

步骤10：右击趋势窗口并选择 Modify Chart→Update Rates，如图 8-49 所示。

步骤11：设置 TimeFrame 为 600，如图 8-50 所示。

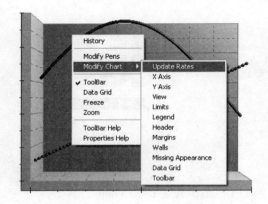

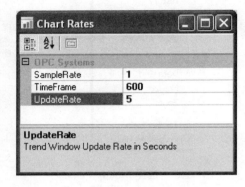

图 8-49　Modify Chart→Update Rates

图 8-50　设置 TimeFrame

步骤12：这将在 OPC Systems Service 中为所有的趋势点设置 1s 的采样率。为在 3D 模式下能有快速的更新速率，趋势窗 UpdateRate 被设置为 6s，如图 8-51 所示。

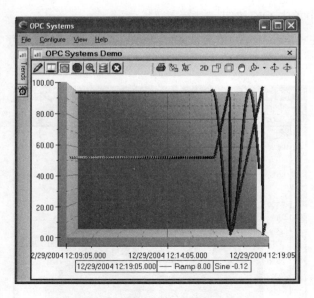

图 8-51　OPC Systems 界面变化

步骤13：选择 File→Save，不管是否选择存储，对趋势窗特性所有的修改将被保存。仅当在窗口被添加或者移除时才需要选择 Save。

步骤 14：如果设定 Data Loggin，右击趋势窗并选择 History，将获得历史信息，如图 8-52 所示。

步骤 15：右击趋势窗并选择修改 Chart→Y Axis 的 ScaleMode 属性，由 ErcentOfPenRanges 改为 StackedPercentOfPenRanges，如图 8-53 所示。

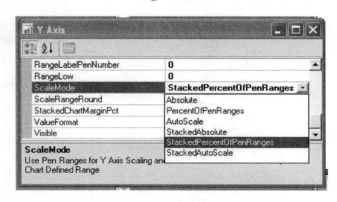

图 8-52　获得历史信息　　　　　　图 8-53　修改 ScaleMode 属性

步骤 16：右击趋势窗并选择 Modify Pens，设置每个 Pen StackedChartNumber 属性为不确定的数值。选择 OK 按钮，确定这个改变结果如图 8-54 所示。

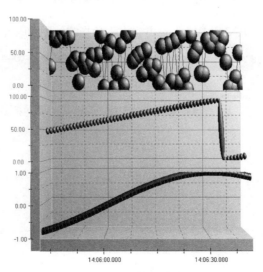

图 8-54　设置属性

步骤 17：展开趋势窗的工具栏按钮和趋势窗的其他功能，如 Data Grid、Data Cursors、Data Zoom。

3. 在 ASP.NET Web 应用中添加趋势窗

按照如下步骤无需任何代码可以在 C♯、C++、Visual Basic.NET 的 Web 应用中添加趋势窗。

步骤 1：启动 Visual Studio 选择 File→New→Web Sit 建立新的 C♯、J♯、Visual Basic ASP.NET Web 应用，如图 8‑55 所示。

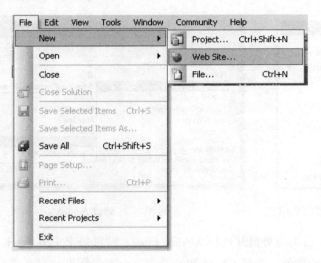

图 8‑55　选择 File→Web Sit

步骤 2：选择 ASP.NET Web Site 并在右下角指定使用的语言，如图 8‑56 所示。

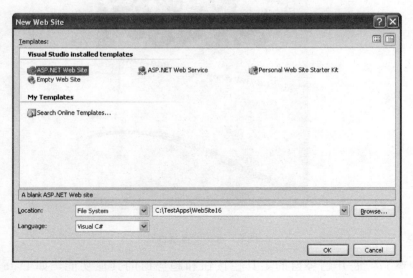

图 8‑56　指定语言

步骤3：展开 Default.aspx，在解决方案中选择 View Designer，如图 8 - 57 所示。

步骤4：从 VS 菜单中选择 Layout→Position→Auto - position Options，如图 8 - 58 所示。

图 8 - 57 选择 View Designer

图 8 - 58 Layout→Position→
Auto - position Options

步骤5：在如图 8 - 59 所示的 HTML 设计器中设置 CSS 的 Positioning 为 Absolutely positioned。

步骤6：如果工具条上 OPCWebTrend 和 OPCWebRefresh 组件无效，右击工具条选择 Choose Items，如图 8 - 60 所示，如果有效跳转到步骤 7。

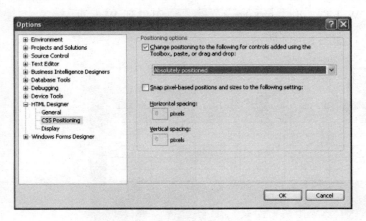

图 8 - 59 设置 Positioning

图 8 - 60 选择
Choose Items

从 .NET Framework 组件中选择 OPCWebTrend、OPCWebControlsLabel 和 OPCWebRefresh 并单击 OK 按钮，如图 8-61 所示。

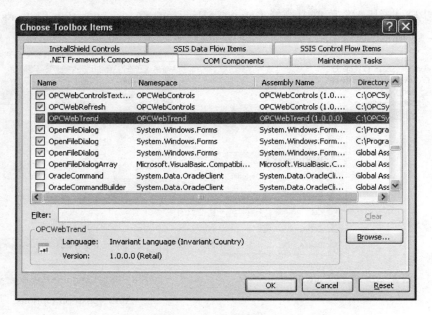

图 8-61　选择组件参数

步骤 7：添加 OPCWebRefresh 控件 OPCWebRefresh 到 Web 页 OPCWebRefresh "OPCWebRefresh1"。

步骤 8：添加 OPCWebTrend OPCWebTrend 组件到 Web 页。

调整趋势窗的大小，如图 8-62 所示。

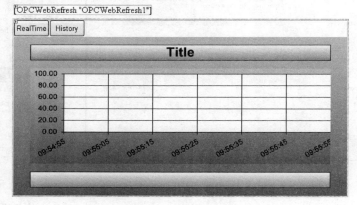

图 8-62　调整趋势窗大小

步骤 9：右击趋势窗并选择属性，如图 8 - 63 所示。

步骤 10：设置 Layout 类型，如图 8 - 64 所示。

步骤 11：设置 SampleRate 和 TimeFrame 属性，缺省值为 1 和 60，如图 8 - 65 所示。

步骤 12：选择 Pens 特性然后单击有三个点的灰色小方框，如图 8 - 66 所示。

步骤 13：选择本地 OPC Systems Service，显示有效的 Tags，如图 8 - 67 所示。

注意：如果想通过网络连接远程 PC，需选择网络节点或者网络节点的键入 IP 地址，并选择包括网络节点或者 IP 地址的 OPC Systems Service 按钮。

图 8 - 63　选择属性

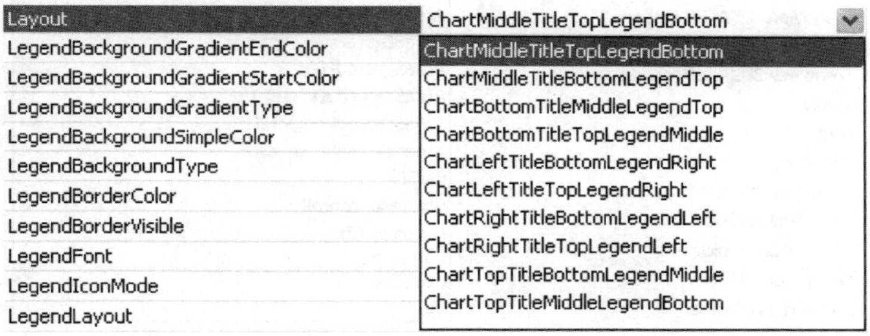

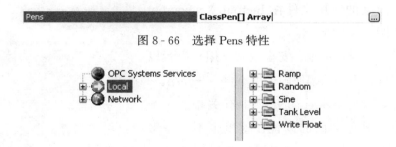

图 8 - 64　设置 Layout

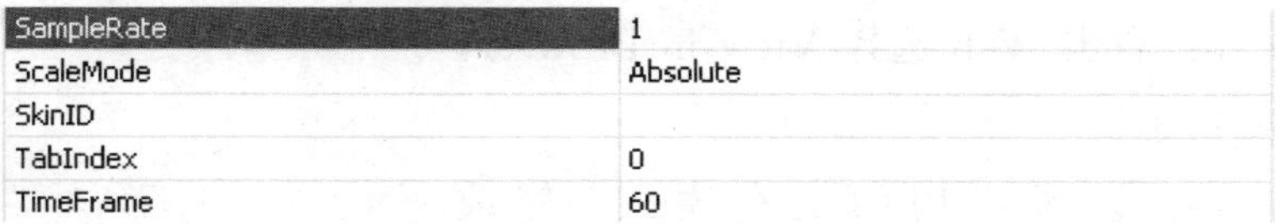

SampleRate	1
ScaleMode	Absolute
SkinID	
TabIndex	0
TimeFrame	60

图 8 - 65　设置 SampleRate 和 TimeFrame 属性

Pens	ClassPen[] Array	...

图 8 - 66　选择 Pens 特性

图 8 - 67　显示有效的 Tags

步骤 14：展开 Ramp 并选择 Value，如图 8-68 所示。

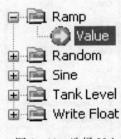

图 8-68　选择 Value

选择添加 Pen 按钮或者右击 Value 选择 Add Pen ⊞ [　Add Pen　] 。

步骤 15：Ramp. Value 将出现在 Pens 列表的左下，可以选择改变 Pens 的属性。当趋势窗的 YAxis. ScaleMode 属性被设置为 PercentOfPenRanges 时，YAxisRangeHigh 和 YAxisRangeLow 属性就非常重要。

步骤 16：在 Pens 对话框中单击 OK 按钮。

步骤 17：设置 TrendType 属性，如图 8-69 所示。

TrendType	Line2D
TrendView3DProjection	Line2D
TrendView3DXAxisRotation	Line3D
TrendView3DYAxisRotation	Area2D
TrendView3DZAxisDepthRatio	Area3D
TrendView3DZAxisRotation	AreaStacked2D
Visible	AreaStacked3D
Width	AreaStackedPercent2D
XAxisColor	AreaStackedPercent3D
XAxisGridCount	Bar2D
XAxisGridLineColor	Bar2DHorizontal
XAxisGridLineThickness	BarSimple3D
XAxisGridLineType	Radar2D
XAxisGridLineVisible	Volume3D

图 8-69　设置 TrendType 属性

步骤 18：右击 Web 选择 View in Browser，如图 8-70 所示。

步骤 19：设置应用的发布模式，修改 web. config 文件，确定 Debug 参数设置为假，编译应用。典型的应用文件在 Inetpub \ wwwroot 生成，如图 8-71 所示。

有关警告窗、报表、安全设置、用户设置以及其他组件，由于篇幅所限这里不再一一介绍。

此外，OPC Systems.NET 中有关报告、配方、安全等其他方面的设置在这里也不一一赘述，详见 OPC Systems.NET 操作指南。

图 8-70　选择 View in Browser

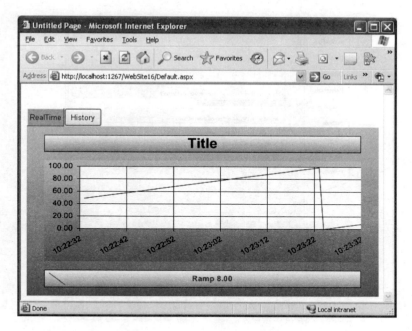

图 8 - 71　设置应用的发布模式

8.2.7　智能客户端开发

用组件开发的应用可以运行在没有安装应用的远程客户端。这使得应用修改特别的简单，并提供一个比 Web 应用更好的用户体验。使用 Visual Studio 开发向导可以很容易地开发出智能客户应用。开发智能客户端只需要几步。下面的例子可以构建一个可执行的智能客户端。

1. 智能客户端实例

安装 OPC Systems.NET 应用实例是演示连接远程 OPC Systems.NET 服务的智能客户端。这个应用包括 OPC Controls.NET、OPC Trend.NET、OPC A-larm.NET、The OPC 系统配置组件。

当创建自己的智能客户端应用时确定包括希望连接的 OPC System 服务的网络节点或者 IP 地址，OPC Systems.NET 使用 TCP 的 58723 端口，确定系统中的防火墙没有占用这个端口。

2. 一键式客户端开发

步骤 1：确定 IIS 被安装在系统中。

步骤 2：在 Visual Studio 选择开发项目的属性，如图 8 - 72 所示。

步骤 3：在运行的 IIS 中设置本地或者远程系统的发布位置。

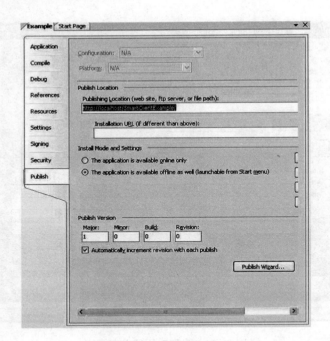

图 8-72 选择开发项目的属性

步骤 4：设置初始发布版本，并保留自动增量或禁用该功能，并在每次要对应用程序进行更新时手动设置。

步骤 5：选择发布向导按钮，开始开发应用，如图 8-73 所示。

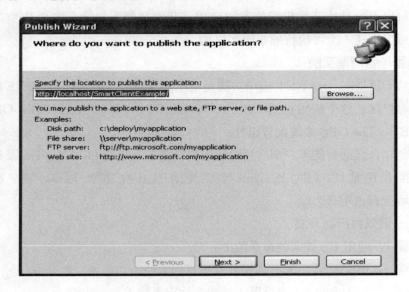

图 8-73 发布应用

256

步骤6：定义应用是否离线时还有效，如图8-74所示。

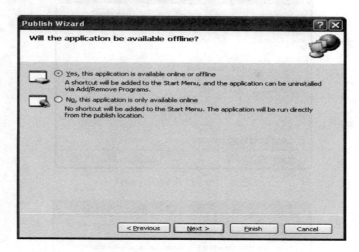

图8-74 定义离线是否有效

步骤7：确定开发的虚拟目录，如图8-75所示。

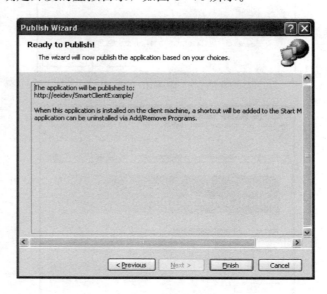

图8-75 确定虚拟目录

步骤8：打开58723端口进行通信，如图8-76所示。

使用Change scope按钮限制IP的范围，如图8-77所示。

步骤9：从远程客户端用浏览器打开开发服务发布页并选择安装如图8-78所示。

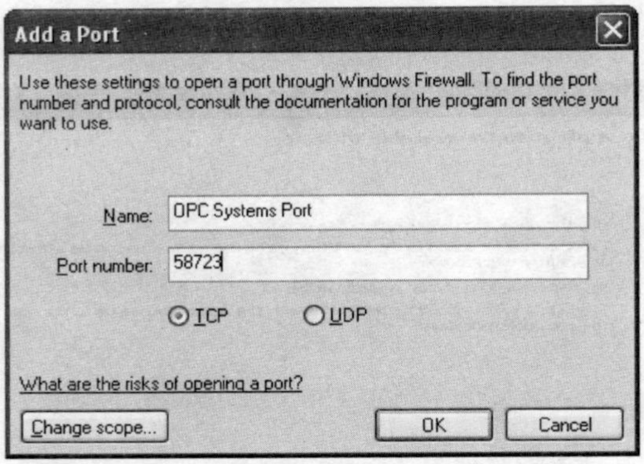

图 8-76　打开 58723 端口

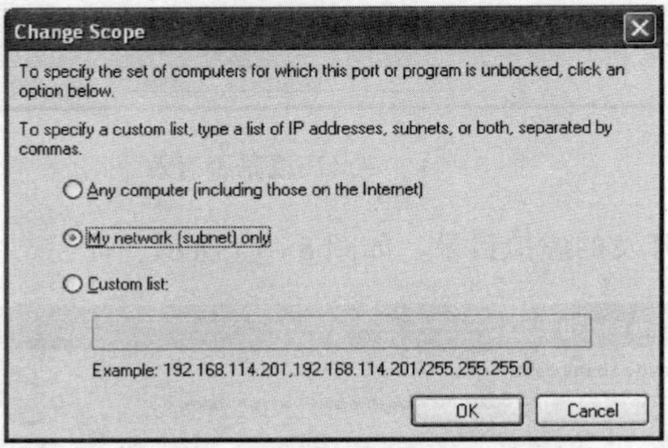

图 8-77　限制 IP 的范围

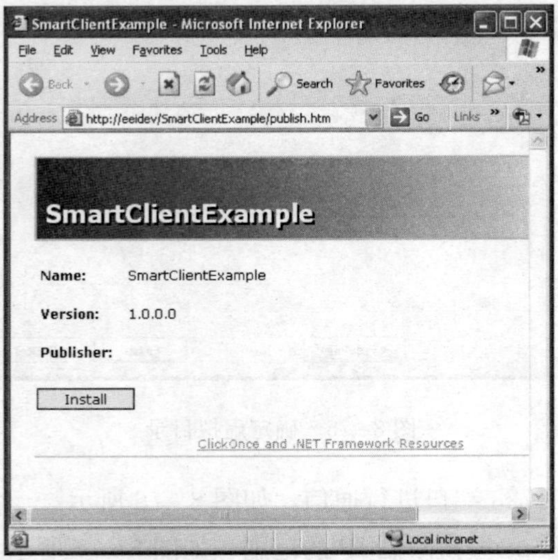

图 8-78　选择安装

第9章
基于ODBC的系统集成技术

通信层上的集成是通过综合布线和现场总线技术将楼宇中各个系统连接起来，在实现物理互联基础上通过制定通信标准实现集成。在控制层上的集成是在通信标准的基础上通过组态软件和客户端程序将各个子系统集成到统一的平台上，或者通过设备和设备及系统的互操作实现集成，如 BACnet 和 Lonworks 以及 OPC 技术实现的集成。这些集成只能完成智能建筑中控制系统的集成，范围有一定的局限性。如果希望更大范围的集成，从而实现更多的功能、更人性化和智能化的服务，那么就必须智能建筑控制系统与计算机、手机及其他智能设备上的公用和专用的办公自动化系统集成，这类集成就暂定为管理层上的集成，是综合的集成，是集成未来发展方向。

实现这类集成的常见方法有两种，一种方法是将 BACnet 和 OPC 技术客户端等智能建筑控制系统开发集成到办公自动化系统的开发平台上（如 Visual Studio），然后根据集成的需要构建综合的集成平台。另一种方法是在保持现有系统的基础上利用数据交换的平台完成集成，如基于 XML 标准实现数据交换和基于 ODBC 标准实现数据交换，本章重点介绍基于 OBDC 的系统集成技术。

9.1 数据库系统和 ODBC

管理域的办公自动化系统中的数据大都以数据库的形式存放，在智能建筑控制系统中的数据也是存放到数据库中，那么二者就可以通过数据库实现数据交换。也就是借助数据库这个平台将办公自动化系统和智能建筑控制系统集成。

从技术上讲，这种情况下智能建筑的系统集成是一个以数据库为核心的信息管理系统，涉及多种数据（多媒体数据）和多个数据源的数据库管理。

9.1.1 数据库简介

数据库（Database）是按照数据结构来组织、存储和管理数据的仓库，这个仓库是按照一定的数据结构来组织、存储的，可以通过数据库提供的多种方法来管理数据库里的数据。

早期比较流行的数据库模型有三种，分别为层次式数据库、网络式数据库和关系型数据库。而在当今的互联网中，最常用的数据库模型主要是两种，即关系型数据库和非关系型数据库。

关系型数据库模型是把复杂的数据结构归结为简单的二元关系（即二维表格形式）。在关系型数据库中数据以行和列的形式存储，以便于用户理解，这一系列的行和列被称为表，一组表便组成了数据库。如表 9-1 和表 9-2 所示分别为管理域员工个人信息表和控制域采样信息表。

表 9-1 员工个人信息表

员工编号	姓名	性别	出生日期	职称
8501001	李权	男	1980/12/01	高级工程师
8501002	王斌	男	1985/03/08	工程师
8502001	张丽	女	1995/10/02	助理工程师

表 9-2 采样信息表

日期	时间	液位 1	液位 2
2020 - 10 - 10	06：10：11	44	41
2020 - 10 - 10	06：10：12	45	42
2020 - 10 - 10	06：10：13	46	43

数据库管理系统（Database Management System，DBMS）是一种操纵和管理数据库的大型软件，用于建立、使用和维护数据库。它对数据库进行统一的管理和控制，以保证数据库的安全性和完整性。用户通过 DBMS 访问数据库中的数据，数据库管理员也通过 DBMS 进行数据库的维护工作。它可使多个应用程序和用户用不同的方法在同时或不同时刻去建立、修改和访问数据库。数据库管理系统是数据库系统的核心，是管理数据库的软件。常用关系型数据库管理产品很多，如大型数据库有 Oracle、SQL Server、Sybase 等，小型数据库有 Access、MySQL、DB2 等。其中 MySQL 被广泛应用在 Internet 上的大中小型网站中。SQL Server 是微软公司开发的大型关系数据库系统，体积小、速度快、总体拥有成本低，开放源代码。SQL Server 的功能比较全面，效率高，可以作为中型企业或单位的数据库平台。SQL Server 可以与 Winodws 操作系统紧密集成，对于在 Windows 平台上开发的各种企业级信息管理系统来说，不论是客户机/服务器（C/S）架构还是浏览器/服务器（B/S）架构，SQL Server 都是一个

很好的选择。SQL Server 的缺点是只能在 Windows 系统下运行。Oracle 公司是最早开发关系型数据库的厂商之一,其产品支持最广泛的操作系统平台。目前 Oracle 关系数据库产品的市场占有率数一数二,Oracle 公司是目前全球最大的数据库软件公司,也是近年业务增长极为迅速的软件提供与服务商。其主要应用范围为传统大企业、大公司、政府、金融和证券公司等。Access 是入门级小型桌面数据库,性能安全性都很一般,可供个人管理或小型企业使用。

9.1.2 SQL 语言

结构化查询语言(Structured Query Language,SQL)是一个功能强大的数据库语言。SQL 语言的主要功能就是同各种数据库建立联系,进行沟通。按照美国国家标准协会(ANSI)的规定,SQL 被作为关系型数据库管理系统的标准语言。SQL 语句可以用来执行各种各样的操作,例如更新数据库中的数据,从数据库中检索数据等。目前,绝大多数流行的关系型数据库管理系统,如 Oracle、Sybase、SQL Server、Access 等都采用了 SQL 语言标准。SQL 功能强大,概括起来,它可以分成以下两种。

(1)数据操作类语言(Data Manipulation Language,DML)用于检索或者修改数据,主要语句如 SELECT、INSERT、UPDATE、DELETE 等。

SELECT:从数据库表中获取数据。

UPDATE:更新数据库表中的数据。

DELETE:从数据库表中删除数据。

INSERT INTO:向数据库表中插入数据。

例如:

```
SELECT * FROM [publishers]
SELECT name, age, sex, salary + bonus
  FROM employee
  WHERE depart = '销售部'and title = '经理'
  ORDER BY age DESC
SELECT  sum(salary)
  FROM employee
  GROUP BY  title
//增加数据
INSERT INTO [employee] ( name, age ) VALUES (李明', 18)
//更新数据
```

```
UPDATE [employee] SET salary = salary + 500
//删除数据
DELETE FROM [employee] WHERE age>80
//创建及删除数据表
CREATE TABLE [employee]
(id integer, name char(10), age integer )
DROP TABLE [employee]
```

（2）数据定义类语言（Data Definition Language，DDL）用于定义数据的结构，例如创建、修改或者删除数据库对象，主要语句如 CREATE、ALTER、DROP 等。

例如：

CREATE DATABASE:创建新数据库。

ALTER DATABASE:修改数据库。

CREATE TABLE:创建新表。

ALTER TABLE:变更(改变)数据库表。

DROP TABLE:删除表。

CREATE INDEX:创建索引(搜索键)。

DROP INDEX:删除索引。

9.1.3　ODBC 数据库接口

开放式数据库互联（Open Database Connectivity，ODBC）是微软推出的一种工业标准，一种开放的独立于厂商的 API 应用程序接口，可以跨平台访问各种个人计算机、小型机以及主机系统。ODBC 作为一个工业标准，绝大多数数据库厂商、大多数应用软件和工具软件厂商都为自己的产品提供了 ODBC 接口或提供了ODBC 支持，这其中就包括常用的 SQL Server、Oracle、MySQL、Access 等。OD-BC 解决了异构数据库的相互访问问题，它为应用程序提供了一套调用层接口函数，使用 ODBC 开发数据库应用程序时，应用程序调用的是标准的 ODBC 函数和SQL 语句，然后由各个数据库的驱动程序执行底层操作，这样即使是针对不直接支持 SQL 语言的数据库，用户仍然可以发出 SQL 语句。因而基于 ODBC 的应用程序具有很好的适应性和可移植性，并且具备同时访问多种数据库系统的能力，从而克服了传统数据库应用程序的缺陷。ODBC 体系结构如图 9-1 所示。

ODBC 由 4 个部分构成：应用程序、驱动程序管理器、数据库驱动程序和数据源。

（1）应用程序。应用程序的主要任务包括：连接数据源；向数据源发送

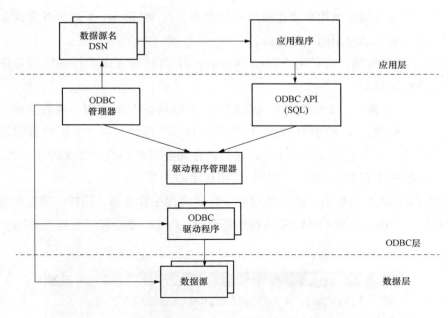

图 9-1　ODBC 体系结构

SQL 语句；处理多个语句从数据源返回的结果集；处理错误和消息；断开与数据源的连接。

（2）驱动程序管理器。驱动程序管理器是一个 Windows 环境下的应用程序。驱动程序管理器的主要作用是用来装载 ODBC 驱动程序、管理数据源，检查 ODBC 调用参数的合法性和记录 ODBC 函数的调用等。

（3）数据库驱动程序。ODBC 应用程序不能直接存取数据库，其操作请求是由驱动程序管理器提交给数据库 ODBC 驱动程序，再通过驱动程序实现对数据源的各种操作，数据库的操作结果也通过驱动程序返回给应用程序。

驱动程序的任务包括几个方面：连接数据源；向数据源提交 SQL 语句；根据实际需要，对进出数据源的数据进行格式和类型转换；返回处理结果；将执行错误转换为 ODBC 定义的标准错误代码，返回给应用程序；根据需要定义和使用游标。

（4）数据源。数据源（Data Source Name，DSN）是数据库驱动程序与数据库系统连接的桥梁，它为 ODBC 驱动程序指出数据库服务器，以及用户的默认连接参数等。所以，在开发 ODBC 数据库应用程序时应先建立数据源。ODBC 数据源分为三大类。

1）用户数据源：只有创建数据源的用户才可使用他们自己创建的数据源，

所有用户不能使用其他用户创建的用户数据源。在 Windows 下以服务方式运行的应用程序也不能使用用户数据源。

2）系统数据源：所有用户和在 Windows 下以服务方式运行的应用程序均可使用系统数据源。

3）文件数据源：文件数据源是 ODBC3.0 以后版本添加的一种数据源，所有安装了相同数据库驱动程序的用户均可以共享文件数据源。文件数据源没有存储在操作系统的登录表数据库中，它们被存储在客户端的一个文件中。所以，使用文件数据源有利于 ODBC 数据库应用程序的开发。

创建数据源最简单的方法是使用 ODBC 驱动程序管理器。同样，重新配置或删除数据源，也是通过 ODBC 驱动程序管理器，ODBC 驱动程序管理器如图 9-2 所示。

图 9-2　ODBC 驱动程序管理器

9.2　办公自动化系统

基于 ODBC 技术的集成主要实现智能建筑控制系统和办公自动化系统的集成，因此本节针对办公自动化及办公自动化系统相关内容进行概要的介绍。

9.2.1 办公自动化的内容

1. 办公自动化的基本概念

（1）办公自动化的定义。办公自动化是指利用先进的科学技术，不断使人的部分办公业务活动物化于人以外的各种设备中，并由这些设备与办公人员构成服务于某种目标的人机信息处理系统。其目的是充分地利用现有的技术，以尽可能多地利用信息资源，提高生产率、工作效率和质量、辅助决策能力，求得更好的效果，以达到既定的目标。

（2）办公自动化的特点。办公自动化是一门综合性的跨学科技术；是一个人机信息系统；是包括语音、数据、图形、图像、文字等信息的一体化处理；是人们作为产生价值更高的信息的一个辅助手段。

（3）办公自动化的要素。办公自动化从生产经营单位和行政部门的办公事务处理开始，进入各类信息控制管理，发展到辅助领导的决策。这是对传统管理方式的挑战，是科技向管理部门冲击和办公方式的一次革命。办公活动是以处理信息流为主要业务特征，与社会伴生的一种重要活动。它由办公人员、组织机构、办公制度、技术工具、办公信息及办公环境六大要素组成。办公活动的过程可看成是接收、变换、处理、传递、利用信息的过程。

2. 办公自动化的层次结构

办公自动化系统一般分为三个层次：即事务型办公系统、管理型办公系统、决策型办公系统。

（1）事务型办公系统。事务型办公系统可以是单机系统（在一个办公室内），也可是可支持一个机关单位的各办公室的完成基本办公事务处理及机关行政事务处理的多机系统。事务型办公系统可分为基本事务处理和机关行政事务处理两大部分。

办公事务处理包括文字处理、个人日程处理、个人文件库管理、行文管理、邮件处理、文档资料管理、文件快速复制、电子报表等。

机关行政事务包括本身的人事、工资、财务、房产、基建、车辆和各种办公用品管理应用系统。

（2）管理型办公系统。管理型办公系统是由支持各种事务处理活动的办公系统、支持管理控制活动的管理信息系统、支持设计生产的 CAD/CAE/CAM/CAT 系统彼此互为有机集成的办公系统。

（3）决策型办公系统（即综合型办公系统）。决策是根据预定目标做出的行动决定。它是办公活动的重要组成部分，是最高层次的管理工作。决策型办公系统是在管理型办公系统基础上扩充以各种专家系统为基础的决策或辅助决策而组成的最高级的系统。它除了具备前两类模式的功能外，还具备决策功能，如国民经济计划和综合平衡决策、经济效率预测、经济结构分析等。

事务型和管理型办公系统是以数据库为基础的。决策型办公系统除了需要数据库外，还要有相关领域的专家系统。从而可模拟人类专家进行推理、演绎、做出判断和决策来解决复杂的问题。

3. 办公自动化系统主要功能

随着科技的进步、生产力的发展和商品的激烈竞争，使管理者对信息的依赖性越来越大。信息已成为企业系统的重要资源和财富，信息是决策的基础。计算机技术和通信技术的发展，为信息处理的现代化、自动化和智能化提供了物质基础。办公活动中，通常使用的信息有数据、声音、文字、图表、影像等。因此，办公自动化系统的主要功能为数据处理、文字处理、语音处理、表格处理、图形与图像处理、辅助决策、资料再现、电子邮件、电信会议等。

9.2.2 实现办公自动化的技术和环境

办公自动化是一门综合性很强的新兴学科，它涉及的有关理论和技术很多。而计算机技术、通信技术、系统科学和行为科学是办公自动化的主要支撑技术。

1. 计算机技术

办公自动化系统中，信息的采集、存储和处理都依赖于计算机技术。文件、数据库的建立与管理，各种办公软件的开发设计，以及软件工具等都离不开计算机技术。因此，计算机的软硬件技术是办公自动化的主要支柱，各种类型的大、中、小、微型计算机、终端、工作站、汉字处理机、打印机等，都是办公自动化的主要设备。

2. 通信技术

通信技术是办公自动化的神经系统，它完成信息的传递任务，缩短人们之间的空间距离，克服时空障碍。通信技术所包含的内容繁多，从模拟通信到数据通信，从局域网到广域网，从 Internet 到 Intranet 网，从公用电话网、分组交换网到综合业务数字网，从微波通信、光纤通信到卫星通信，都是办公自动化要涉及的通信技术。计算机和通信网络的有机结合是办公自动化的一个特征。

3. 系统科学

系统科学为办公自动化系统提供各种与决策有关的理论支持，为建立各类决策模型提供方法与手段。它主要包括优化方法、决策方法和对策方法等。

4. 行为科学

行为科学在办公自动化系统中起主导作用。它重点研究在社会环境中，行为产生的根本原因及其规律，从而提高对人类行为发生和发展规律的预测和控制能力。它以心理学、社会学、人类学为理论基础，研究如何适应办公环境，激发人的生产积极性，改善协调人与人之间的关系。在办公自动化系统中，要研究和借鉴行为科学关于组织结构，组织设计，组织变革和发展中的理论与方法，以保证办公自动化中的人们能团结互助、同心同德、生气勃勃地进行创造性的劳动。

除了上述的四大支柱之外，办公自动化还涉及社会学、现代管理学、经济学、管理心理学、信息管理学、决策支持系统、人机工程等多种学科和技术。

9.2.3　办公自动化系统的开发技术

办公自动化系统的开发需经历系统分析、系统设计、系统实施等一系列步骤，合理设计和做好每一个步骤，才能使办公自动化系统真正符合办公室管理规律，切合办公室管理实际。

（1）系统分析：系统分析主要包括可行性分析（如经济可行性分析和技术可行性分析等）和需求分析等内容。

（2）系统设计：系统设计主要包括逻辑设计、物理设计、总体设计和详细设计4个阶段的内容。

（3）系统实施：系统实施主要包括系统实施计划的制订、组织工作实施、程序编制、系统调试和程序测试、系统转换、设备采购、人员培训等内容。

9.3　基于ODBC技术的系统集成

9.3.1　基于ODBC技术的集成方法

数据库是存放数据的，这些数据是我们集成应用的基础，对数据库中数据的管理是通过数据库管理系统实现的，数据库管理系统是位于用户与操作系统之间的一层数据管理软件。它的主要功能包括以下几个方面：数据定义功能；数据操纵功能；数据库的运行管理；数据库的建立和维护功能，它是数据库系统的一个重要组成部分，应用系统通过它访问数据库。常见的关系型数据库是数据表的集合，每个表都有自己的表结构。对表的操作通过 SQL 完成，SQL 语言具有数据查询、数据定义、数据操纵和数据控制等功能，但它不是一种应用程序开发语言，它只提供对数据库的操作能力。通过 SQL 命令实现对数据库表的增删改查，完成对数据库的管理和应用。

应用程序访问数据库通过 ODBC 技术。例如，楼控系统通过 ODBC 采集过程数据到一个或者多个数据库中，办公系统程序通过 ODBC 将数据读取并使用，也可以将数据写回到集成平台的实时数据库内，同时可以在任意的时刻（系统启动或者服务器或者网络故障时）完成数据的备份功能，利用 OBDC 接口我们可以采用统一的方式访问数据库，ODBC 实现了异构数据库的互访，使得数据库成为一个公用的数据交换平台，完成系统集成，下面通过两个实例分别介绍办公自动化系统和智能建筑控制系统（楼宇自动化系统）如何利用 ODBC 接口进行数据访问。

9.3.2　楼宇自动化系统中利用 ODBC 接口访问数据库

KingSCADA3.0 是亚控科技以实现企业一体化为目标，面向中高端客户研发的一套产品，是楼控系统组态软件的开发平台。

KingSCADA3.0 SQL 访问功能通过 ODBC 接口实现 KingSCADA3.0 和其他外部数据库之间的数据传输，它包括 SQL 访问管理器和相关的 SQL 函数。

SQL 访问管理器用来建立数据库字段和 KingSCADA3.0 变量之间的联系，包括表格模板和记录体两部分。通过表格模板在数据库表中建立相应的表格；通过记录体建立数据库字段和 KingSCADA3.0 变量之间的联系。同时允许 KingSCADA3.0 通过记录体直接操作数据库中的数据。SQL 函数实现对数据库的访问，具体访问步骤如下。

首先建立一个数据库，这里选用 Access 数据库（在指定路径下创建数据库，数据库名为 mydb.mdb）。

然后，用 Windows 控制面板→管理工具→数据源 ODBC 新建一个 Microsoft Access Driver（＊.mdb）驱动的数据源，名为 mine，然后配置该数据源，指向刚才建立的 Access 数据库（即 mydb.mdb），如图 9-3 所示。

1. 创建表格模板及记录体

第一步：在 KingSCADA3.0 开发环境树型目录中选择"SQL 访问"→"表格模板"选项，在右侧内容显示区中单击"新建"按钮，在弹出的创建表格模板对话框中建立 5 个字段，如图 9-4 所示。

第二步：单击"确认"按钮完成表格模板的创建。

建立表格模板的目的是定义数据库格式，在后面用到 SQLCreatTable（）

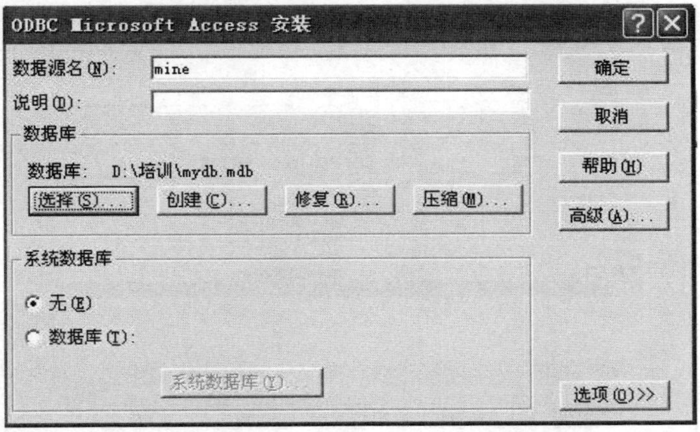

图 9 - 3　ODBC 数据源的建立

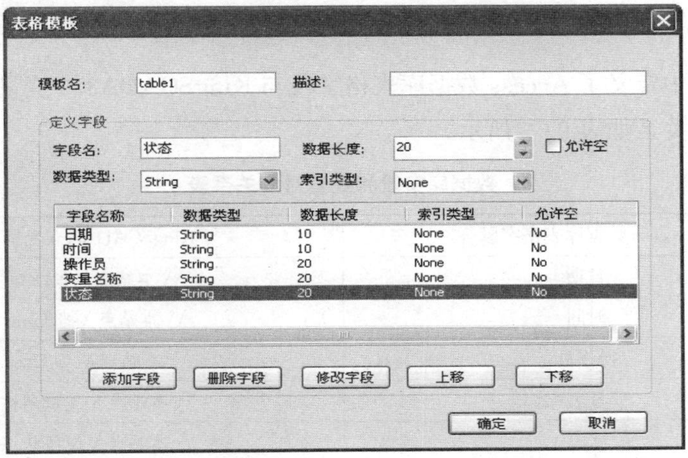

图 9 - 4　创建表格模板对话框

函数时以此格式在 Access 数据库中自动建立表格。

2. 创建记录体

第一步：在 KingSCADA3.0 开发环境树型目录中选择"SQL 访问"→"记录体"选项，在右侧内容显示区中单击"新建"按钮，弹出创建记录体对话框，对话框设置如图 9 - 5 所示，此处需要用到两个内存变量，分别对应数据库的表的变量名称和状态字段。在"数据库"→"数据词典"处新建两个变量，变量名称分别为"变量名称"和"设备状态"，数据类型为内存字符串类型。变量定义完成后按照如表 9 - 3 所示建立字段名称与变量名称的对应关系。

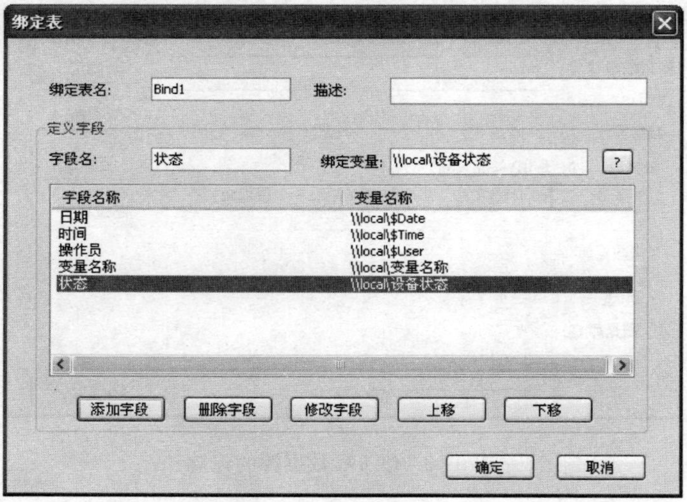

图 9-5　创建记录体对话框

　　记录体中定义了 Access 数据库表格字段与 KingSCADA3.0 变量之间的对应关系，对应关系如表 9-3 所示。

表 9-3　　　　　　　　　　数据库字段和变量对应关系表

Access 数据库表格字段	KingSCADA3.0 变量
日期	\\ 本站点 \ $Date
时间	\\ 本站点 \ $Time
操作员	\\ 本站点 \ $User
变量名称	\\ 本站点 \ 变量名称
状态	\\ 本站点 \ 设备状态

　　即将 KingSCADA3.0 中各个变量与数据库表的字段建立一一对应的关系。

　　第二步：单击"确认"按钮完成记录体的创建。

　　注：记录体中的字段名称必须与表格模板中的字段名称（也就是数据库中表的字段名称）保持一致，记录体中字段对应的变量的数据类型必须和表格模板（或者数据库中表）中对应字段的数据类型相同。

3. 对数据库的操作

（1）连接数据库。

　　第一步：在 KingSCADA3.0 开发环境数据词典中定义一个内存整型变量。

　　变量名：nConnectID

变量类型：内存整型

第二步：在图形编辑器中新建一画面，名称为"数据库"，并在画面上添加一按钮，按钮属性设置如下。

按钮文本：数据库连接

使用按钮的"左键按下"动画连接设置如图 9-6 所示。

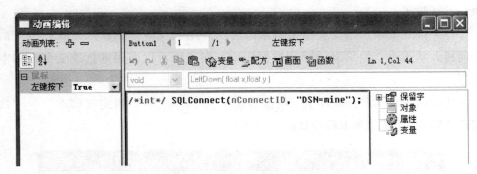

图 9-6　数据连接脚本程序

上述命令语言的作用是使 KingSCADA3.0 与 mine 数据源建立了连接（即与 mydb.mdb 数据库建立了连接）。

在实际工程中将此命令写入"开发环境"树型目录→"脚本"→"系统脚本"→"应用程序脚本"→"应用程序"后启动时，即系统开始运行就连接到数据库上。

（2）创建数据库表格。在数据库操作画面上添加一按钮，按钮属性设置如下。

按钮文本：创建数据库表格

使用按钮的"左键按下"动画连接设置如图 9-7 所示。

图 9-7　创建数据表格脚本程序

上述命令语言的作用是以表格模板 table1 的格式在数据库中建立名为"设备状态"的表格。在生成的"设备状态"表格中，将生成 5 个字段，字段名称分别为日期、时间、操作员、变量名称、状态，每个字段的变量类型、变量长度及索引类型与表格模板 table1 中的定义一致。

此命令语言只需执行一次即可，如果表格模板有改动，需要用户先将数据库中的表格删除才能重新创建。在实际工程中将此命令写入"开发环境"树型目录 → "脚本" → "系统脚本" → "应用程序脚本" → "应用程序"后启动时，即系统开始运行就建立数据库表格。或者直接在数据库中建立表格后就不需要执行此函数了。

（3）插入记录。以反应釜出料水泵为例介绍当反应釜出料水泵状态改变后如何将此状态改变的信息记录到数据库中。在这里可以使用数据改变命令脚本执行。

将此命令写入"开发环境"树型目录 → "脚本" → "自定义脚本" → "数据改变脚本"，新建脚本程序如图 9-8 所示。

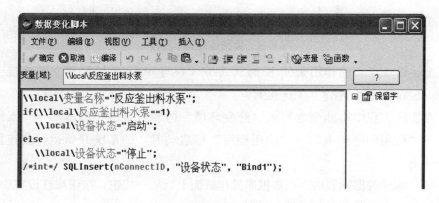

图 9-8　数据改变脚本程序

上述命令语言的作用是当变量"\\local\反应釜出料水泵"改变后在表格"设备状态"中插入一个新的记录。其他阀门、泵也使用同样的方式将状态改变信息存储到数据库中。

（4）查询记录。用户如果需要将数据库中的数据调入 KingSCADA3.0 中来显示，需要另外建立一个记录体，此记录体的字段名称要和数据库表格中的字段名称一致，连接的变量与数据库中字段的类型一致，操作过程如下。

第一步：在 KingSCADA3.0 开发环境的数据词典中定义 5 个内存变量。

1）变量名：查询日期变量类型：内存字符串。

2）变量名：查询时间变量类型：内存字符串。

3）变量名：查询操作员变量类型：内存字符串。

4）变量名：查询设备名称变量类型：内存字符串。

5）变量名：查询设备状态变量类型：内存字符串。

第二步：新建一画面，名称为"数据库查询"，在画面上添加 5 个文本"＃＃"，在文本的"字符串输出"动画中分别连接变量查询日期、查询时间、查询操作员、查询设备名称、查询设备状态，用来显示查询出来的结果。

第三步：在 KingSCADA3.0 开发环境中定义一个记录体，记录体窗口属性设置如图 9-9 所示。

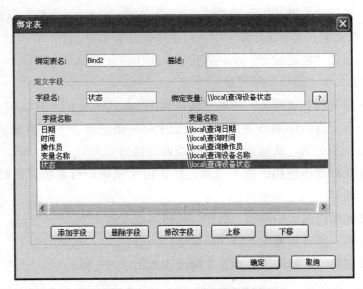

图 9-9 记录体属性设置对话框

第四步：在画面中添加一按钮，按钮属性设置如下。

按钮文本：查询全部数据

使用按钮的"左键按下"动画连接设置如图 9-10 所示。

图 9-10 数据查询脚本程序

此命令语言的作用是：以记录体 Bind2 中定义的格式查询"设备状态"表格中所有的记录，并将第一条数据记录的值赋到记录体对应的变量上面。此函数查询条件参数、排序参数都为空。

进入运行系统，运行此画面，单击"查询全部数据"按钮，数据库中的数据记录显示在对应的文本中。

第五步：在画面上添加 4 个按钮，按钮属性设置如下。

1）按钮文本：第一条记录

使用按钮的"左键按下"动画连接：SQLFirst（nConnectID）。

2）按钮文本：下一条记录

使用按钮的"左键按下"动画连接：SQLNext（nConnectID）。

3）按钮文本：上一条记录

使用按钮的"左键按下"动画连接：SQLPrev（nConnectID）。

4）按钮文本：最后一条记录

使用按钮的"左键按下"动画连接：SQLLast（nConnectID）。

上述命令语言的作用分别为查询数据中第一条记录、下一条记录、上一条记录和最后一条记录，从而达到了数据查询的目的。

（5）断开数据库连接。在不需要连接数据库或者运行系统退出时需要将数据源的连接断开。

在数据库操作画面中添加一按钮，按钮属性设置如下。

按钮文本：断开数据库连接

使用按钮的"左键按下"动画连接设置如图 9 - 11 所示。

图 9 - 11　断开数据库连接脚本程序

在实际工程中将此命令写入"开发环境"树型目录→"脚本"→"系统脚本"→"应用程序脚本"→"应用程序"后关闭时，即系统退出后断开与数据库的连接。

9.3.3　办公自动化系统中利用 ODBC 接口访问数据库

Microsoft Visual Studio 是美国微软公司的开发工具包系列产品。它包括了整个软件生命周期中所需要的大部分工具，如 UML 工具、代码管控工具、集成开发环境（IDE）等。所写的目标代码适用于微软支持的所有平台，包括 Microsoft Windows、Windows Mobile、Windows CE、.NET Framework 和 Microsoft Silverlight 及 Windows Phone。下文以 Visual C♯ 为例介绍基于 ODBC 接口的数据库访问。

1. 数据访问的对象说明

Microsoft Visual Studio 专门为数据处理以及快速地只进、只读访问数据而设计的组件，包括 Connection、Command、DataReader 和 DataAdapter 四大类对象，如表 9 - 4 所示。

表 9 - 4　　　　　　　　　　　　　对象说明

对象	说明
Connection	建立与特定数据源的连接
Command	对数据源执行命令
DataReader	从数据源中读取只进且只读的数据流
DataAdapter	用数据源填充 DataSet 并解析更新

使用这些对象对数据库操作可以分为三个步骤：

第一，使用 SQL Connection 对象连接数据库；

第二，建立 SQL Command 对象，负责 SQL 语句的执行和存储过程的调用；

第三，对 SQL 或存储过程执行后返回的结果进行操作。

对返回"结果"的操作可以分为两类：

一是用 SQLDataReader 直接一行一行地读取数据集；

二是 DataSet 联合 SQLDataAdapter 来操作数据库。

SQLDataReader 时刻与远程数据库服务器保持连接，将远程的数据通过"流"的形式单向传输给客户端，它是只读的。由于是直接访问数据库，所以效率较高，但使用起来不方便。

DataSet 一次性从数据源获取数据到本地，并在本地建立一个微型数据库，期间可以断开与服务器的连接，使用 SQLDataAdapter 对象操作本地微型数据库，结束后通过 SQLDataAdapter 一次性更新到远程数据库服务器。这种方式使用起来更方便简单。

2. SQLConnection 对象

命名空间：

```
System.Data.SQLClient.SQLConnection
```

string connectString = ; Data Source = . ; Initial Catalog = Student; Integrated Security = True; ;//连接字符串的写法

SQLConnection SQLCnt = new SQLConnection(connectString);//实例化"连接对象"

SQLCnt. Open();//打开连接

SQLCnt. Close();//使用完成后，需要关闭"连接对象"

3. SQLCommand 对象

命名空间：

System. Data. SQLClient. SQLCommand

SQLCommand 对象用于执行数据库操作，操作方式有三种。

SQL 语句：command. CommandType＝CommandType. Text;

存储过程：command. CommandType＝CommandType. StoredProcedure;

整张表：command. CommandType＝CommandType. TableDirect;

实例化一个 SQLCommand 对象：

SQLCommand command = new SQLCommand();

command. Connection = SQLCnt;   //绑定 SQLConnection 对象

或直接从 SQLConnection 创建：

SQLCommand command = SQLCnt. CreateCommand();

常用方法如下。

command. ExecuteNonQuery ()：执行非查询性的命令（如 Update/Delete/Insert），返回的是它所影响的记录数。

command. ExecuteScalar ()：执行查询，返回首行首列的结果，得到单一的量，如 sum、avg 等的结果。

command. ExecuteReader ()：返回一个数据流（SQLDataReader 对象），得到 Reader 对象，单向只读。

常用操作如下。

（1）执行 SQL。

SQLCommand cmd = conn. CreateCommand();   //创建 SQLCommand 对象

cmd. CommandType = CommandType. Text;

cmd. CommandText = "select * from products = @ID";   //SQL 语句

cmd. Parameters. Add("@ID", SQLDbType. Int);

```
cmd. Parameters["@ID"]. Value = 1;                    //给 SQL 语句的参数赋值
```

（2）调用存储过程。

```
SQLCommand cmd = conn. CreateCommand();

cmd. CommandType = System. Data. CommandType. StoredProcedure;

cmd. CommandText = "存储过程名";
```

（3）整张表。

```
SQLCommand cmd = conn. CreateCommand();

cmd. CommandType = System. Data. CommandType. TableDirect;

cmd. CommandText = "表名"
```

4. SqlDataReader 对象

命名空间：

```
System. Data. SQLClient. SQLDataReader
```

SQLDataReader 对象提供只读单向数据的功能，单向是指只能依次读取下一条数据；只读是指 DataReader 中的数据是只读的，不能修改；相对地 DataSet 中的数据可以任意读取和修改。该对象有一个很重要的方法，是 Read（），返回值是个布尔值，作用是前进到下一条数据，一条条地返回数据，当布尔值为真时执行，为假时跳出。举例如下。

```
SQLCommand command = new SQLCommand();

command. Connection = SQLCnt;

command. CommandType = CommandType. Text;

command. CommandText = "Select * from Users";

SQLDataReader reader = command. ExecuteReader();//执行 SQL,返回一个"流"

while (reader. Read())

{

    Console. Write(reader["username"]);// 打印出每个用户的用户名

}
```

5. DataSet 对象

（1）SQLDataAdapter。

命名空间：

```
System. Data. SQLClient. SQLDataAdapter
```

SQLDataAdapter 是 SQLCommand 和 DataSet 之间的桥梁，实例化 SQL-DataAdapter 对象：

```
SQLConnection SQLCnt = new SQLConnection(connectString);
SQLCnt.Open();
//创建 SQLCommand
SQLCommand mySQLCommand = new SQLCommand();
mySQLCommand.CommandType = CommandType.Text;
mySQLCommand.CommandText = "select * from product";
mySQLCommand.Connection = SQLCnt;
//创建 SQLDataAdapter
SQLDataAdapter myDataAdapter = new SQLDataAdapter();
myDataAdapter.SelectCommand = mySQLCommand;// 为 SQLDataAdapter 对象绑定所要执行的
SQLCommand 对象
```

上述 SQL 可以简化为：

```
SQLConnection SQLCnt = new SQLConnection(connectString);
SQLCnt.Open();
//隐藏了 SQLCommand 对象的定义，同时隐藏了 SQLCommand 对象与 SQLDataAdapter 对象的绑定
SQLDataAdapter myDataAdapter = new SQLDataAdapter("select * from product",SQLCnt);
```

属性和方法如下：

myDataAdapter.SelectCommand 属性：SQLCommand 变量，封装 Select 语句；

myDataAdapter.InsertCommand 属性：SQLCommand 变量，封装 Insert 语句；

myDataAdapter.UpdateCommand 属性：SQLCommand 变量，封装 Update 语句；

myDataAdapter.DeleteCommand 属性：SQLCommand 变量，封装 Delete 语句；

myDataAdapter.fill（）：将执行结果填充到 Dataset 中，会隐藏打开 SQL-Connection 并执行 SQL 等操作。

（2）SQLCommandBuilder。

命名空间：

```
System.Data.SQLClient.SQLCommandBuilder
```

对 DataSet 的操作（更改、增加、删除）仅是在本地修改，若要提交到数据库中则需要 SQLCommandBuilder 对象。用于在客户端编辑完数据后，整体一次更新数据。具体用法如下：

```
SQLCommandBuilder mySQLCommandBuilder = new SQLCommandBuilder(myData Adapter);//为
```
myDataAdapter 赋予 SQLCommandBuilder 功能
```
myDataAdapter.Update(myDataSet,"表名");  //向数据库提交更改后的 DataSet,第二个参
```
数为 DataSet 中的存储表名,并非数据库中真实的表名

（3）DataSet。

命名空间：

```
System.Data.DataSet
```

数据集、本地微型数据库可以存储多张表。

使用 DataSet 第一步就是将 SQLDataAdapter 返回的数据集（表）填充到 Dataset 对象中：

```
SQLDataAdapter myDataAdapter = new SQLDataAdapter("select * from product", SQLCnt);
DataSet myDataSet = new DataSet();            // 创建 DataSet
myDataAdapter.Fill(myDataSet, "product");// 将返回的数据集作为表填入 DataSet 中,
```
表名可以与数据库真实的表名不同,并不影响后续的增、删、改等操作

1）访问 DataSet 中的数据。

```
SQLDataAdapter myDataAdapter = new SQLDataAdapter("select * from product",SQLCnt);
DataSet myDataSet = new DataSet();
myDataAdapter.Fill(myDataSet, "product");
DataTable myTable = myDataSet.Tables["product"];
foreach (DataRow myRow in myTable.Rows)
{foreach (DataColumn myColumn in myTable.Columns)
        {Console.WriteLine(myRow[myColumn]);//遍历表中的每个单元格
    }
}
```

2）修改 DataSet 中的数据。

```
SQLDataAdapter myDataAdapter = new SQLDataAdapter("select * from product",sqlCnt);
DataSet myDataSet = new DataSet();
myDataAdapter.Fill(myDataSet,"product");
//修改 DataSet
DataTable myTable = myDataSet.Tables["product"];
foreach (DataRow myRow in myTable.Rows)
```

```
{myRow["name"] = myRow["name"] + "商品";
}
//将 DataSet 的修改提交至数据库
SQLCommandBuilder mySQLCommandBuilder
 = new SQLCommandBuilder(myDataAdapter);
myDataAdapter. Update(myDataSet, "product");
```

注意：在修改、删除等操作中表 product 必须定义主键，select 的字段中也必须包含主键，否则会提示"对于不返回任何键列信息的 SelectCommand，不支持 UpdateCommand 的动态 SQL 生成"。

3）增加一行。

```
SQLDataAdapter myDataAdapter = new SQLDataAdapter("select * from product",SQLCnt);
DataSet myDataSet = new DataSet();
myDataAdapter. Fill(myDataSet,"product");
DataTable myTable = myDataSet. Tables["product"];
//添加一行
DataRow myRow = myTable. NewRow();
myRow["name"] = "捷安特";
myRow["price"] = 13.2;
//myRow["id"] = 100;id若为"自动增长",此处可以不设置,即便设置也无效
myTable. Rows. Add(myRow);
//将 DataSet 的修改提交至数据库
SQLCommandBuilder mySQLCommandBuilder =
new SQLCommandBuilder(myDataAdapter);
myDataAdapter. Update(myDataSet, "product");
```

4）删除一行。

```
SQLDataAdapter myDataAdapter = new SQLDataAdapter("select * from product",SQLCnt);
DataSet myDataSet = new DataSet();
myDataAdapter. Fill(myDataSet, "product");
//删除第一行
DataTable myTable = myDataSet. Tables["product"];
myTable. Rows[0]. Delete();
SQLCommandBuilder mySQLCommandBuilder
 = new SQLCommandBuilder(myDataAdapter);
```

```
myDataAdapter.Update(myDataSet, "product");
```

属性如下。

Tables：获取包含在 DataSet 中的表的集合。

Relations：获取用于将表链接起来并允许从父表浏览到子表的关系的集合。

HasEroors：表明是否已经初始化 DataSet 对象的值。

方法如下。

Clear：清除 DataSet 对象中所有表的所有数据。

Clone：复制 DataSet 对象的结构到另外一个 DataSet 对象中，复制内容包括所有的结构、关系和约束，但不包含任何数据。

Copy：复制 DataSet 对象的数据和结构到另外一个 DataSet 对象中。两个 DataSet 对象完全一样。

CreateDataReader：为每个 DataTable 对象返回带有一个结果集的 DataTableReader，顺序与 Tables 集合中表的显示顺序相同。

Dispose：释放 DataSet 对象占用的资源。

Reset：将 DataSet 对象初始化。

6. 释放资源

资源使用完毕后应及时关闭连接和释放，具体方法如下：

```
myDataSet.Dispose();          //释放 DataSet 对象
myDataAdapter.Dispose();      //释放 SQLDataAdapter 对象
myDataReader.Dispose();       //释放 SQLDataReader 对象
SQLCnt.Close();               //关闭数据库连接
SQLCnt.Dispose();             //释放数据库连接对象
```

无论办公自动化系统还是智能建筑控制系统都能通过 ODBC 接口访问数据库，因而可将数据库作为数据交换平台实现系统集成，但该集成方法是通过访问数据库实现集成，对数据库管理系统和数据库访问速度的要求比较高，在实现无缝集成和满足实时性要求时有一定的局限性。

习题

1. 简述 DML 数据操作类语言的主要语句及其作用。

2. 办公自动化软件的开发步骤有哪些？

3. 简述 Microsoft Visual Studio 访问数据库的对象及其作用。

第10章
基于BIM的系统集成

在 GB 50314—2015《智能建筑设计标准》中对智能化集成系统给出如下的定义。

为实现建筑物的运营及管理目标,基于统一的信息平台,以多种类智能化信息集成方式,形成具有信息汇聚、资源共享、协同运行、优化管理等综合应用功能的系统。智能化集成系统构建应包括智能化信息集成(平台)系统与集成信息应用系统;智能化信息集成(平台)系统宜包括操作系统、数据库、集成系统平台应用程序、各纳入集成管理的智能化设施系统与集成互为关联的各类信息通信接口等;宜顺应物联网、云计算、大数据、智慧城市等信息交互多元化和新应用的发展。

智能化信息集成(平台)系统是智能建筑系统集成必不可少的一部分,集成平台的建立将为信息的汇聚、资源共享、协同运行和优化管理等其他综合应用功能提供基础,但集成平台的建立又面临着诸多的困难,从智能建筑的工程架构上看,设施架构被划分为集成设施层、信息服务设施层以及信息应用设施层。而每个层次中又可以配置众多系统,这些系统分属于控制、管理、通信等不同的领域,将这些系统集成到一个平台谈何容易。目前构建建筑智能化信息集成平台的方法主要在两个方面,一方面在控制域实现信息集成平台,通常将智能建筑中一个或者多个重要的控制系统作为核心,将其他的控制系统和管理系统集成到核心平台上,但由于设备通信标准协议种类繁多,并不能保证所有智能化设施均无缝集成到平台上,此外还要为集成到平台上的系统重构集成界面。另一方面在管理域实现集成平台,以管理系统为集成核心,将控制域的各系统通过通信接口集成到管理平台的客户端上,同样的原因,我们并不能保证所有系统设施集成到平台上。这两种方法建立的集成平台都无法将所有的设施集成,而且在集成界面的创建时,不能利用已有的系统资源,在构建集成平台时需要重新构建系统的集成界面,这无疑降低了集成平台的创建效率。

另一方面,近年随着 BIM 技术广泛应用和发展,针对 BIM 模型的研究越来越深入。BIM 模型在设计期间开始建立，施工和项目完成后模型已经相当成熟和完整，完善的模型信息为后期使用提供了最有力保障。更为主要的是 BIM 模型中集成智能建筑中的所有设施，模型中构件实体及其属性是管理域需要进行管理的主要对象，这使得模型具有信息集成的先天优势，显然 BIM 模型是构建建筑智能化信息集成平台不二之选。目前在设计阶段创建的 BIM 模型中各类智能化设施包括几何信息和实体描述信息，但遗憾的是模型不包括用于建筑智能化的控制信息，模型虽然能满足管理需求，但无法满足建筑智能化的控制需求。如果要满足智能化控制需求，需要为 BIM 模型中的建筑设施加入智能化控制信息，如何将控制信息集成到 BIM 模型中？这是利用 BIM 模型构建建筑智能化集成平台最关键的部分，因为一旦将所有设施的控制信息集成到模型中，就可以方便利用模型构建智能化信息集成平台。本章以 BACnet、OPC、ODBC 为例，探讨将建筑设施控制信息集成到 Revit 构建的 BIM 模型中的方法。

10.1　建筑信息模型

10.1.1　建筑信息模型

建筑信息模型（Building Information Modeling，BIM）技术是一种应用于工程设计、建造、管理的数据化工具，通过对建筑的数据化、信息化模型整合，在项目策划、运行和维护的全生命周期过程中进行共享和传递，使工程技术人员对各种建筑信息做出正确理解和高效应对，为设计团队以及包括建筑、运营单位在内的各方建设主体提供协同工作的基础，在提高生产效率、节约成本和缩短工期方面发挥重要作用。BIM 是以三维数字技术为基础，集成了建筑工程项目各种相关信息的工程数据模型。BIM 是一种技术、一种方法、一种过程，BIM 把建筑业业务流程和表达建筑物本身的信息更好地集成起来，从而提高整个行业的效率。

（1）BIM 标准（NBIMS）定义 BIM 由三部分组成。

1）BIM 是一个设施（建设项目）物理和功能特性的数字表达。

2）BIM 是一个共享的知识资源，是一个分享有关这个设施的信息，为该设施从概念到拆除的全生命周期中的所有决策提供可靠依据的过程。

3）在设施的不同阶段，不同利益相关方通过在 BIM 中插入、提取、更新和修改信息，以支持和反映其各自职责的协同作业。

BIM 的核心是通过建立虚拟的建筑工程三维模型，利用数字化技术，为这个模型提供完整的、与实际情况一致的建筑工程信息库。该信息库不仅包含描述建筑物构件的几何信息、专业属性及状态信息，还包含了非构件对象（如空间、运动行为）的状态信息。借助这个包含建筑工程信息的三维模型，大大提高了建筑工程的信息集成化程度，从而为建筑工程项目的相关利益方提供了一个工程信息交换和共享的平台。

BIM 有如下特征：它不仅可以在设计中应用，还可应用于建设工程项目的全寿命周期中；用 BIM 进行设计属于数字化设计；BIM 的数据库是动态变化的，在应用过程中不断在更新、丰富和充实；为项目参与各方提供了协同工作的平台。

（2）常用的 BIM 建模软件如下所示。

1）Autodesk 公司的 Revit 建筑、结构和设备软件，常用于民用建筑。

2）Bentley 建筑、结构和设备系列，Bentley 产品常用于工业设计（石油、化工、电力、医药等）和基础设施（道路、桥梁、市政、水利等）领域。

3）ArchiCAD，属于一个面向全球市场的产品，应该可以说是最早的一个具有市场影响力的 BIM 核心建模软件。

10.1.2 Autodesk Revit

Revit 是 Autodesk 公司一套系列软件的名称。Revit 系列软件是为 BIM 构建的，可帮助建筑设计师设计、建造和维护质量更好、能效更高的建筑。Revit 是我国建筑业 BIM 体系中使用最广泛的软件之一。使用 Revit 软件进行智能化系统设计和建模，主要有以下优势。

Revit 软件借助真实设施进行准确建模，可以实现智能、直观的设计流程。Revit 采用整体设计理念，从整座建筑物的角度来处理信息，将智能化系统与建筑模型关联起来，为工程师提供更佳的决策参考和建筑性能分析。借助它，工程师可以优化建筑设施及其系统的设计，进行更好的建筑性能分析，充分发挥 BIM 的竞争优势，促进可持续性设计。同时，利用 Revit 与建筑师和其他工程师协同，还可即时获得来自建筑信息模型的设计反馈。实现数据驱动设计所带来的巨大优势，轻松跟踪项目的范围、进度和工程量统计、造价分析。

利用 Revit 软件完成建筑信息模型，最大限度地提高基于 Revit 的建筑工程设计和制图的效率。它能够最大限度地减少设备专业设计团队之间，以及与建筑师和其他专业工程师之间的协作。通过实时的可视化功能，改善客户沟通并更快做出决策。Revit 软件建立的管线综合模型可以与由 Revit 软件建立的建筑结构模型展开无缝协作。在模型的任何一处进行变更，Revit可在整个设计和文档集中自动更新所有相关内容。设计师可以通过创建逼真的建筑设备及管道系统示意图，改善与甲方的设计意图沟通。通过使用建筑信息模型，自动交换工程设计数据，从中受益。及早发现错误，避免让错误进入现场并造成代价高昂的现场设计返工。借助全面的建筑设备及管道工程解决方案，最大限度地简化应用软件管理。

10.2　族和族参数

在Autodesk Revit中的所有图元都是基于族的，"族"是Revit中一个功能强大的概念。族是一个包含通用属性（称作参数）集和相关图形表示的图元组。属于一个族的不同图元的部分或全部参数可能有不同的值，但是参数（其名称与含义）的集合是相同的。族中的这些变体称作族类型或类型。例如，喷水装置类别所包括的族和族类型可以用来创建不同的干式和湿式喷水系统。尽管这些族具有不同的用途并由不同的材质构成，但它们的用法却是相关的。族中的每一类型都具有相关的图形表示和一组相同的参数，称作族类型参数。在项目中使用特定族和族类型创建图元时，将创建该图元的一个实例。每个图元实例都有一组属性，从中可以修改某些与族类型参数无关的图元参数。这些修改仅应用于该图元实例，即项目中的单一图元。如果对族类型参数进行修改，这些修改将仅应用于使用该类型创建的所有图元实例。

10.2.1　族和族的类型

Revit中有三种类型的族，分别是系统族、可载入族和内建族。在项目中创建的大多数图元都是系统族或可载入族。可载入族可以组合在一起来创建嵌套共享族。非标准图元或自定义图元是使用内建族创建的。系统族可以创建基本图元，如风管、管道以及其他要在场地装配的图元。能够影响项目环境且包含标高、轴网、图纸和视口类型的系统设置也是系统族。系统族是在Revit中预定义的，不能将其从外部文件中载入项目中，也不能将其保存到项目之外的位置。可载入族是用于创建系统构件和一些注释图元的族。可载入族可以创建通常购买、提供和安装在建筑内部或周围的构件，如锅炉、热水器、空调和卫浴装置。此外，它们还包含一些常规自定义的注释图元，如符号和标题栏。由于它们具有高度可自定义的特征，因此可载入的族是在Revit中最经常创建和修改的族。与系统族不同，可载入的族是在外部RFA文件中创建的，并可导入或载入项目中。对于包含许多类型的可载入族，可以创建和使用类型目录，以便仅载入项目所需的类型。内建图元是需要创建当前项目专有的独特构件时所创建的独特图元。可以创建内建几何图形，以便它可参照其他项目几何图形，使其在所参照的几何图形发生变化时进行相应大小调整和其他调整。创建内建图元时，Revit 将为该内建图元创建一个族，该族包含单个族类型。大部分建筑智能化设施属于可载入族的范畴。

10.2.2　族参数

族参数定义应用于该族中所有类型的行为或标识数据。不同的类别具有不同的族参数，具体取决于 Revit 希望以何种方式使用构件。参数类型包括"族参数"和"共享参数"。"族参数"又包括"实例"和"类型"两类，可以为任何族类型创建新实例参数或类型参数。通过添加新参数，就可以对包含于每个族实例或类型中的信息进行更多的控制。可以创建动态的族类型以增加模型中的灵活性。

Revit 创建参数的过程如下：

（1）在族编辑器中，单击"常用"选项卡→"属性"面板→（族类型）。

（2）在"族类型"对话框中，单击"新建"并输入新类型的名称。

这将创建一个新的族类型，将其载入项目中后将出现在类型选择器中。

（3）在"参数"下单击"添加"。

（4）在"参数属性"对话框中的"参数类型"下，选择"族参数"。

（5）输入参数的名称。

（6）选择规程。

（7）选择相应的参数类型作为"参数类型"。常见"参数类型"有文字、整数、数字、长度、面积、体积、角度、坡度、货币、URL、材质等。

（8）对于"参数分组方式"，选择一个值。将族载入项目中后，该值决定着参数在"属性"选项板中显示在哪一个组标题下。

（9）选择"实例"或"类型"。这会定义参数是"实例"参数还是"类型"参数。

（10）（可选操作）如果在第 9 步中选择了"实例"，可以选择"报告参数"。

（11）单击"确定"。

共享参数可用于多个族或项目中，是可以添加到族或项目中的参数定义。共享参数定义保存在与任何族文件或 Revit 项目不相关的文件中；这样可以从其他族或项目中访问此文件。共享参数是一个信息容器定义，其中的信息可用于多个族或项目。使用共享参数在一个族或项目中定义的信息不会自动应用到使用相同共享参数的其他族或项目中。参数中的信息若要使用在标记中，它必须是共享参数。在要创建一个显示各种族类别的明细表时，共享参数也很有用；如果没有共享参数，则无法执行此操作。如果创建了共享参数并将其添加到所需的族类别中，则随后可以使用这些族类别创建明细表。

10.2.3 族实例

在 Revit 中，照明设备是由族定义的模型图元。Revit 提供了几个照明设备族，可以在项目中使用这些族，也可以将这些族用作自定义照明设备的基础。要创建或修改照明设备族，需要使用族编辑器。下面通过一个照明设备族的实例，进一步了解族和族参数。

1. 创建使用一个光源的照明设备

（1）单击 🖱 →"新建"→"族"。

（2）在"新族—选择样板文件"对话框中，选择一个照明设备样板（共 9 个样板）。所有的照明设备样板名称都包括单词 Lighting Fixture。确保为要创建的照明设备类型选择适当的样板。例如，要为公制项目创建基于天花板的设备，使用"基于天花板的公制照明设备 .rft"。

Revit 将打开族编辑器。样板定义参照平面和光源。对于基于天花板和基于墙的照明设备，样板包含一个作为照明设备的主体的天花板或墙。

（3）为照明设备定义光源几何图形。

（4）为照明设备绘制实心几何图形。

提示：如果需要在渲染图像中显示灯泡的表面，为它创建几何图形。然后对其应用材质，同时，为获得其渲染外观，从渲染外观库选择"灯泡—亮"。此渲染外观会为发光的灯泡的表面建模。该外观为白色、发亮，而且发出适量的光。

（5）单击"创建"选项卡→"属性"面板→"族类型"。

在"族类型"对话框中，为参数指定值。

（6）单击"确定"。

（7）单击 🖱（载入到项目中）将照明设备载入当前项目中，或保存该设备，然后退出族编辑器。

2. 创建使用多个光源的照明设备

要创建使用多个光源的照明设备，如枝形吊灯，创建一个嵌套族。主体族表示支撑光源的部件，如枝形吊灯的部件。然后创建另一个定义光源的照明设备族，如枝形吊灯中的光源。将此族嵌套到主体族中如图 10-1 所示。嵌套族（用于定义光源）可以共享，也可以不共享，具体取决于是否要安排光源并单独控制其光域参数，这里以共享嵌套族为例。

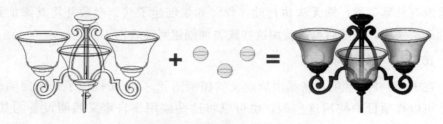

图 10-1　嵌套枝形吊灯族

共享嵌套族会影响安排照明设备的方式及修改族参数的方式，各个光源会在照明设备明细表中单独列出，如对于枝形吊灯、桶形灯可以单独、成组或作为一个整体列出。如果需要，照明设备中的每个光源可以有不同的设置，如可以修改枝形吊灯中每个桶形灯的初始亮度，共享照明设备族方法如下：

（1）在族编辑器中打开照明设备族。

（2）单击"创建"选项卡→"属性"面板→"族类别和族参数"。

（3）在"族参数"下，选择"共享"。

（4）单击"确定"。

3. 创建枝形吊灯

下列步骤描述了创建枝形吊灯的一般方法。还可以使用此步骤来创建包含多个光源的照明设备族，并且对于该族，不需要单独安排光源或控制其照明参数。根据需求和设计意图的不同，所需的具体步骤将有所不同。

（1）创建主体枝形吊灯族。

1）为枝形吊灯创建几何图形（部件）。

2）创建用于放置光源并将其锁定到枝形吊灯的参照平面。

（2）为主体枝形吊灯族定义参数。

1）单击"创建"选项卡→"属性"面板→"族类别和族参数"。

2）在"族类别和族参数"对话框的"族参数"下，选择"光源"。

3）清除"共享"。

4）单击"确定"。

（3）在主体枝形吊灯族中，创建一个光源。

1) 为光源创建几何图形。

2) 将光源放到枝形吊灯上所需的位置，并将它在适当位置锁定。

3) 定义光源的几何图形。

4) 定义其参数。

5) 在绘图区域中，根据情况移动光源符号使其与光源对齐，并将它在适当位置锁定。

（4）创建照明设备族来表示枝形吊灯的光源。

注：将此族嵌套到主体枝形吊灯族中，并将此族的多个实例（即多个光源）放置到枝形吊灯中。因此，此族应表示一个光源。

1) 在此族中，创建光源的几何图形。如果需要，可以复制和粘贴在主体枝形吊灯族中创建的光源几何图形。

注：在前面所示的样例枝形吊灯中，光源没有任何几何图形。它仅定义光源。

2) 定义族参数：单击“创建”选项卡→“属性”面板→“族类别和族参数”。在“族”参数下，选择“光源”，清除“共享”，然后单击“确定”。

3) 定义光源的几何图形。

4) 为光源定义参数。

5) 保存光源族。

在下列步骤中，此族指的是光源族。

（5）将光源族载入主体枝形吊灯族中。

（6）将光源族的一个或多个实例放置到主体枝形吊灯族中。

1) 在族编辑器中打开主体枝形吊灯族。

2) 单击“创建”选项卡→“模型”面板→▤（构件）。

3) 从“类型选择器”选择光源族。

4) 在绘图区域中单击以将光源的实例放置到枝形吊灯中。

使用参照平面正确放置光源。

5) 将光源锁定到参照平面上。

（7）将光源族的“初始亮度”参数链接到主体枝形吊灯族的“初始亮度”参数。

链接这些参数并将枝形吊灯添加到建筑模型中时，可以在项目中作为整体调整枝形吊灯的“初始亮度”参数（或其他链接的参数）。无法修改枝形吊灯中的各个光源的"初始亮度"。

1）在主体枝形吊灯族中，从光源族中选择其中一根光源。

2）单击"修改｜<图元>"选项卡→"属性"面板→ ⊞ （类型属性）。

"类型属性"对话框显示一个列，其列标题中有一个等号 ▪。对于可以链接到其他参数的每种类型的参数，在此列中会显示一个灰色按钮。

3）单击"初始亮度"参数（或者希望能够为项目中的枝形吊灯修改的任何其他参数）的 ▪ 列中的灰色按钮。

4）在"关联族参数"对话框中，选择"初始亮度"（或与选择的类型参数相对应的参数），然后单击"确定"。

（8）保存对主体枝形吊灯族的修改。

10.2.4　基于族参数的建筑智能化信息集成

在系统地了解族和族参数后，可以确定建筑智能化设施一般是以可载入嵌套共享族的形式在 BIM 模型中出现。因为可载入族是安装在建筑内部或周围的构件。如传感器、热水器、空调和电气装置。

族的所有类型的行为或标识数据是通过族参数定义的。按照类别将族参数划分为"普通族参数"和"共享族参数"，其中共享参数是可以添加到族或项目中的参数。共享参数定义保存在与任何族或 Revit 项目不相关的文件中；这样可以从其他族或项目中访问共享参数文件。此外共享参数的信息可以应用于标记和明细表中，"普通族参数"不能用于标记和明细表中。

按照参数类型将族参数划分为"类型参数"和"实例参数"。其中，类型参数是对同类型下个体之间共同的所有东西进行定义，简单说明就是如果有同一个族的多个相同的类型被载入项目中，类型参数的值一旦被修改，所有的类型个体都会相应地改变。实例参数是实例与实例之间不同的所有东西进行定义，简单说就是如果有同一个族的多个相同的类型被载入项目中，其中一个类型的实例参数的值一旦被修改，只有当前被修改的这个类型的实体会相应地改变，该族的其他类型的这个实例参数的值仍保持不变。

通过 Revit 提供的族编辑器，用户可以根据自己个性化的需求创建和编辑族参数，族参数存储在系统数据库中，此外也可以利用共享文件存储共享族参数，方便用户定制个性化的族参数，在共享文件的族参数既可以用于当前项目，也可以应用于其他项目，为族参数的定制提供了最大的方便。族参数的访问统一通过 Revit 系统构件属性对话框来进行，也就是 Revit 中有统一的族参数显示、设置、修改等访问族参数的手段，这为信息的访问提供了统一的接口。

如图 10-2 所示为枝形吊灯族参数设置对话框，作为照明设备族，其设备身份信息（设备编号、设备类型、代码名称、部件代码、制造商等）、定位信息（标高、楼层、单元号等）、几何信息（尺寸标注、高度、直径等）、技术信息（功率、光损失系数、初始亮度、初始颜色、颜色过滤器等）、资产信息（成本、型号等）等均存储族参数中。Revit 对这些信息进行充分的分类和有效的组织，根据信息的使用特性划分了类型属性和实例属性，其中具有共性特征的族参数，如设备类型、部件代码、制造商、成本、功率、损失系数、初始亮度、初始颜色、颜色过滤器等信息设置为类型属性，具有个性特征的族参数，如标高、控制照明设备的开关 ID、连接的配电盘、以及电气线路等信息设置为实例属性，并将需要标记和在明细表中进行统计的族参数设置为共享参数。

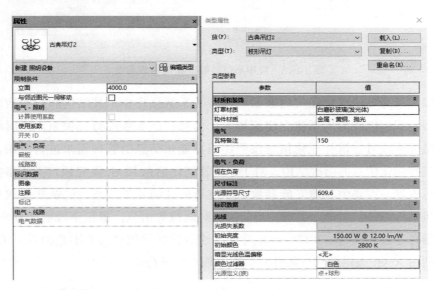

图 10-2　枝形吊灯族参数设置对话框

Revit 创建的 BIM 模型缺少建筑智能化信息，通过族参数编辑对话框可以设置描述建筑智能化信息的族参数，如图 10-3 所示在枝形吊灯族中设置添加智能化信息参数。

建筑智能化设施的智能化信息数据存储也是以属性的方式存储在建筑智能化设施的现场控制器中或者中控室的监控系统中，建筑智能化信息有固定的结

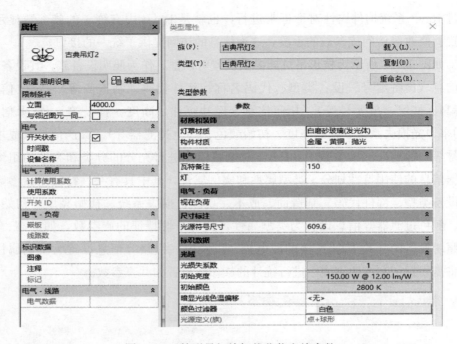

图 10-3　枝形吊灯族智能化信息族参数

构并以记录为单位存放在实时数据库或者关系数据库中，其结构和族参数的结构类似，我们以此为依据建立建筑智能化信息和族参数的对应关系，同时利用族分组等手段对建筑智能化信息按照建筑智能化信息的管理需求进行分组，保证建筑智能化信息的层次结构。对于建筑智能化信息 Revit 没有预定义族参数对其进行管理，需要为其建立族参数，如枝形吊灯的开关状态，记录开关状态的字段包括标识符、名称、类型、当前值、时间戳等信息。根据字段创建族参数，并将信息存放在族共享文件中，这样建立建筑智能化信息与族参数的对应关系，同时利用 Revit 提供的构件属性对话框对族参数进行访问。

10.3　基于 BIM 和 BACnet 的建筑智能化信息集成

　　将 BACnet 设备的控制信息集成 BIM 中，首先要针对 BACnet 设备的控制信息和 BIM 中的信息的表示方式进行深入研究，然后建立 BACnet 设备控制信息和 BIM 信息的映射关系，并将 BACnet 设备控制信息转换为 BIM 能够接受和处理的形式，最后在模型中提供 BACnet 设备的控制信息访问和管理的方法，这样才在 BIM 模型中完成 BACnet 设施的集成。

10.3.1 BACnet 设备控制信息的表示

BACnet 标准定义了一组具有属性的对象（Object）来表示任意的楼宇自控设备的功能，从而提供了一种标准的表示楼宇自控设备的方式。在 BACnet 中，所谓对象就是在网络设备之间传输的一组数据结构，对象的属性就是数据结构中的信息，设备可以从数据结构中读取信息，可以向数据结构写入信息，这就是对对象属性的操作。BACnet 设备之间的通信，实际上就是设备的应用程序将相应的对象数据结构装入设备的应用层协议数据单元中，按照规范传输给相应的设备。对象数据结构中携带的信息就是对象的属性值，接收设备中的应用程序对这些属性进行相关的操作，从而完成信息通信的目的。

BACnet 最初定义了 18 个对象，分别是模拟输入（Analog Input）、模拟输出（Analog Output）、模拟值（Analog Value）、数字输入（Binary Input）、数字输出（Binary Output）、数字值（Binary Value）、时序表（Calendar）、命令（Command）、设备（Device）、事件登记（Event Enrollment）、文件（File）、组（Group）、环（Loop）、多态输入（Multi - state Input）、多态输出（Multi - state Output）、通知类（Notification Class）、程序（Program）、时间表（Schedule）。这些对象按照功能可以划分为输入输出类对象，命令类对象，时序表和时间表类对象，事件登记类对象，文件、组和环类对象，多态输入输出类对象，通知类对象，程序类对象。在这些对象中有些对象是与硬件基本控制单元相对应，而大部分对象反映了楼宇控制系统中所涉及控制逻辑以及与通信相关的参数。在楼宇自动控制系统中，设备的输入输出值是基本控制参数。BACnet 定义了 6 个输入输出值对象，分别是模拟输入（Analog Input）、模拟输出（Analog Output）、模拟值（Analog Value）、数字输入（Binary Input）、数字输出（Binary Output）、数字值（Binary Value）。这些对象系统地定义了 BACnet 设备之间交换的基本控制单元有关信息。模拟输入、数字输入是物理设备或者硬件的输入信号参数，模拟输出和数字输出是物理设备或者硬件的输出信号参数，模拟值和数字值是存储在 BACnet 设备中的控制系统参数。输入输出类对象是集成要关注的主要对象。此外 BACnet 要求每个 BACnet 设备都要有且只有一个设备对象［设备（Device）］，设备对象包含此设备和其功能的信息。当一个 BACnet 设备要与另一个 BACnet 设备进行通信时，它必须要获得该设备的设备对象中所包含的某些信息，显然在实现集成时设备对象也是必不可少的。

每个对象都有一组属性，属性的值描述对象的状态和特性。楼宇自控设备的控制和管理是通过访问对象属性的方式来实现的。由于设备功能的差异，并不要求对象具有相同的属性集，为方便设置不同对象的属性集，BACnet 标准为每个对象定义了一组属性集，在这组属性集中有些属性是必选属性，有些是可选属性，可以根据实际情况在属性集中选择合适的属性。BACnet 标准为输入/输出类对象定义的部分属性集如表 10 - 1 所示。

表 10 - 1 　　　　　　　　　　　输入/输出类对象的部分属性

属性		模拟输入	模拟输出	模拟值	数字输入	数字输出	数字值
属性标识	标识含义						
Object _ Identifier	对象标识符	R	R	R	R	R	R
Object _ Name	对象名称	R	R	R	R	R	R
Object _ Type	对象类型	R	R	R	R	R	R
Present _ Value	当前值	R	W	W	R	W	W
Description	描述	O	O	O	O	O	O
Device _ Type	设备类型	O	O	×	O	O	×
Status _ Flags	状态标志	R	R	R	R	R	R
Update _ Interval	更新间隔	O	×	×	×	×	×

10.3.2　基于 BIM 的集成 BACnet 设备

在 Revit 中族是一个包含属性参数集合相关图形表示的图元组。Revit 包括系统族、可载入族和内建族。可载入族具有高度的可自定义的特性，因此智能化的建筑设备以可载入族的形式提供，以方便在 Revit 中创建和修改。建筑设备族通过族参数对设备的属性进行描述，不同的参数项为不同的系统服务，有外观控制参数，连接系统的连接件参数，用于分析的参数，但 Revit 缺少记录设备运行状态的控制信息参数，因此不能为楼控系统服务。族参数类型可以分为三大类：普通族参数、共享族参数、特殊族参数，其中普通族参数不能出现在明细表和标记中；共享参数可以将参数应用到明细表和标记中，此外共享参数存放在一个单独的 TXT 文件中，也可以导出到数据库中。特殊族参数是系统根据样板或者族类型自动创建的，不能修改和删除。族参数根据作用范围又分为实例参数和类型参数。实例参数只作用于当前的实例，实例参数值一旦被修改，只有当前实例会改变，该族的其他实例保持不变；类型参数作用于该类型族的所有实例，类型参数一旦被修改，该类型的所有实例都会改变。

建筑设备控制信息存放在 BACnet 标准对象的属性中，建筑设备模型是以族的形式存放在 Revit 中，族参数对模型中的各类信息进行存储和管理。如果将建筑设备控制信息集成到 Revit 中，只要将 BACnet 标准对象的属性信息存放到该建筑设备的族参数中，利用 Revit 提供的存储和管理功能实现对控制信息的管理和使用，就能达到集成的目的。也就是说将 BACnet 设备的控制信息以族参数的形式存储到 BIM 模型中，这样就可以利用 BIM 本身提供的族参数访问方法访问 BACnet 设备的控制信息，具体的实现要分三步来完成，其流程图如图 10 - 4 所示。

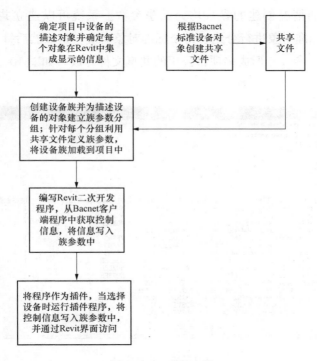

图 10 - 4　开发流程

根据 BACnet 标准设备对象创建共享文件模板，确定项目中使用设备的描述对象，确定每个对象在 Revit 中集成的信息。创建设备族，为节省工作量可以利用已有的设备族进行编辑。为设备族定义集成控制参数，根据每个对象的集成信息建立族参数分组，针对每个分组利用共享文件模板中的参数定义族参数。

将具备集成控制参数的族保存并加载到项目中。编写 Revit 二次开发程序，从 BACnet 客户端程序中获取控制信息，将信息写入族参数中。将程序作为插件，当选择智能化设备时运行插件程序，将控制信息写入族参数中，并通过 Revit 界面访问。

首先确定集成的 BACnet 设备属性集：一个 BACnet 设备包含若干个 BAC-net 标准对象，每个对象又对应不同的属性集。集成目的是获取控制信息，因此需要选取数据访问类的对象（如 Analog Input、Analog Output、Binary Input 等）和设备描述对象（Device），其他对象根据具体的管理需要酌情添加。然后分析每个对象的属性集，选取合适的属性来完成集成的功能。

其次创建合适的族参数，建立 BACnet 标准对象和族参数的映射关系。由于共享族参数可以将参数应用到明细表和标记中，也方便导出到数据库中，因此如果没有特殊的情况创建的参数均为共享参数。系统可以建立共享参数文件，根据 BACnet 标准对象进行分组，每个标准对象对应一组，然后针对每个标准对象属性定义共享参数，形成多项目公用的共享文件存放。如图 10 - 5 所示为部分共享文件内容。

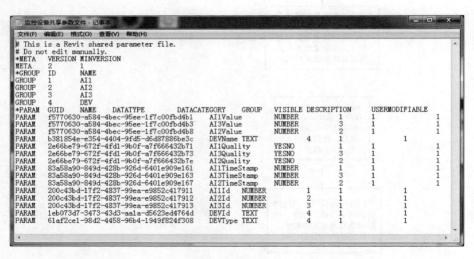

图 10 - 5　共享文件

针对每个具体类型的 BACnet 设备，确定该设备的标准对象，考察对象的每一个属性，描述信息的属性需要为其建立类型参数，而大部分的记录数据访问属性必须是设置为实例参数，因为实例参数是对具体实例进行描述的，对应着具体的建筑设备的控制信息。确定族参数的类型后，利用 Revit 的族编辑功能对建筑设备族进行修改，添加需要记录控制信息的族参数。添加族参数可以参见 Revit 族编辑部分，如图 10 - 6 所示，为输入/输出模块的族类型参数设置。

最后编程实现建筑设备的访问，利用 Revit 二次开发 API 接口实现控制参

图 10-6　输入/输出模块族类型

数访问插件，在选择建筑设备时，执行插件程序将 BACnet 标准对象中的相关信息读入对应的族参数中。当然还需要针对 BACnet 编写客户端程序实现对建筑设备族的管理，如图 10-7 所示为输入/输出模块集成控制信息的界面。具体的集成工作可以由设备生产商来完成，为方便设计人员选用相关的设备，设备生产商通常会针对建筑设备建立建筑设备族，当然为了能在 BIM 中访问设备，在构建设备族时加入用于控制的族参数，并提供访问接口在设备被选中时调用。如果每个设备生产商均能建立包含控制信息的建筑设备族，那么在智能建筑中使用的所有设施的控制信息就集成到 BIM 中来，基于 BIM 的建筑智能化信息集成平台就形成了。

　　BIM 技术正推动工程建设领域的颠覆性变革，BIM 技术成为中国建筑业发展的必然选择。大到高耸入云的摩天大楼，小到地下管网的一颗螺栓，都可以通过 BIM 技术虚拟呈现。BIM 中集成了建筑各个阶段的信息，因此提出了基于 BIM 构建建筑智能化信息集成平台的新思路，并通过将 BACnet 设备集成到 Revit 模型中的具体实例，探索在 BIM 中集成智能化控制信息的方法。集成到 BIM 中智能化监控信息，拓展了 BIM 的信息范围，为后续的基于云计算、大数据分析、人工智能的建筑智能化信息集成平台和以信息为核心的服务体系的建立打

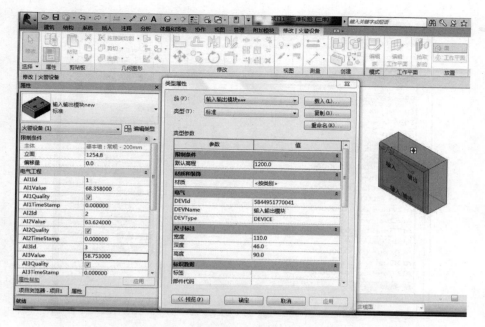

图 10 - 7　输入/输出模块集成信息

下良好的基础。

10.4　基于 BIM 和 OPC 的建筑智能化信息集成

10.4.1　基于建筑智能化信息集成的 BIM

BIM 集成了建筑物中的所有智能化设施，这些建筑设施以三维可视化的形式集成在模型中，所以将模型作为建筑智能化信息集成界面和平台是最合适的。通过对国内外的相关研究进行分析可知，大多数基于 BIM 信息集成系统是将三维模型导出到新系统中，并在新系统中添加智能化信息。为了保证系统的流畅运行，导出过程中会删去一些不必要的信息，这样势必失去 BIM 中大量的信息，使得新系统中模型质量下降。因此摒弃这种方式，而是在原生的 BIM 中增加智能化信息，在 BIM 中利用集成技术实现建筑设施的数据通信，赋予模型中建筑设施更丰富的建筑智能化信息，建立虚拟的 BIM 和真实建筑设施之间的数据通信通道，在模型中实现智能化信息采集和共享，进而实现各类设施的互联和互操作，探寻基于 BIM 模型的建筑智能化信息集成方法。

由于 Revit 在 BIM 中的广泛应用和 OPC 统一架构引入国标（GB/T 33863.8—2017/IEC 62541-8：2011《OPC 统一架构　第 8 部分：数据访问》）。

这里重点探讨在 Revit 创建的 BIM 模型中应用 OPC 技术的集成方法，通过将满足 OPC 标准的设施集成到 BIM 作为切入点，开展基于 BIM 的 OPC 集成技术的应用研究。开发建筑智能化信息集成实验平台，并以此为中心深入研究基于 OPC 的建筑智能化信息集成技术和 BIM 三维模型的信息融合和集成方法。同时利用实验平台对基于 BIM 的建筑智能化信息集成的集成方法和技术进行验证。

1. 建立承载智能化信息的设施族

如果在 Revit 创建的 BIM 中集成智能化信息，首先需要考虑的就是智能化信息以什么样的形式存放在 BIM 中。Revit 创建的 BIM 是由构件组成，在 Revit 平台上的设施构件是通过族来定义的，而族参数承载了有关族的所有信息，如果将 OPC 设施的智能化实时信息集成到 Revit 平台上，显然借助族参数接受智能化信息是可行的。因此可利用 BIM 中的建筑设施构件族完成相关信息存储需求，具体实现主要包括两个方面：一方面针对建筑内的各类设施根据智能化的需求创建设施族，参照 Revit 中 BIM 信息表达形式设置建筑智能化信息的族参数；另一方面对设施及其构件的命名和编号采用规范化的标准并完成命名，建立 BIM 中的智能化设施与 OPC 服务器监控点的关联，方便建筑智能化集成系统在 BIM 中快速选择和定位设施模型。

Revit 族是 BIM 的基本元素，Revit 自身提供了一个很丰富的族库，用户可以直接载入使用。但实际项目中，为了准确高效地完成项目，用户可以根据需要灵活自定义族，智能建筑设施的生产厂商也经常自定义建筑设施族供设计者选用。但目前大部分设施族中的信息并不包括智能化信息，如果在设施族中增加智能化信息，我们可以利用 Revit 提供的族编辑功能，根据需要通过族参数记录各类智能化信息。而这些承载建筑智能化信息的 Revit 设施族构成建筑智能化集成系统的基础。

2. Revit 中族参数的设置

Revit 中族参数类型可以分为两大类：族参数和共享参数。共享参数可以由多项目和族共享，并且可以出现在明细表和标记中；族参数则是使用最普遍的参数类型，族参数又包括实例和类型两类，其中类型参数影响着这个类型所有族的参数，实例参数只针对具体的族设定的参数。例如在创建设施族时，设施有相同的材质，就可以将材质设置为类型参数；每个设施的尺寸不同，因此尺寸可以设置为实例参数，针对不同的设施设置不同的尺寸实例数据。自建设施族要集成智能化信息，并通过族参数记录，显然每个设施存放各自的智能化的信息，因此必须将智能化信息设置为实例参数，才能针对不同设施记录各自的智能化信息。而对于设施的描述信息，同一类设施信息一致，这部分信息设置为类型参数更为合适。此外对于需要通过标记来显示的信息，可以考虑使用共享参数的方式进行设置，因为利用共享参数设置的族参数存放在 TXT 文件中，更方便 OPC 客户端和其他外部程序访问。在创建族时为区别于其他机电设施，要对族类型进行规范化统一命名，表明该族承载着 OPC 设施的智能化信息。例如命名为 OPC 设施族，这样既可在 Revit 中灵活使用又方便系统建立与 OPC 对象之间的联系。这里需要强调的是：虽然设施的智能化实时信息不通过族参数也能有效访问，但设置为族参数更便于以族为单位对设施进行统一的管理，同时也方便建立 Revit 中三维设施构件和智能化实时信息之间的关联，进而利用 Revit 提供的三维显示功能动态地显示智能化实时信息。

3. 根据 OPCServer 设置族参数

这里以 OPC 服务器为例研究如何将符合 OPC 通信规范的设施集成到 Revit 平台上。OPC 服务器的数据访问对象提供从数据源读取和写入特定数据的方法，OPC 数据访问对象的分层结构如图 7 - 6 所示。即一个 OPC 服务器对象（OPC-Server）具有一个作为子对象的 OPC 组集合对象（OPCGroups），OPC 组集合对象作为 OPC 组对象（OPCGroup）的容器，可以在 OPC 组集合对象里添加多个的 OPC 组对象。OPC 组对象提供组织和管理项的机制，各个 OPC 组对象具有一个作为子对象的 OPC 项集合对象（OPCItems），在 OPC 项集合对象里可以添加多个的 OPC 项对象（OPCItem）。OPC 项代表 OPC 服务器到数据源的物理连接，数据项是读写数据的最小逻辑单位。

OPC 服务器的项对象中存放着数据源中最基本的智能化信息。建立 Revit 设施族参数和项对象之间的联系，就能将这些信息通过族参数添加到 Revit 的 BIM 模型中。但记录项对象的信息是有结构的，每个项对象通过一组属性记录相关信息，所以进行族参数的设置是以 OPC 服务器对象的每个项对象作为一组统一命名，并根据项集合对象属性定义族参数（根据数据特性设置共享参数、类型参数或者实例参数，例如，设施信息属性设置为类型参数而设施监控点的值属性就需要设置为实例参数），从而建立族参数和 OPC 项集合对象的对应关系。OPC 项对象属性包括：Parent、ClientHandle、ServerHandle、AccessAccessPath、Right、ItemID、IsActive、RequestedDataType、RequestedData-

Type、Value、Quality、TimeStamp、CanonicalDataType、EUType、EUInfo 等，其中 Value、Quality、TimeStamp 以及 ItemID 是 OPC 项对象非常重要的属性。集成的目的是要利用族参数记录和显示 OPC 项对象中的信息，需要在 BIM 中至少设置这些重要属性为族参数。具体方法是通过类型选择器选择 OPC 设施族；然后添加族参数，打开"参数属性"对话框，根据设置的要求选择参数的类型、规程、分组方式，输入参数的名称和提示说明等信息，完成族参数创建，为了让设施族和标签族能够同时访问这些参数，需要将族参数定义为共享实例参数。

10.4.2 基于 Revit 模型的 OPC 客户端的设计与实现

1. Revit 模型中的智能化信息

Revit 模型中的信息是通过族参数来存储的，虽然设置了族参数并建立了族参数和 OPC 服务器的对应关系，还需要在 Revit 模型中实现 OPC 的数据访问。这里借助 Revit 提供丰富的 API 和 OPC 的 API 将 OPC 客户端的功能集成到 BIM 中，通过族参数访问 OPC 服务器中的数据，OPC 服务器中数据是根据设施的运行状况动态改变的，所以需要将最新的智能化信息更新到族参数中，并能通过族参数进行数据访问，这需要在 Revit 中开发插件来完成相关的功能。当智能化设施被选取时，执行插件程序将数据从 OPC 服务器中取出并更新族参数，其实质是将 OPC 服务器项集对象属性转化为 Revit 能识别的族参数，并将识别结果以可视化的形式表现出来，同时提供必要的数据存储和处理，这都基于 Revit 二次开发技术和 OPC 客户端设计来实现。其实现步骤是：首先利用 OPC 提供的 API 在 Revit 启动时完成与 OPC 服务器的连接，选取设施时调用读操作将数据读出；然后利用 Revit 提供写参数 API 将数据写入共享参数和数据库中，由于标记族和设施族共享同一个参数，如果想显示完整信息需要选中设施，将执行插件程序完成数据的更新，智能化信息将在设施族参数中显示，当鼠标移动到指定的设施上，标记族会将智能化信息以标记的形式显示在三维模型中，这样通过族参数获取到设施最新的智能化信息。最后如果需要显示动态的信息可以实现显示详细信息的对话框，将信息以对话框的形式显示出来。如果想对设施实现控制，可以利用对话框或者族参数完成信息的写入功能，具体的实现与读信息类似。如果需要也可以调用数据库访问 API 实现数据库的数据访问，将建筑智能化信息存放于数据库中，供其他集成信息应用系统使用。

2. 在 Revit 模型中 OPC 客户端的建立

由于 Revit 主要用于三维建模和信息的存储，提供的功能有限，不能满足智能化信息的处理和集成需要，因此可以通过两种方式完成智能化信息的显示和集成。一种方式是在 Revit 模型中建立基于 OPC 客户端的插件，实现智能化信息动态显示、趋势分析、报表报警，以及多系统联动等相关的操作。这可借助 OPC 提供的 API 编程来完成相关的功能模块，这种方式的优势是充分利用 Revit 模型实现三维报警的定位、三维可视化等功能，劣势是 Revit 并不提供实时动画显示的功能，使得设施智能化信息的变化及其趋势无法借助三维的形式来表现，此外 Revit 本身对资源占用非常巨大，还要兼顾 OPC 服务器信息的实时采集，无疑对系统的配置要求非常高；另一种方式是将利用 Revit 模型的功能模块留在 Revit 模型中，其他的功能模块以 OPC 客户端的形式开发出来。建立 Revit 模型和 OPC 客户端之间的接口，需要时在 OPC 客户端和 Revit 模型之间自由跳转。BIM 使用该接口更新模型中的建筑智能化集成信息，使 BIM 和建筑智能化集成系统具备协同工作的能力。

可以通过同样的方法将符合 BACnet 标准设施的集成到 BIM 中，当然这里要针对 BACnet 标准对象定义族参数，实现族参数和 BACnet 标准对象的一一对应关系，然后再设计相关的插件实现 BACnet 和 BIM 数据交互和数据共享。符合其他标准的设施可采用同样的方法集成到 BIM 中，这些工作将来由设施生产厂商来完成，只要他们的产品想应用于 BIM 中，就需要提供相关的族和插件，这样在 BIM 中就可以实时模拟和监控设施的运行状况，为 BIM 提供更丰富的功能。通过这种方式将所有设施的智能化信息集成到 BIM 中，这些共享建筑智能化信息是集成的基础，为将来的资源共享、系统优化、数据分析、云计算等更广泛的集成提供了必要的条件，为未来的建筑智能化集成信息应用系统提供基本的数据和条件。

10.5 BIM 与 ODBC 的数据交换

ODBC 作为一种能够与许多软件驱动程序协同工作的通用工具，Revit 提供基于 Microsoft SQL Server 的 ODBC 接口，可以完成 BIM 与 ODBC 数据库的数据交换。

10.5.1 导出到 ODBC

可以将模型构件数据导出到 ODBC 数据库中。

导出的数据可以包含已指定给项目中一个或多个图元类别的项目参数。对于每个图元类别，Revit 都会导出一个模型类型数据库表格和一个模型实例数据库表格。

例如：

Revit 会创建一个列出所有电气设备类型的表格，以及另一个列出所有电气设备实例的表格。

Revit 会创建一个列出所有电气装置类型的表格，以及另一个列出所有电气装置实例的表格。

Revit 会创建一个列出所有照明装置类型的表格，以及另一个列出所有照明装置实例的表格。

ODBC 导出仅使用公制单位。如果项目使用英制单位，则 Revit 将在导出到 ODBC 前把所有测量单位转换为公制单位。使用生成的数据库中的数据时，测量单位将反映公制单位。如果需要，可以使用数据库函数将测量单位转换回英制单位。使用 ODBC、Revit 可以为下列图元创建表格。

（1）模型对象：类型和实例。

（2）标高和房间：仅实例。

（3）关键字明细表。

（4）部件代码：包含整个项目的部件代码数据的单一表格。

ODBC 导出使用主键和参照值，创建数据库中表格之间的特定关系。Revit 可以多次导出到同一数据库中。当导出到空数据库中时，Revit 会创建新表格。当将项目导出到非空数据库中时，Revit 会更新表格信息以匹配项目。这允许自定义数据库，并当项目发生变化时重新导出数据。

注意：不能将不同的项目导出到同一数据库中。对每个项目都应当使用唯一的数据库。键和参照值为数据表格添加关联。

1. 数据库内的表格关联

在关系数据库中，主键是数据库表中标识记录（行）的唯一值。参照值是参照其他表格的表格列。

注：数据库程序（如 Microsoft SQL Sever）能够解释表格关联。而像 Microsoft Excel 这样的电子数据表程序则不支持关联，因此 Revit 只创建简单的无关联表格。

每个元素表中的主键是标记 ID 的列。表 10 - 2 说明了主键和参照值如何在数据库的表格之间创建关联。

表 10-2 照明设备主键和参照至对应表

照明设备实例（字段）	对应于…
ID	"无"、这是这个照明设备实例的唯一标识符
类型 ID	照明设备类型表的 ID 列
标高	标高表格中的 ID 列
房间	房间表格中的 ID 列
关键字明细表	关键字明细表表格中的 ID 列

部件代码表格中的主键是"部件代码"列，类型表格中的"部件代码"列会参照部件代码表格中的"部件代码"列。Revit 不会创建"主体 ID"列的参照，因为主体可以是墙、楼板、屋顶或其他诸如此类的主体，因而没有唯一的参照表格。Revit 只在第一次创建表格时建立表格之间的关联；如果使用 Revit 重新导出到现有数据库，则不会创建新关联。

2. 导出到 ODBC 数据库

第一次将 Revit 项目导出到 ODBC 数据库时，如果已经导出了项目并且希望重新导出，使用以下步骤。

（1）在 Revit 中，打开要导出的项目。

（2）单击 ➡ → "导出" → 🗄 （ODBC 数据库）。

（3）在"选择数据源"对话框中，单击"新建"以创建新的 DSN。

（4）在"创建新数据源"对话框中：

1）选择一个驱动程序，然后单击"下一步"。此驱动程序与要导出到的软件程序（如 Microsoft Access、dBase 或 Paradox）关联。

2）输入 DSN 名称，或定位到目标文件夹并指定文件名。单击"下一步"。

3）将显示确认对话框。如果信息错误，单击"上一步"并对其进行纠正。

4）单击"完成"。

（5）创建数据库文件。

根据选择的驱动程序，将显示相应对话框，请求有关要导出到的数据库文件的信息。使用此对话框可指定要使用的数据库，或创建一个新数据库。例如：对于 Microsoft Access，可单击"选择"选择一个现有的数据库，或单击"创建"创建一个新的空数据库，以便将数据导出到其中。对于 Microsoft Excel，可使用 Excel 创建一个新的具有所需名称的空工作簿。然后，在对话框上单击"选择工作簿"，并定位到新工作簿。

在"选择数据源"对话框中，单击"确定"。

在"ODBC 设置"对话框中，单击"确定"。

注：如果由于只读数据库错误导致导出失败，可以单击"ODBC Microsoft 设置"对话框中的"选项"，清除"只读"复选框，然后重新尝试导出。

3. 多次导出到同一 ODBC 数据库

(1) 在 Revit 中，打开要导出的项目。

(2) 单击 🔺 → "导出" → 🛢 （ODBC 数据库）。

(3) 在"选择数据源"对话框中，选择所需数据源，然后单击"确定"。

(4) 在"ODBC 设置"对话框中，单击"确定"以导出到同一数据库。

通常不要编辑由 Revit 导出的数据库列中的数据。对这些列中的数据所做的任何修改都会在下一次导出项目时被覆写。但是，可以向 Revit 创建的表格中添加列。下一次导出项目时，将保留所添加列中的所有数据。

10.5.2　从 ODBC 导入数据

选择一个最近使用的数据源，或创建一个新连接，然后单击"编辑并导入"。

如果选择的是创建新连接，则会显示"选择数据库"对话框。选择要连接的数据源。

将显示"在导入前编辑数据库"对话框。从数据库中选择任意一个现有表，并根据需要编辑其中的数据。

注：可以在 Revit 中编辑的属性应该可以在数据库环境下进行编辑，并且随后可以导入源 Revit 模型中。

通过"自定义参数"菜单，可以向选定表中添加新的 Revit 共享参数。

单击"确定"，将数据导入 Revit 中。

导入完成后，将显示一个 HTML 页面，介绍导入过程的结果。保存或关闭此窗口。所做更改将反映在 Revit 模型中。

Revit 提供了完善的 ODBC 接口，用户可以利用接口实现 Revit 和 ODBC 数据库的数据交换，此外 RevitAPI 提供访问数据库的 API 函数，通过 API 函数实现 Revit 和 ODBC 数据库的系统集成。

10.6　面向建筑智能化的 BIM 三维建模集成技术研究与展望

10.6.1　面向建筑智能化的 BIM 三维建模集成技术研究

建筑的智能性和智能建筑系统的集成密切相关的，各系统集成度越高建筑就越智能，建筑智能化系统的集成对于智能建筑的可持续发展越来越重要。但是建筑智能化系统的集成是复杂而困难的，这主要是因为智能建筑中各个子系统分属于不同的行业和领域，各系统无论是控制设备还是控制方案以及实现的功能差别较大，将其集成实现互联互通、互操作将会面临很多困难。近年来随着新技术的不断涌现，为建筑智能化系统集成提供新的思路，如何将新技术应用于现有的建筑智能化系统中实现多系统的集成是我们迫切需要解决的问题。

目前应用于智能建筑实现集成的主流技术包括 BACnet、Lonworks 和 OPC 等。其中 BACnet 标准是目前唯一针对智能建筑的标准，最根本的目的是给建筑自动控制系统实现互操作提供一种方法，采用定义标准对象、规范标准服务等方式完成集成。OPC 基于微软的技术，是用于过程控制的一个工业标准，采用统一的数据表示形式、标准规范、接口等方式实现集成，新一代的 OPC 技术 OPC UA 具有平台独立性、可扩展性、高可用性和互联网功能是实现集成的研究热点。

另外，作为建筑领域的前沿技术，BIM 在建筑行业中的应用越来越广泛，为整个建筑业带来新一轮的革新，其背后蕴藏着巨大的应用潜力和实践价值。BIM 提供虚拟的三维实景模型，集成了智能建筑各类设施，共享各类设施的物理和功能特性的信息，是信息的集成化管理系统，随着 BIM 技术在建筑业的应用，为推进建筑智能化系统集成技术的发展提供了契机。怎样充分地利用 BIM，将 BIM 同建筑智能化系统进行完美的组合，来突破智能建筑集成的壁垒，全面提升建筑智能化的集成水平、开拓新的集成方法，是我们需要深入研究的问题。将 BIM 技术与建筑智能化系统集成技术相结合，意在达到以下两方面目的：一方面是把 BIM 作为建筑智能化集成系统应用的基础模型，利用 BIM 中集成的子系统和建筑智能化信息和技术构建建筑智能化集成系统，实现系统集成的同时将集成系统的可视性和模拟性提高到一个新的高度。另一方面借助 BIM 的三维模型信息共享的特征，研究基于 BIM 的智能信息共享和传递，探索基于 BIM 三维模型实现建筑智能化系统集成的途径。

研究的关键是深入研究基于 OPC 和 BIM 建筑智能化系统的集成技术，首先建立 OPC 服务器的数据对象和 Revit 族参数之间的关联，利用 Revit 建筑模型访问 OPC 服务器数据，建立虚拟模型和真实设施信息交换的通道。然后是利用 BIM 实现建筑智能化各系统集成，构建基于 BIM 的集成平台。

基于 BIM 的系统集成不仅具有实际的应用价值和理论价值，也代表未来技术的发展方向。基于 BIM 三维模型可以克服传统建筑智能化集成系统界面单一的缺点，实现建筑智能化集成系统的三维可视化管理，实现传统建筑智能化集成系统无法完成的功能。例如：报警时空间定位，维护时碰撞检查，互操作的三维动态显示等，显然基于 BIM 三维模型使建筑智能化集成系统在集成度、定位精度和报警时效性上有大幅度的提升，甚至改变传统的集成控制方式，这些都将为建筑智能化集成系统应用带来巨大的效益，同时也为 BIM 赋予新的内容。这不仅仅为建筑智能化集成的研究提供了一个新的思路，也为基于 BIM 的建筑智能化系统的集成做好充足的技术储备，该技术可以广泛应用在智能建筑的其他领域，对于拓宽 BIM 技术的应用范围，延长 BIM 的生命周期具有重要的理论和实用价值。

10.6.2 面向建筑智能化的 BIM 三维建模集成技术研究现状

1. 国外的研究现状

BIM 简单的解释是将建筑信息模型视为参数化的建筑 3D 几何模型，在模型中，所有建筑构件除包含几何信息外，同时还具有建筑或工程的数据。这些数据提供程序系统充分的计算依据，使这些程序能根据构件的数据，自动计算出查询者所需要的准确信息。Autodesk 公司的 Revit 是支持 BIM 理念的系列软件，是目前应用最广泛的软件，以 Revit 软件为平台的 BIM 应用成为研究的热点。

国外基于 BIM 的热点研究主要集中在基于 3D/4D 的基础性应用以及 BIM 在建筑、教育、交通控制和电气等领域的应用框架和案例实践；在 BIM 与其他技术融合成为研究关键领域，典型研究包括 BIM 与 GIS 技术、RFID 技术、ERP 技术和设施运维管理系统结合应用，而 BIM 和设施运维管理系统的结合更是人们期待的。BIM 与建筑智能化集成技术的融合与 BIM 和设施运维管理系统结合上有一定的交叉和相似之处。二者的共同目的均是通过 BIM 模型完成建筑设施的运维管理，提取运维信息并在设施管理系统中进一步使用这些信息提高设施管理的精度和效率以及三维可视化的水平，研究主要集中在信息获取和信息共享等方面。不同之处是建筑智能化集成技术更强调集成的概念，通过集成模型中管理域的信息和控制类的信息，解决建筑智能化系统的集成问题。

在实现建筑智能化系统集成上，OPC 和 BACnet 均是实现系统集成的主要技术，其中 BACnet 是世界上第一个楼宇自动控制的技术标准，是针对楼宇自动控制系统的普遍要求而设计的标准，代表着 21 世纪智能建筑中楼宇自动控制系统的主流技术和发展方向，在实现智能建筑系统集成时被广泛地应用。OPC 是一个工业标准，该标准源于微软与全球顶级自动化公司的合作，定义了应用 Windows 操作系统在基于 PC 的客户机之间交换自动化实时数据的方法。新一代的 OPC 统一框架（UA）实现了在企业中嵌入式设备、控制器、移动设备、工作站以及服务器的数据共享和通信，在实现基于 Web 和移动终端的集成上极具优势，目前该技术也被广泛地应用在智能建筑系统集成中。LonWorks 技术以其良好的易用性和互操作性在多种自控领域得到了广泛的应用。此外基于互联网的集成技术也正向建筑自动化领域及其系统集成应用高速渗透。利用 XML/Web Services 技术进行建筑智能化系统集成正是这种发展趋势的具体表现，代表着建筑智能化系统集成技术的发展方向。

2. 国内的研究现状

从 2004 年起，Autodesk 公司与中国大学的合作项目促进了 BIM 理论和相关技术的研究，特别是 2005 年末出版的《信息化建筑设计：Autodesk Revit》和《信息化土木工程设计：Autodesk Civil 3D》等书籍推广了 BIM 软件产品的应用。国内的研究包括建立智能建筑物业管理系统，系统综合应用 IFC 标准、BIM、WebService、系统集成、中间件技术将设备监控信息和物业管理系统相结合，以及通过引入 BIM 和二维码技术，开发基于 BIM 的机电设备智能管理系统，实现了机电设备工程的电子化集成交付，以及建筑物运维期的维护维修管理和应急管理。目前国内外有关运维阶段的 BIM 应用，尽管在理论研究和项目应用层面均有一定数量的研究，但总体还处于探索研究阶段。

在我国随着房地产业的迅猛发展，建筑智能化技术的研究也迎来了发展的高潮，但是建筑智能化集成技术的研究和应用主要依赖国外的标准，目前我国建筑智能化的行业规范和标准只是管理标准或工作标准，不是用于研究和开发建筑智能化的技术标准，可见我国智能建筑领域集成的标准规范与国际标准规范差距很大，我们需要掌握核心技术建立自主标准规范，此外国外大公司的技术和产品垄断建筑智能化行业的市场，以技术多样化和面向应用为主的今天，可以在掌握、消化和吸收现主流技术（OPC、BACnet、Lonworks）的基础上利用最新技术（BIM 技术）进行自主研发，占领技术的制高点，开发具有自主知识产权的产品和系统。

通过对国内外的相关研究进行分析得到如下结论：目前将 BIM 技术与设施管理的结合应用还在探索阶段，其理论研究主要针对标准和规则，实践研究都着重于构建运维系统，缺少对 BIM 和建筑智能化系统集成技术的结合应用；目前建筑智能化集成技术在控制域和信息域的集成还不能完成所有智能信息的集成，BIM 集成了建筑物中出现的各类设施，把它作为集成平台最合适。但应用于 BIM 的 Revit 软件模型的数据描述标准目前局限于模型信息的描述，在扩展机制中缺少有关智能化信息部分标准的研究；大多数基于 BIM 的运维管理应用案例是将三维模型导出到运维系统中，再添加运维管理的信息，为了保证系统的流畅运行，导出过程中会删去一些不必要的信息，这样势必失去 BIM 中大量的信息，使得现在 BIM 的质量下降。因此我们摒弃这种方式，而是以 BIM 为基础的三维模型增加运维智能化信息，充分保留模型中的所有信息，在 BIM 中利用 OPC 技术实现建筑设施和设备的数据访问，赋予模型中的建筑设施和设备模型更丰富的建筑智能化信息源，建立 BIM 和真实建筑设施和设备之间的数据访问通道。拟开展基于 BIM 和 OPC 技术的建筑智能化系统集成技术的应用研究，通过研究实现数据共享、互联和互操作，探寻基于 BIM 的建筑智能化系统集成平台，对构建可视化的三维集成系统具有重要的意义。

10.6.3 面向建筑智能化的 BIM 三维建模集成技术研究的展望

随着建筑行业 BIM 的广泛应用，如果能将在设计和施工阶段使用的模型，应用于建筑智能化集成系统中，通过模型完成系统的集成，扩宽模型的使用范围，延长模型的生命周期。基于 BIM 的建筑智能化集成技术是解决建筑智能化集成界面不统一的有效方法，也代表了建筑智能化集成系统的发展方向。书中提出的应用 BIM 完成建筑智能化系统集成能有效利用 BIM 的资源，实现的建筑智能化系统的集成，避免传统集成系统存在的管理成本高、报警定位不准确和界面不统一等各种弊端，研究成果具有广泛的应用前景。

用三维模型将建筑物的外观、运行状况和建筑状态展示出来，让用户更直观了解自己所处的建筑环境，并通过三维的虚拟界面和建筑物中的设施以及人进行互动是未来建筑与建筑中的用户交互的方式，目前由于网速的限制使得这种交互方式还停留在文字或者二维的界面，随着我国大力开展 5G 网络的建设，网络速度会有飞跃式的提升，用户的体验和通信的交互是现在的通信技术无法比拟的。基于 5G 的应用也会应运而生，特别是三维技术将会突破通信瓶颈，有可能开启全新的三维发展时代。

面向建筑智能化的 BIM 三维建模集成技术研究成果可以作为商业软件向建筑智能化集成商进行推广，提高建筑智能化的系统的集成水平，增加建筑智能化集成系统的功能，为建筑集成商带来更多的利润。面向建筑智能化的 BIM 三维建模集成技术研究成果可以应用于智能建筑和智慧城市的其他系统中。将城市中的各个系统集成起来，让人们享受系统集成带来的巨大的经济效益和社会效益。

近几年三维技术得到迅猛的发展，三维模型、3D 打印、全息投影、全息三维扫描无不显示未来的三维应用将有可能成为人机接口的主流技术，5G 的应用为三维的网络应用奠定了集成。此外微软的 HoloLens 和谷歌的 Magic Leap 的出现，对未来三维技术的发展方向有着导向性的作用。基于 BIM 三维模型的集成符合当今技术发展趋势，同时顺应未来技术发展的需求，对促进建筑智能化系统集成技术进步有重要的实践意义。此外在建筑智能化集成有着巨大的需求，也意味着这是一个巨大市场，有着巨大的商机。而国外的集成系统和国内建筑集成要求相差很大，管理模式也有很多不同，其产品在国内由于价格的原因，只应用在高档的建筑中，这针对国内的建筑产业一个机遇和挑战。我们应该及时掌握、吸收集成领域的主流技术，走自主研发的道路，开发有自主产权的使用产品和系统，满足我国建筑智能化集成需求的同时，提升我们的国际竞争能力。

习题

1. BIM 模型包括哪些信息？
2. Revit 族分类、族信息的存放形式是什么？
3. BACnet 如何在 Revit 构建的模型中实现信息集成？
4. OPC 如何在 Revit 构建的模型中实现信息集成？
5. 简述基于 BIM 系统集成发展的前景。

第11章

智能化建筑集成系统

11.1 基于 BAS 的系统集成

11.1.1 概述

智能建筑是利用系统集成的方法，将现代计算机技术、现代通信技术和现代控制技术在现代建筑平台上做有机的优化组合，向业主提供一个投资合理、舒适、安全的建筑环境。随着智能建筑中的各个子系统向着大规模、分散控制、集中管理的方向发展，以及由于语音、数据、视频及控制等各类信号的传输线的大量和重复铺设，对建筑智能化的发展提出新的挑战，而智能建筑系统集成就是解决这一问题的一个重要途径。

智能建筑的集成化概念是区别其他传统的建筑弱电系统的一个最重要标志，也是当今智能建筑所追求的最重要的目标和评判智能化的最高标准，智能建筑集成化的技术核心是建立在系统集成、功能集成、网络集成和软件界面集成的多种集成技术基础之上的一门新型技术。智能建筑的智能化实质就是集成化，就是信息资源和任务的综合共享与全局一体化的综合管理，通过系统集成实现综合共享，提高服务和管理的高效率。

11.1.2 智能建筑系统集成的内容以及原则

1. 系统集成的内容

智能建筑的系统集成从集成层次上讲，可分为三个层次。

第一层次为子系统纵向集成，目的在于各子系统具体功能的实现。对于智能建筑子系统，如照明系统、环境控制系统、保安系统等，需进行部分网关开发工作。

第二层次为横向集成，主要体现于各子系统的联动和优化组合。在确立各子系统重要性的基础上，实现几个关键子系统的协调优化运行、报警联动控制等功能。

第三层次为一体化集成。即在横向集成的基础上，建立智能集成管理系统，即建立一个实现网络集成、功能集成、软件界面集成的高层监控管理系统。目前，智能建筑的各个子系统中，搭建起横向的桥梁，在各个系统中完成功能上、技术上、产品上、工程上的集成，使得各子系统的各种软硬件平台、网络平台、数据库平台等按照业主的要求组织成为一个满足业主功能需要的完整的智能建筑管理系统。

2. 系统集成原则

智能建筑的系统集成工程是一个复杂的集成系统工程，它将实现对多种信息的集成和综合处理，使建筑物具有全局事务的处理能力，高度的信息综合管理能力，集成通信和网络的功能，流程自动化的功能，集中监视、控制、管理的功能。因此，在智能建筑集成设计时需要把握好以下的原则。

（1）综合性原则。

（2）满足用户需求原则。

（3）使用与管理原则。

11.1.3 智能化系统集成的优势

实现集成化的建筑智能管理系统和旧的形式相比，具有如下优势。

（1）集成化的建筑管理系统可以在一个总的系统内部实现对各类机电设备、电力、照明、空调、电梯、保安、消防（对独立设置的自动消防系统实现二次监控）能真正做到浑然一体，一方面，智能建筑的建筑管理系统可以提高管理和服务的档次和效率，另一方面，由于采用了同一个操作系统的计算机平台和统一的监控管理界面，因此建筑内各职能部门的计算机终端都可以按开放等级通过中央数据库得到建筑内的所有的数据信息，实施全局监督和处理，使物业管理更趋透明化、合理化，进一步降低建筑总的运行费用，提高建筑的总体竞争实力。

（2）采用了一体集成化的思想设计后，建筑的总体管理设计可以统一考虑各个子系统的硬件、软件配置，不会再重复设计，减少无效冗余，采用了集成化的设计后，整个智能建筑的弱电系统初次投资可降低 20% 左右。

（3）智能建筑集成化的体系结构，由于采用了统一的模块化硬件、软件，使建筑物业管理人员易于掌握管理技术和参与系统的保养、维修。

（4）智能建筑集成化的体系结构，将各个子系统的管理集中到多个中央监控管理主机上，并采用统一的并行处理、分布操作结构形式，可以实现多机并行，互为热备份，从而大大提高了系统的响应速度和可靠性，这是以往独立的系统不可能有的效果。

（5）智能建筑集成化的体系结构，便于采用弱电总承包的施工方式，这将有利于工程进度，保证工程质量，减少互相推诿扯皮，降低施工管理造价，由于减少了工程承包的分界面，能保证各子系统之间的相互协调，保证系统的一次开通成功。

（6）智能建筑的集成化体系结构，是以分布设置并行处理技术为基础的，具有分步实施性，可以满足那些对工程建设有分阶段要求的投资商。

（7）智能建筑的集成化体系结构，采用的模块化、分布处理方式，具有很强的局部灵活性，可以满足那些对建成项目有经常修改调整要求的投资商，在整体系统正常工作的情况下，在局部范围内调整，升级换代，确认无误后，再无缝连接到主系统中，这种创新性的功能也是以往各独立子系统所不具备的。

11.1.4　系统集成分析

智能建筑系统集成的系统需求分析分为三个部分：建筑物平台、信息系统基础平台和各个子系统的用户需求。

建筑物平台是指建筑物的本身和环境，智能建筑的集成系统是构建在建筑物这个平台上的，所以对建筑物的设计、结构、背景以及用户需求等方面的了解是完成建筑智能化系统设计的基础。对建筑物平台的了解主要包括以下几个方面。

（1）完整的建筑或小区的土建平面图、土建结构图、水暖电系统的结构图和设备配置表等基本资料。

（2）弱电井的位置和结构。

（3）建筑物各类信息中心所处的物理位置。

（4）建筑物的外配套设计内容。

（5）建筑物的供电和接地、防雷系统。

（6）BA 系统的设备具体布局和建筑物的装潢设计图纸。

信息系统平台是指用户应用系统的运行平台，系统所有的应用管理都是在这个系统上执行完成的。所以对用户信息建设需求的了解是完成智能建筑的系统集成设计的关键。需要了解的是以下三个方面：对系统网络建设的要求，运行环境的确定和系统中语音和数据信息点的分布，布线标准、选材、架构等。

各个子系统的用户需求是系统集成设计的基础，需要根据建设方的要求与物业管理的模式，逐一地详细确认。

11.1.5　系统集成设计

系统集成设计分为初步设计和深化设计两个阶段。

初步系统设计主要是根据用户需求，对系统需求、建设目标、技术方案及各个子系统做出概略的功能描述；对系统总体设计与设备选型以及工程施工要求做出建议；对建设总经费做出概算，以便建设方决策。

系统深化设计是对初步设计方案的修改、细化和补充。在深化设计方案中至少应包括以下设计内容：

（1）用户需求详细说明；

（2）方案设计技术说明；

（3）系统总体架构以及各系统间的关联分析；

（4）各子系统的功能描述及实现方法；

（5）设备选型分析及所选设备的功能、性能说明；

（6）设备清单；

（7）工程进度计划；

（8）工程安装施工图；

（9）系统测试及验收方式；

（10）设备及工程经费预算；

（11）工程保障措施；

（12）培训及服务计划。

智能化系统集成在深化设计时应注意所选择的子系统及相关产品的先进性、标准化及信息交换的开放性。开放性及标准化程度决定了系统集成的基础及水平，因此分析各个子系统之间的通信接口及它们之间的联动需求是做好系统集成的关键，这也是系统集成商在进行系统集成时应综合考虑的主要方面。

11.1.6　系统集成存在的问题

随着数字时代的来临，建筑业迎来了"鼠标加水泥"的革命，数字城市、智能建筑、网络住宅等一系列新术语和新概念正改变着建筑业以往的观念，同时对建筑设计、施工和管理提出了新的更高的要求，系统集成加入建筑大军中已成为必然，目前国内系统集成商和系统集成有如下的一些问题：

（1）智能建筑系统集成只是产品的代理及技术上的粗加工。

（2）智能建筑系统集成被理解为弱电施工。

（3）产品生产厂商和集成商定位界限不明确。

11.1.7 系统集成的发展

系统集成是技术手段、方式方法，不是目的，系统集成演绎着 $1+1>2$ 的不等式。集成技术是一项系统工程，它的最终目的是应用。系统集成的好坏直接取决于业主和用户的需求是否能够满足。大而全的完美设计不一定经受得住实际的检验。智能建筑、智能化住宅小区已经走进我们的生活，我们期待着它能给我们带来更美好的生活空间，而系统集成的理念、定义与内涵也随着社会的发展而变化，主要表现在以下几个方面。

（1）数据信息系统更加完善。基于 B/S 结构的网络化数据库系统在网络时代得到了快速的普及应用，使得数据信息的访问与获得更加便捷，围绕其应用的开发平台更加丰富。

（2）管理功能越发强大。各种各样的开发平台围绕网络数据库的应用快速发展，配合各智能子系统的硬件可以提供更加复杂的管理功能。

（3）智能处理技术逐渐应用。软件工程的发展和人工智能技术在软件系统中的快速应用，软件系统中的智能处理技术越来越展现出无穷的魅力，结合各个智能子系统的硬件设施，中央集成管理系统针对硬件管理与控制将会更加容易，管理效率将会进一步提高。

11.2 基于 IC 卡的应用系统集成

11.2.1 IC 卡基本原理与分类

1. 什么是 IC 卡

集成电路卡（Integrated Circuit Card，IC 卡），IC 卡的名称来源于英文名词 Smart Card。它将一个集成电路芯片镶嵌于塑料基片中，封装成卡的形式，外形与普通磁卡做成的信用卡相似。

2. IC 卡的分类

IC 卡芯片具有写入数据和存储数据的能力，IC 卡存储器中的内容根据需要可以有条件地供外部读取，提供内部信息处理和判定之用。按是否与读卡设备直接接触，IC 卡可分为接触式和非接触式两种。

接触式 IC 卡读卡器必须要有插卡槽和触点。以供卡片插入接触电源，有使用寿命短、系统难以维护等缺点，但发展较早。包括有加密存储器卡（Security Cards）、非加密存储器卡（Memory Cards）、预付费卡（Prepayment Cards）、

CPU 卡（Smart Cards）等。

非接触式 IC 卡又称射频卡，是近几年发展起来的新技术。包括有射频加密卡、射频 CPU 卡。它成功地将射频识别技术和 IC 卡技术结合起来，将具有微处理器的集成电路芯片和天线封装于塑料基片之中。读写器采用兆频段及磁感应技术，通过无线方式对卡片中的信息进行读写并采用高速率的半双工通信协议。其优点是使用寿命长，应用范围广，操作方便、快捷，但也存在成本高、读写设备复杂、易受电磁干扰等缺点。目前，非接触式卡片的有效读取距离一般为 100～200mm，最远读取距离可达数米（应用在停车场管理系统）。

3. IC 卡的基本原理

为了使用卡片，还需要有与 IC 卡配合工作的接口设备（InterFace Device，IFD），或称为读写设备。IFD 可以是一个由微处理器、显示器与 I/O 接口组成的独立设备，该接口设备通过 IC 卡上的 8 个触点向 IC 卡提供电源并与 IC 卡相互交换信息。IFD 也可以是一个简单的接口电路，IC 卡通过该电路与通用计算机相连接。无论是磁卡还是 IC 卡，在卡上能存储的信息总是有限的，因此大部分信息需要存放在接口设备或计算机中。

4. 关于"一卡通"

（1）"一卡通"概念诠释。目前来说，"一卡通"概念应该是"一卡一库一线"，即一条网络线连接一个数据库，通过一个综合性的软件，实现设置 IC 卡管理、查询等功能，实现整个系统的"一卡通"。

（2）"一卡通"的结构优势。由于"一卡通"的真正含义是"一卡一线一库"，在结构上便显示出以下独特的优势。

1）数据共享。加快了数据交换的速度。

2）全面检索。因有一总数据库，只要给出查询字段名，就可在此库中一次性查出所有相关记录，提高效率，减少出错。

3）全面统计。因只有一个数据库，报表可及时生成，无须再逐一查询各个 PC。

4）实时监控。查询任何一个终端机使用与记录情况。

5）操作简单。只需一步，最多二步，即可实现功能，无须多次转换。

6）减少设备投资，降低成本。

5. IC 卡应用系统

一般来讲，与一卡通智能综合管理系统相关的应用有门禁管理、考勤管理、自动通道、餐饮收费、娱乐消费、电梯控制、车库管理、就餐管理、巡更管理、内部购物、自动售货、医疗管理、图书馆管理、物业管理等。就计算机管理而言，它可以利用系统内的信息记录实现统计、分析、决策等功能。

11.2.2 IC 卡在智能建筑中的应用

IC 卡在智能建筑中的应用是比较广泛的。如图 11-1 所示，是某智能建筑内部 IC 卡系统的功能结构图。其 IC 卡系统既有公司办公事务管理的工作内容，也有物业管理的工作内容。在这个例子中，一人只持有一张 IC 卡，进入智能化大楼后可以方便地进行各类个人活动。

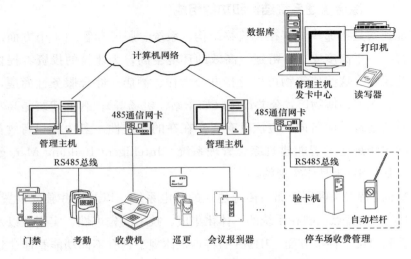

图 11-1 "一卡通"系统硬件结构图

（1）通道控制。通道控制系统中采用 IC 卡，可以对进出人员的身份进行确认，根据其进入各类区域的权限进行通道开放，同时记录进出通道的时间，以做安保记录、考勤管理甚至加班计时统计。如果是来访客人，可以按主管部门允许的接待区域给予开放通道。

（2）公共设施管理。对于停车库、会议室、体育设施及办公自动化设施如复印机、绘图仪、传真机、国际互联网络等的使用进行统一的管理，以便于充分、合理地使用资源，方便使用又能做费用的结算。

（3）生活服务管理。智能化大楼内的餐厅、酒吧、小卖部是在大楼内工作、生活的人员每天都会光顾的部门。采用 IC 卡后，这里的交易将不涉及现金的交易，可减少在账台排队的时间，同时也提高了管理水平。另外，大楼内的卫生所采用 IC 卡对就诊人员进行诊疗档案管理、就诊预约等，可大大提高工作效率与服务质量。

（4）IC卡管理中心。IC卡管理中心接收通道控制；公共设施管理与生活服务管理传来的数据，根据不同的需要（如个人消费结算、加班计时等）定期向上级行政、财务管理计算机上报。

有了IC卡的应用系统，在智能化大楼内可以一卡在手，全楼通行。IC卡应用系统随时随地都在为持卡人提供便利，为管理人员提供效率与效益。

11.3　智能化建筑综合管理系统

11.3.1　综合管理系统结构和功能组成

智能建筑是指那些具有在建筑物结构、系统、服务和管理4个方面的优化组合，提供一个高度安全、舒适、高效的环境空间，为建筑的投资者提供高回报率的建筑物。这些建筑物可以泛指办公大楼、酒店、综合服务性商厦，也可以是银行、医院、博物馆、公共设施（如车站、机场等）。智能建筑是高功能建筑、高科技建筑的代名词，应该具有实实在在的先进性、多功能和高效益。智能建筑的内涵是通过智能建筑综合管理系统（Intelligent Building Management System，IBMS）来具体实现的。

IBMS的特点是区别于那些传统建筑的弱电系统，以及那些独立设置的5A系统。IBMS的特点反映在系统的一体化集成、技术的先进性、实用性以及系统的可靠性和可维护性等方面。IBMS的特点也体现了具有不同功能智能建筑所应具备的最基本的共同特征。

1. IBMS 是系统集成

IBMS应该是一个一体化的集成监控和管理的实时系统，能够实现建筑内所有信息资源的采集、监视和共享，通过系统对信息的整理、优化、判断，给建筑的各级管理者提供决策的依据和执行控制与管理的自动化；给建筑的使用者提供安全、舒适、快捷的优质服务。即通过IBMS的一体化集成管理能力，实现建筑的高功能、高效率和高回报率。

IBMS一体化集成管理的能力，是通过建筑内的BAS、OAS、CAS的信息和功能集成来实现的，集成功能的实现要建立在同一个计算机支撑平台和统一的操作运行的界面之下。其目的是便于使用者采用最容易的方法掌握运用这些集成功能，用简单方便的方式来操作和实现这些集成功能。智能建筑一体化集成管理的能力是IBMS最重要的特点，是区别智能建筑与传统建筑的分水岭。

一体化集成管理的能力大小，也反映了智能建筑的"智商"程度。

2. IBMS 是一个综合办公自动化系统

OAS 与 MIS 既有联系又有区别。MIS 数据处理的重点是结构化信息（如关系数据库），而 OAS 主要应用于传统 MIS 难以处理的、数量庞大且结构不明确的业务上。近年来，随着信息技术特别是系统集成技术的发展，OAS 与 MIS 集成，出现了更广义的 OAS，即综合办公自动化系统。

IBMS 应该是综合办公自动化系统，建立在强大的数据库系统基础上。它支持建筑的管理者和用户对各种层次、多媒体的信息进行处理，并辅助用户决策。

IBMS 的硬件基础可以是建筑内互联网，即建筑 Intranet 平台。

3. IBMS 的功能结构

目前大多数智能建筑是多家机构共用的综合型建筑，根据服务对象的不同和管理的需要，可从总体上将 IBMS 划分为建筑物业管理信息系统、建筑公共信息服务系统和入住建筑用户信息系统等三个子系统。

（1）建筑物业管理信息系统。建筑物业管理信息系统的主要功能有：设备和物资管理、租户管理、事务和信息管理。

（2）建筑公共信息服务系统。这是为进驻建筑的所有机构及这些机构的顾客服务的公共信息服务系统，也是一个智能建筑的 IBMS 对外的主要标志。

建筑公共信息服务系统应该是一个基于建筑 Intranet 的信息系统，通过采用 WWW、E‐mail、电子公告牌等技术沟通建筑与外部世界，沟通建筑内各个用户。其主要功能应包括：

1）信息发布。通过 Web 服务器向外界发布信息，例如，建筑及建筑内各公司的信息、建筑基本信息、入驻企业介绍、商品分类信息及报价、招商招租信息等，航空、铁路、公路运行时间表等。

2）建筑内部信息交流。内部文件、通知、电话簿、通信录和建筑新闻等。

3）工作流处理平台。日程安排、资源预定和协同工作。

4）电子邮件。建筑内部之间及与外部的电子邮件业务。

5）网络安全与管理。防火墙、Proxy 和网络管理。

6）多媒体触摸屏。为进入建筑的人员提供查询、引导的信息服务。

（3）入住建筑用户信息系统。从概念上讲，这一部分也是 IBMS 的重要组成。根据用户从事的业务不同，其信息系统具有不同的特点。用户的信息系统通常由用户自己来组织建设，所以在建筑 IBMS 设计时，除非用户特别委托，一般不需考虑这一块。但是在规划设计建筑的 IBMS 时，应充分考虑入住用户建立自己信息系统的需求，向用户开放公共信息资源，以及建筑 Intranet 的信息系统。

4. 物业管理系统的软件功能模块

（1）设备维修管理模块。

（2）建筑运行管理模块。

（3）建筑内平面空间管理模块。

（4）IC 卡管理模块。

（5）家具与设备的管理模块。

（6）建筑运作管理模块。

（7）产业与租借管理模块。

（8）事务处理模块。提供文字和文件处理流程、电子表格、电子签名、桌面出版物制作，实现无纸办公和信息共享。

（9）防灾与安全管理模块。提供为防灾和安全而设计的应急处理程序和方案。

11.3.2　综合管理系统的开发方法

1. IBMS 集成功能设计

IBMS 集成设计与它的实现功能要求有关，IBMS 集成主要实现智能建筑的两个共享和五项管理的功能。

（1）两个共享。

1）信息的共享：信息包括建筑内产生的实时采集的控制和各类事件以及报警信息。收集整理用户、物业管理需要的业务和办公自动化用的各类信息（数据和图文、声像等），还有来自外部如 Internet 网上的各类信息、数据、图文、声像等，通过收集整理，建成一个共享信息库，供用户和物业管理人员随时调阅查看，极大地提高了系统信息的共享性。

2）设备资源共享：它包括内部网络设备的共享，对外通信设施的共享，以及许多公共设备的共享等。

（2）五项管理集中监视、联动和控制的管理。它包括建筑设备自动化系统、安保系统、火灾自动报警系统、一卡通系统、车库管理等系统的运行状态的集中监视与管理。联动控制包括建筑自动化系统与火灾报警系统、安保系统、一卡通门禁系统的联动控制。集中控制包括系统运行的启、停时间表，以及其他需要中央控制室控制的动作和系统监视控制功能等。

通过信息的采集、处理、查询和建库的管理实现 IBMS 的信息共享。

全局事件的决策管理。在建筑内发生影响全局的事件如火灾等，如何进行救灾决策等，对这些全局事件进行决策管理。

各个虚拟专网配置、安全管理。对集成在 IBMS 上的各个子网的管理系统，如宾馆管理系统、商场管理系统、物业管理系统、办公自动化系统等，除了共享信息和资源外，还要对建立的各个虚拟专网进行配置和安全管理。

系统的运行、维护、管理和流程自动化管理。对如何保障系统正常运行的各种措施方法和诊断设备、仪器的管理，可以通过时间响应程序和事件响应程序的方式来实现建筑内机电设备流程的自动化控制。例如，空调机和冷、热源设备的最佳启停和节能运行控制；电梯、照明回路的时间控制等，这些流程的自动化控制和管理不但可以简化人员的手动操作，而且可以使建筑机电设备运行处于最佳状态，达到节省能源和人工成本的目的。

2. IBMS 的运行管理模式设计

IBMS 由于按照集中管理分散控制的基本思想来构造，因而建立中央管理控制室，通过 IBMS 进行管理控制。整个系统的管理是靠中央管理控制室中的各个管理控制席位来完成的，所以中央控制室各个席位的具体功能和作用，与确定的 IBMS 运行管理模式、席位配置多少和系统的规模以及功能设计有关。

在一般大、中规模的系统中，设置两个席位，一个综合监控席，一个分监控席。综合监控席主要负责全局事件的处理、整个网络的运行监控，并兼任数据库管理责任，负责信息的共享的管理。分监控席主要负责建筑内实时系统监控管理如 BAS、FAS、停车场系统、一卡通门禁系统等实时信息及联动和监视。

11.3.3 面向设备的综合管理系统

在面向设备的综合管理系统中，主要有三个子系统需要综合管理，它们分别为楼宇自动化系统（BA）、SA 和 FA。智能建筑里面的每一个子系统都是能够独立工作的，而且分布式管理系统具有更高的稳定性和安全性，所有 IBMS 并不取代每个子系统，而是实现每个子系统之间的第二次集成，实现每个子系统之间的联动和综合管理。

1. 火灾报警联动

消防报警系统本身除了具备国家规定的联动功能以外，还能够实现与其他弱电系统的全面联动。在 IBMS 平台上，可以观察到 FAS 的相关信息，同时在消防控制平台上也可以浏览相关的、实时 BMS 信息。

（1）消防主机联动设备的状态检测。

1）检测空调电源，防火阀是否关闭；

2）检测排烟风机和排烟阀是否启动；

3）检测防火门，防火卷帘门是否关闭；

4）检测自动灭火系统是否启动；

5）检测非消防电源是否切断；

6）检测消防广播是否接通。

（2）与 BA 的联动。

1）对 BA 中给水设备的运行状态进行检验，如影响系统正常供水的设备故障、低水位报警等情况，通过专家系统给出操作建议。

2）对 BA 中报警楼层空调设备进行检验，如未关闭，通过专家系统给出警告和操作建议。

3）对 BA 中报警楼层排烟设备进行检验，如未开启，通过专家系统给出警告和操作建议。

4）对 BA 中报警楼层供电情况进行检验，如未切断供电，通过专家系统给出警告和操作建议。

5）联动控制所有电梯停首层，并切换窗口监视消防电梯的运行状态。

（3）与门禁系统进行联动。

1）联动控制门禁系统打开所有的消防通道门。

2）联动 CCTV 系统，找出最近的摄像头锁定发生报警的区域，并将摄像头的画面切换到监视画面上。

2. 综合保安报警联动

（1）CCTV 系统与门禁系统联动。当有人进入房门读卡时，摄像机也可将这一过程切换到控制室，并进行录像。在特殊场合，进入房门需经保安人员认可时，CCTV 将图像切换到指定的监视器上，由保安人员认可后才可以通过读卡器打开房门。

（2）楼层平面图。在每张 AutoCAD 楼层平面图中，都标有该楼层的弱电设备的所在位置，以及楼层房间的实际分割情况。当操作者利用鼠标点击某一设备后，画面会自动切换到该设备的运行状态图，以便管理人员查看和控制该设备。

（3）对闭路电视监控系统的监控功能集成，采用直接控制矩阵的方式来切换视频和实现对球机的控制。通过厂家提供的通信协议和智能通信接口，实时监视前端摄像机传输过来的视频画面，实现远端浏览及控制。

3. 建筑自动化设备运行监控

（1）对冷水机组的监控功能。监视冷水机、生活水泵、冷却塔、冷却水泵、冷冻水泵等设备的工作状态、水流状态、故障报警及手动状态、自动状态等；可实现对各水泵、冷水机组和冷却塔的启停控制。

（2）对供配电系统的监控功能。监视发电机、变压器、低压计量柜、母联开关柜的运行参数（如三相电流、三相电压、有功功率、功率因数、频率、开关状态、超负荷报警等），同时还可实现对各路开关的启停控制。

（3）对智能照明系统的监控功能。监视各灯具的运行状态，手、自动状态及故障报警等，同时实现对各灯具的开关控制。

11.3.4 面向客户的综合管理系统

在面向客户的综合管理系统中，主要是物业管理系统、"一卡通"系统、办公自动化系统、通信系统的综合管理。

1. "一卡通"系统

（1）门禁系统。

（2）停车场管理系统。查询功能可以按日期和类别（车辆入库和车辆出库）进行查询。每项查询事件包括时间、通道号、描述、车号和车类型，还能够进行进出口视频图像比较。

（3）巡更系统。

2. 物业管理系统

物业管理系统是 IBMS 的一个重要组成部分，通过物业管理系统，实现设备的台账管理、检修管理、建筑内平面空间管理、租赁管理、停车场管理、消防管理、三表抄送和投诉管理等。例如，从物业管理系统得知用户中央空调欠费，通过 IBMS 间的数据共享，可以自动产生追缴费通知和停止该用户的空调使用；或用户通过网络向物业管理系统提出停车场使用申请，IBMS 将能马上为用户开通。

3. 办公自动化系统

办公自动化系统与物业管理系统、"一卡通"系统通过网络互联，软件支持数据共享。从而实现集成信息应用系统，一般该系统由通用业务基础功能模块和专业业务功能模块等组成。

4. 智能小区管理系统

智能小区的管理系统也就是小区的综合信息管理系统，是智能小区管理的中心，向小区的每一个家庭提供公共服务管理。业主通过该系统可以了解自己家庭运行的各种参数，如房间温度、湿度、三表读数、被控家电状态等，同时可通过网络进行各种交费的简单查询和费用结算。物业管理部门可通过该系统向业主发出交费通知及其他有关物业管理方面的通知等。

习题

1. 简述 IC 卡系统的硬件结构。
2. 简述 IBMS 的结构和功能。
3. 简述 IBMS 开发方法。
4. 简述面向设备的 IBMS 组成。
5. 简述面向客户的 IBMS 组成。

参 考 文 献

[1] 程大章 . 智能建筑楼宇自控系统［M］. 北京：中国建筑工业出版社，2005.

[2] 张勇 . 智能建筑设备自动化原理与技术［M］. 北京：中国电力出版社，2006.

[3] 张公忠 . 现代智能建筑技术［M］. 北京：中国建筑工业出版社，2004.

[4] 中国建筑设计研究院机电院等 . 智能建筑电气技术精选［M］. 北京：中国电力出版社，2005.

[5] 董春桥 . 智能建筑自控网络［M］. 北京：清华大学出版社，2008.

[6] 谢希仁 . 计算机网络 . 7 版 . 北京：电子工业出版社，2017.

[7] 王珊，萨师煊 . 数据库系统概论 . 5 版 .［M］. 北京：高等教育出版社，2014.

[8] 日本 OPC 协会 . OPC 客户端应用程序入门［M］. 郑立，译 . 北京：OPC 中国促进会出版社，2003.

[9] 章云 . 建筑智能化系统［M］. 北京：清华大学出版社，2007.